巧学巧用 AutoCAD 2007
建筑设计典型实例

陈益材　官斯文　编著

电子工业出版社

Publishing House of Electronics Industry

北京·BEIJING

内 容 简 介

AutoCAD 应用广泛，深受机械、建筑、电子和自动控制等行业广大设计人员的欢迎。

本书详细、全面地介绍了 AutoCAD 2007 在建筑设计中的功能、特点、使用方法和技巧，按照该软件在建筑设计行业中的应用领域分章节编写，以实例的形式讲解了常用二维图、建筑基础设施图、建筑规划与装修效果图、建筑家具电器效果图的设计知识和绘制技巧。

本书主要面向广大 AutoCAD 2007 的初、中、高级用户，对于专业的建筑、土木、装修设计开发技术人员也有一定的参考价值，也可以作为建筑绘图培训班的教材和参考用书。

图书在版编目（CIP）数据

巧学巧用 AutoCAD 2007 建筑设计典型实例 / 陈益材，官斯文编著．—北京：电子工业出版社，2007.1

ISBN 7-121-03389-5

Ⅰ.巧... Ⅱ.①陈...②官... Ⅲ.建筑设计：计算机辅助设计—应用软件，AutoCAD 2007 Ⅳ.TU201.4

中国版本图书馆 CIP 数据核字（2006）第 130949 号

责任编辑：吴 源 张 羽
印 刷：北京天竺颖华印刷厂
装 订：三河市金马印装有限公司
出版发行：电子工业出版社
 北京市海淀区万寿路 173 信箱 邮编：100036
 北京市海淀区翠微东里甲 2 号 邮编：100036
开 本：787×1092 1/16 印张：25.125 字数：640 千字
印 次：2007 年 1 月第 1 次印刷
定 价：37.00 元

凡所购买电子工业出版社图书有缺损问题，请向购买书店调换。若书店售缺，请与本社发行部联系，联系电话：（010）68279077。邮购电话：（010）88254888。
 质量投诉请发邮件至 zlts@phei.com.cn，盗版侵权举报请发邮件至 dbqq@phei.com.cn。
 服务热线：（010）88258888。

前　　言

为了能让读者迅速掌握相关应用软件的使用方法，特推出这套"巧学巧用"丛书。本丛书针对每一个应用软件的特点，按从入门到精通的进程精心选择实例进行编写，其宗旨就是让读者全方位掌握相关软件的应用，为广大读者提供掌握计算机应用技能的捷径。

本套丛书编写的最大特点就是突出一个"巧"字：巧编、巧学、巧记，丛书的版式新颖，知识与实例相结合，为读者节省了学习的时间。

本套丛书的特点总结如下：

融会行业知识，内容丰富实用；

高手精选巧例，提高操作技能。

本册所选巧例均源自建筑设计行业的实际应用，制作过程突出创意与实用性并举，是AutoCAD 建筑设计开发技术人员的最佳学习参考书。

全书共分 6 章，精选 42 个实例进行详细讲解：

第 1 章所选实例是 AutoCAD 2007 在建筑设计领域应用的基础。包括建筑绘图环境的设置、建筑绘图模版的设置、图层的管理等操作知识。

第 2 章主要讲解了 AutoCAD 2007 装修设计中的二维物体的绘制，是 AutoCAD 2007 建设设计的基础操作实例，绘制了如茶几、书架、百叶窗等平面二维实体。

第 3 章介绍了建筑设施图实例，主要讲解了常用建筑设施的设计与绘制知识，包括家居门、楼梯图、盥洗池、抽水桶、洗浴池等 9 个实例。

第 4 章建筑规划与装修效果图，主要介绍了建筑工程专业中建筑住宅楼平面的设计与绘制知识。包括规划图实例、栏杆装饰图、室内装饰效果图等 5 个实例。

第 5 章介绍了建筑家具电器三维效果实例。主要在二维空间和轴测图中进行绘制，让读者掌握用二维空间来表现空间家具电器的方法。

第 6 章介绍了建筑三维建模设计实例，这对于建筑设计中的实际工作，如三维面的形成，建筑效果图的绘制等有很大的参考价值。

本书由陈益材、官斯文编著，参与编写的人员有于荷云、邹亮、王炎光、耿国续、秦树德、陈章、赵红、欧宇、朱丽华、陈益红等。

由于水平有限，加之创作时间仓促，疏漏之处在所难免，欢迎各位读者与专家批评指正。

目　录

第1章　建筑设计基础知识精讲

AutoCAD（Auto Computer Aided Design，计算机辅助设计）是美国 Autodesk 公司开发的通用计算机辅助设计软件，它具有易于掌握、使用方便、体系结构开放等优点，深受广大绘图技术人员的欢迎。AutoCAD 也是建筑设计中最常用的计算机绘图软件，使用它可以边设计边修改，直到满意，再利用打印设备出图，从而不再需要绘制很多不必要的草图，大大提高了设计质量和工作效率。本章对 AutoCAD 2007 设计环境进行介绍，让读者掌握绘制建筑设计图的基础知识。

第1例　AutoCAD 在建筑设计中的应用

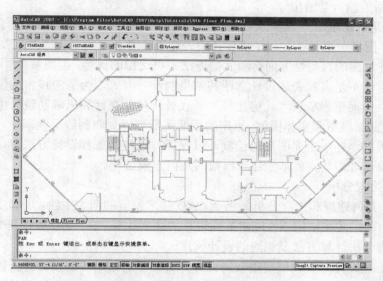

图 1-1　用 AutoCAD 2007 绘制的建筑平面图

【实例说明】

本实例介绍 AutoCAD 在建筑设计中的应用知识，主要介绍 AutoCAD 2007 的操作特点及其在建筑设计中的设计思路与应用方法。

【技术要点】

（1）了解建筑设计对设计软件的功能要求。

（2）掌握 AutoCAD 2007 的功能特点。

【制作步骤】

1. 建筑设计对设计软件的功能要求

从技术的角度看，20 世纪 60 年代初出现的计算机辅助设计技术，最初主要是用来解决自动绘图问题的，但随着计算机软硬件技术及其相关领域的发展，今天的计算机辅助设计技术已经成为一门综合性应用技术。它涉及图形图像处理、工程分析方法、数据管理与交换技术，以及软件设计等众多领域。

　　也就是说，随着实际工程设计对设计软件要求的不断提高，设计软件的复杂性也逐渐增加，功能渐趋完善。由此可以看出，工程设计的需要才是软件功能设计的最根本出发点。那么，目前工程设计对软件基本功能的要求是什么呢？一般认为，目前建筑设计对设计软件的功能需求主要有以下几个方面：

- 建筑几何建模
- 建筑工程分析
- 软件的个性化
- 协作设计与标准化设计
- 设计信息管理
- 数据库与图形库的建立
- 建筑模型的输入与输出

　　（1）建筑几何建模

　　长期以来，图样一直是在各种工程设计中表达设计者思想的工程"语言"，这是因为图样在表达复杂设计意图的直观性方面有着其他方法不可比拟的优势。但随着计算机技术的发展，平面的二维图形已不是直观表达设计意图和结果的惟一方式。为适应技术的发展，在工程设计领域"绘图"一词正逐渐被"几何建模"所代替。目前在计算机辅助设计中常用的几何模型是线框模型、曲面模型和实体模型。原来的平面图形可以划归到线框模型中，而目前的 CAD 软件一般都能很好地完成平面图形的绘制，以保证与传统的工程设计方法有良好的一致性和继承性。建筑设计过程其实就基于建筑模数的几何建模过程。

　　（2）建筑工程分析

　　一般来讲，几何建模和工程分析是当今 CAD 技术发展的两大主线。所谓工程分析是指在工程设计中，为确定某些结构或性能参数而进行的必要计算。在 CAD 软件研究领域，工程分析特指一些工程分析计算方法及相应的设计软件。

　　目前，在工程设计分析领域使用效果良好并具有一定通用性的设计分析软件主要包括有限元分析类软件和优化设计方法类软件。但由于工程分析方法大都有较强的针对性，如果要使通用的 CAD 软件系统完全具备这些功能，就会导致软件过于庞大。为此，一个较好的解决方案是由通用 CAD 软件系统平台提供一定的二次开发接口，以便将特定用户所需的工程分析软件模块无缝链接到通用 CAD 软件系统中。

　　（3）软件的个性化

　　在 CAD 软件从无到有的发展过程中，无论是软件开发者还是用户都逐渐明白了一个道理，那就是没有万能的软件。在软件的功能和用户的需求之间，总会存在着一定的差别，软件公司永远也不可能研发出完全适合所有用户的软件系统。那么如何才能最大限度地满足用户的个性化需求呢？答案是给用户提供重新设置、修改及对软件进行二次开发的可能，只有这样，一个软件才能成为一个国际化的、通用化的软件。一般来讲，软件的个性化主要是指软件界面和设计绘图结果表达的个性化，以及软件满足特定用户所遵循的设计标准的能力。软件的个性化水平从某种意义上讲，是一个 CAD 软件获得用户认可的关键因素之一。

（4）协作设计与标准化设计

一般情况下，工程设计是一种群体行为，一项工程设计只有通过许多人的共同努力才能完成，因此设计过程中的相互协作是必不可少的。CAD 技术和 CAD 软件的使用必须增强和便于这种联系与协作，而不能相反。同时，协作设计也是提高设计效率和质量所必需的。

多年来，工程设计领域一直在追求设计的标准化，它不但可以使设计信息得到准确的交流，也为实际施工节省了大量的费用，并提高了设计及施工质量。

CAD 技术的引入同样会促进设计的标准化，它不但能使原来不易解决的问题——例如 CAD 技术使文字书写的标准化问题——轻而易举地得到解决，而且还会给设计领域带来更多的好处和更深远的影响。

目前大多数 CAD 软件都十分注意软件协作设计和标准化设计的能力，可以说任何一个用户在采用 CAD 软件进行工程设计以后，其所在单位或机构的协作设计能力和在设计中贯彻标准化设计的能力都会有不同程度的提高。

（5）设计信息管理

实际工程设计涉及的设计信息是很多的，如图形名称、设计者、审核人、设计日期、修改日期，以及各种零部件技术要求等。因此，如何高效存储和利用这些信息是工程设计中必须很好地解决的问题。

目前，由于设计信息的管理工作已受到用户和 CAD 软件研发公司的重视，所以在各种类型的 CAD 软件系统中，设计信息管理功能都日趋完善。在对实际工程设计进行管理的过程中，用户只要有意识地注意设计信息的管理问题，必然会对设计管理工作起到良好的帮助作用。

（6）数据库与图形库的建立

在使用常规设计方法进行建筑设计的过程中，通常需要查阅大量的手册、文献及各种数据图表，这是一件既费时又费力的工作。使用计算机进行辅助设计之后，人们期望这种情况会有所改观，而事实正是如此。目前，这些设计资料一般都可以以数据库的形式存放在局域网或因特网上，供使用者随时查询。由此可以看到，CAD 软件还必须具有存储和使用本机或网络上的设计数据库的能力。

在各种建筑设计中，人们都大量使用标准件。在实际工程中，这些标准件是不需要用户自己制造的，但为了保证表达的完整性，设计者在设计过程中还必须认真地按标准绘制。如果能将标准件的数据和相应的图形存储在计算机中，在设计过程中由用户选择调用，将会大大提高绘图的效率和质量。正因为如此，在现实生活中购买设计软件时，有经验的用户都会十分关心软件所提供的设计标准件和常用件图库的数量和质量。

当然，由于实际工程设计的复杂性和多样性，任何一个 CAD 软件系统都无法满足所有用户的每一个要求。如何解决这一问题呢？出路就是由 CAD 软件系统提供用户自建或扩充标准件库的方法，由用户自己建立或补充所需要的标准件或常用件图库。

（7）建筑模型的输入与输出

无论是在设计完成之后还是在设计过程中，都存在设计数据和设计结果的输入输出问题。这个问题看起来比较简单，但仔细分析一下就能发现问题是比较复杂的。比如在一项工程设计中，有两个或两个以上的单位参加，而这些单位使用的是不同厂家的 CAD 软件。那么他们各自产生的设计图纸或模型信息能不能交换，如何交换？这就对 CAD 软件的功能提出了更高的要求。

以上针对工程设计的实际需要，从几个方面说明了 CAD 软件系统应具备的主要功能。了解这些内容对读者的实际工作及今后深入学习研究 CAD 软件的功能都是有益的。

2．AutoCAD 2007 的实用功能

上面我们从实际工作的角度介绍了建筑设计对 CAD 软件的基本需求，目的是给读者提供一个理解 AutoCAD 2007 或其他 CAD 软件功能的思路。接下来我们就具体看一看 AutoCAD 2007 都提供了哪些功能。

（1）绘图与建模功能

AutoCAD 是目前使用最多的计算机辅助设计软件之一，主要用于机械、建筑等领域。利用该软件可方便地绘制平面图形、轴测图和三维图形，并可方便地标注图形尺寸、输出图形和对三维图形进行渲染。

从建模方式上看，AutoCAD 2007 支持创建线框模型、曲面模型和实体模型，其中以二维线框建模（平面绘图）功能最为强大。一段时期以来，AutoCAD 的用户主要是使用二维建模功能来绘制图形，但随着 AutoCAD 功能的不断加强，目前使用其三维建模功能的用户正在逐渐增多。不过，从实际使用效果看，与 Pro/Engineer、UG 等软件相比，AutoCAD 2007 在曲面和实体建模方面功能较弱。

（2）绘制平面图形

AutoCAD 的"绘图"工具栏提供了丰富的平面绘图工具，利用它们可以绘制直线、构造线、多段线、圆、矩形、多边形、椭圆等基本图形，再借助于"修改"工具栏中的修改工具，便可以绘制出各种各样的平面图形，如图 1-2 所示。

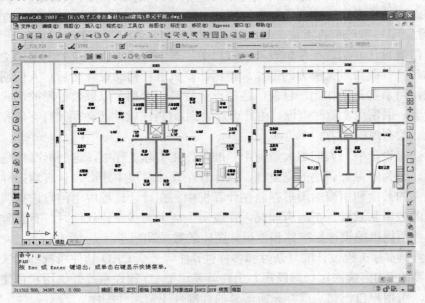

图 1-2　使用 AutoCAD 2007 绘制的建筑平面图形

（3）绘制轴测图

使用 AutoCAD 也可以绘制轴测图，如图 1-3 所示。轴测图实际上是二维图形，它采用一种二维绘图技术来模拟三维对象沿特定视点产生的三维平行投影效果，但在绘制方法上不同于一般平面图形。例如，在轴测图中，绘制的直线要与坐标轴成 30°、150°、90° 等角度，绘制的圆应呈椭圆形等。

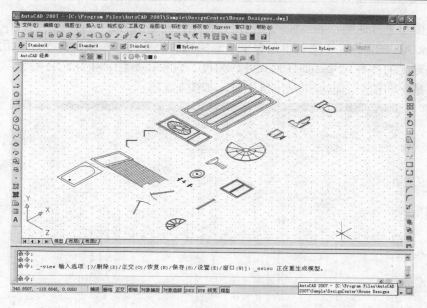

图 1-3　AutoCAD 轴测图下的建筑基本设施

（4）绘制建筑三维图形

在 AutoCAD 中，不仅可以将一些平面图形通过拉伸、设置标高和厚度转换为三维图形，还可以使用"绘图"｜"曲面"菜单中的菜单项绘制三维曲面、三维网格、旋转曲面等曲面，以及使用"绘图"｜"实体"菜单中的菜单项绘制圆柱体、球体、长方体等基本实体。如果再借助于"修改"菜单中的有关工具，就可以绘制出各种复杂的三维建筑图形，如图 1-4 所示。

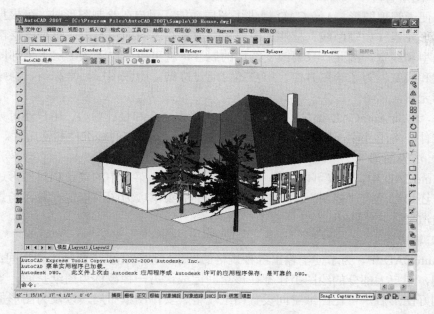

图 1-4　使用 AutoCAD 绘制三维图形

（5）注释和标注图形尺寸

对绘制的图形进行注释和标注尺寸是整个绘图过程中不可缺少的一步。通过为图形加上注释，可对图形进行说明，如零件的粗糙度、加工注意事项等。

在 AutoCAD 的"标注"菜单中包含了一套完整的尺寸标注和编辑命令，使用它们可以方便地标注图形上的各种尺寸，如线性尺寸、角度、直径、半径、坐标、公差等，并且标注的对象既可以是平面图形，也可以是三维图形，如图 1-5 所示。

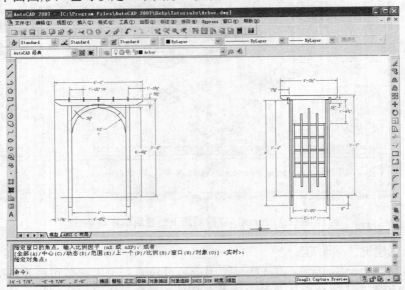

图 1-5   为建筑图形标注尺寸

（6）图形管理

为了便于管理图形，AutoCAD 提供了图层功能。用户在绘制图形时，可根据要求将不同类型的图形元素（如辅助线、标注、图形等）放置在不同的图层上。每个图层都可单独设置颜色、线型和线宽。因此，只要改变图层的属性，就可改变位于该图层上全部图形元素的颜色、线型和线宽。为了绘图方便，用户还可通过冻结、隐藏图层，来冻结、隐藏位于该图层中的图形元素。

此外，借助 AutoCAD 提供的块、外部参照操作命令和设计中心，用户还可方便地创建自己的标准件和常用件库，以及使用系统提供的或其他人制作的标准件和常用件。

（7）渲染图形

在 AutoCAD 中，不仅可以使用"视图"｜"着色"菜单中的菜单项对图形进行简单的着色处理，还可以使用"视图"｜"渲染"菜单中的菜单项为图形指定光源、场景、材质，并进行高级渲染。

（8）输出图形

在 AutoCAD 中，为了便于输出各种规格的图纸，系统提供了两种工作空间：一种被称为模型空间，用户大部分的绘图工作都在该空间完成；另一种被称为图纸空间，当用户在模型空间绘制好图形后，可在图纸空间设置图纸规格、安排图纸布局，以及为图形加上标题块等信息，如图 1-6 所示。

（9）协作设计

AutoCAD 在其早期的版本中提供了制作图块、外部引用、样板图设置等协作设计的初级功能，这些功能在保证图形的一致性和绘图环境的统一方面起到了重要作用。随着 AutoCAD

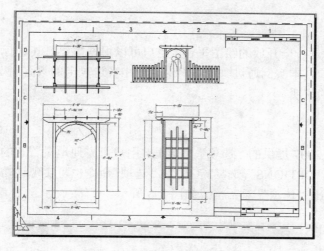

图 1-6　输出图形

技术的不断发展，其协作设计能力也有了较大提高。特别是自 AutoCAD 2007 开始提供的设计中心，更使其完成协作设计的功能日渐完善。

　　利用 AutoCAD 设计中心，用户可以方便地引用其他图形中的块、图层、标注样式、线型、文字样式和布局等。

【举一反三】

　　随着计算机技术在国内外的飞速发展，计算机辅助设计越来越重要，AutoCAD 在建筑设计领域的应用也越来越广泛，如用于设计建筑平面、立体、剖面图，以及节点图、配筋图、采暖图、配电图、模板图、细部图和三位建模等。

第 2 例　设置建筑绘图环境

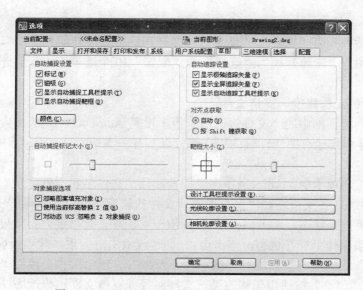

图 1-7　AutoCAD 2007 绘图环境的"选项"配置

【实例说明】

AutoCAD 2007 是一个开放的绘图平台，用户可以根据需要对其进行各种配置，其中包括建筑绘图环境的配置。本实例通过"选项"对话框中各选项卡的设置对 AutoCAD 2007 的整体配置做一个具体的说明。

【技术要点】

利用 AutoCAD 2007 提供的"选项"对话框，用户可方便地设置它的绘图环境。启动"选项"对话框的命令是"OPTIONS"，选择"工具"｜"选项"命令也可实现该功能。执行"OPTIONS"命令，AutoCAD 弹出"选项"对话框，如图 1-8 所示。

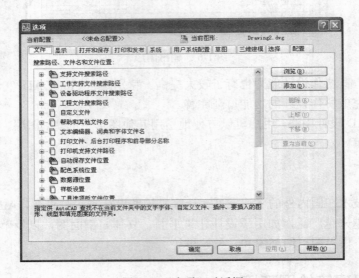

图 1-8 "选项"对话框

【制作步骤】

"选项"对话框中有"文件"、"显示"、"打开和保存"、"打印和发布"、"系统"、"用户系统配置"、"草图"、"三维建模"、"选择"和"配置" 10 个选项卡，下面分别介绍它们的功能。

1. 设置设计的工作路径、支持文件

（1）"选项"对话框中的"文件"选项卡用于设置 AutoCAD 2007 搜索其支持文件、驱动程序、菜单文件和其他有关文件时的工作路径以及有关支持文件，所对应的对话框如图 1-8 所示。

（2）"文件"选项卡中，AutoCAD 在"搜索路径、文件名和文件位置"列表框内以树状形式列出了 AutoCAD 各支持路径以及有关支持文件的位置与名称。如果某一项的左边有"+"号，表示该项处于折叠状态，单击该"+"号或双击对应项，此项展开；如果某一项的左边有"－"号，表示该项处于展开状态，单击该"－"号或双击对应项，此项折叠。

（3）"文件"选项卡内的右边有"浏览"、"添加"、"删除"、"上移"、"下移"和"置为当前" 6 个按钮。"浏览"按钮用于修改某一支持路径或支持文件。修改方法为：在"搜索路径、文件名和文件位置"列表框中选择要修改的展开项，单击"浏览"按钮，AutoCAD 会弹

出"选择目录"对话框（如果要修改的是路径）或弹出"选择文件"对话框（如果要修改的是文件），用户可通过相应的对话框确定新路径或新文件，如图1-9所示。

此外，"文件"选项卡内右边的"添加"按钮用于添加新路径或新文件；"删除"按钮用于删除路径或文件；"上移"、"下移"按钮分别用来将选择项向上或向下移动位置，即调整AutoCAD对路径或文件的搜索顺序；"置为当前"按钮则将选择项置为当前项。

下面介绍"搜索路径、文件名和文件位置"列表框中主要项的功能。

- 支持文件搜索路径

如图1-10所示。指定路径，供AutoCAD搜索没有位于当前目录中的文字字体、菜单、插入模块、待插入图形、线型和用于填充的图案。当AutoCAD查找一个文件时，首先在当前工作目录中查找，如果没有找到，AutoCAD按在"支持文件搜索路径"中设置的路径依次查找。

图1-9　选择"浏览文件夹"对话框

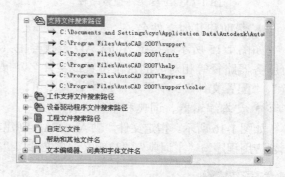

图1-10　支持文件搜索路径

- 工作支持文件搜索路径

如图1-11所示。指定AutoCAD搜索系统支持文件的活动路径，如字体文件路径、帮助文件路径等。该目录列表是只读的。

- 设备驱动程序文件搜索路径

如图1-12所示。指定路径，供AutoCAD搜索定点设备、打印机和绘图仪的驱动程序。

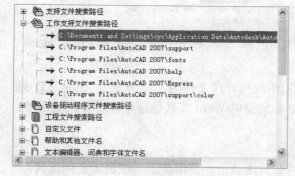

图1-11　工作支持文件搜索路径

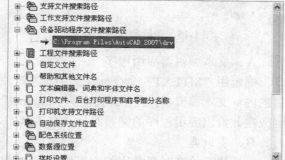

图1-12　设备驱动程序文件搜索路径

- 工程文件搜索路径

如图1-13所示。为图形指定一个工程名称，该名称指定了与工程有关的外部参照文件的搜索路径。用户可以创建任意数量的工程名称，但每一个图形只能有一个工程名称。

● 自定义文件

如图 1-14 所示。可以自定义指定文件的基本属性配置。包含"主自定义文件"、"企业自定义文件"和"自定义图标位置"3 个子项。

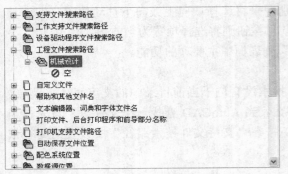

图 1-13　工程文件搜索路径　　　　　　　　　图 1-14　自定义文件

● 帮助和其他文件名

如图 1-15 所示。指定 AutoCAD 查找与主菜单、帮助、默认 Internet 网址、配置文件、许可服务器路径等相对应的目录位置或文件名。展开此项，有 "帮助文件"、"默认 Internet 位置"、"配置文件"3 个子项，从中设置即可。

● 文本编辑器、词典和字体文件名

如图 1-16 所示。指定文件，供 AutoCAD 创建、检查和显示文字对象。展开此项，有"文本编辑器应用程序"、"主词典"、"自定义词典文件"、"替换字体文件"和"字体映射文件"5 个子项。

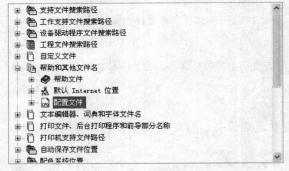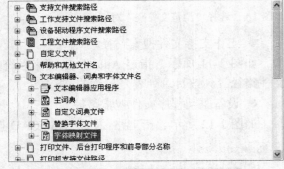

图 1-15　帮助和其他文件名　　　　　　　图 1-16　文本编辑器、词典和字体文件名

A．文本编辑器应用程序

确定用"MTEXT"命令标注文字对象时使用的应用程序文件名。如果使用 AutoCAD 提供的内部文本编辑器，应在此指定为"Internal"。如果要用 Word 或其他应用程序作为编辑器，则应在此给出应用程序的完整路径及文件名。

B．主词典

设置拼写检查时要使用的主词典，用户可以在美国英语、英国英语、法语等之间选择。

C．自定义词典文件

设置拼写检查时要使用的自定义词典文件。

D．替换字体文件

确定替换字体文件，以便当 AutoCAD 找不到指定字体并且在字体映射文件中没有确定替代字体时使用。

　　E．字体映射文件

确定字体映射文件，以便当 AutoCAD 找不到指定字体时使用。

● 打印文件、后台打印程序和前导部分名称

指定 AutoCAD 打印图形时的有关设置。如图 1-17 所示。

● 打印机支持文件路径

如图 1-18 所示。指定打印机支持文件的搜索路径。展开后有"后台打印文件位置"、"打印机配置搜索路径"、"打印机说明文件搜索路径"、"打印样式表搜索路径" 4 项，根据需要从中设置即可。

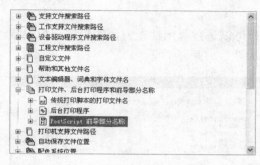

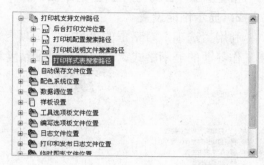

图 1-17　打印文件、后台打印程序和前导部分名称　　　　　　图 1-18　打印机支持文件路径

● 自动保存文件位置

当用户通过"选项"对话框的"打开与保存"选项卡启用"自动保存"功能时，指定 AutoCAD 自动保存文件时的保存路径。

● 配色系统位置

用户可以指定 AutoCAD 配色系统保存文件的路径及文件名。

● 数据源位置

指定数据库操作时的数据源文件的路径。

● 样板设置

指定"今日"对话框所使用的样板文件的路径。默认时，该路径位于 AutoCAD 安装目录下的 Template 目录中。

● 工具选项板文件位置

自定义指定 AutoCAD 2007 的绘图工具选项板放置文件的路径。

● 编写选项板文件位置

在这里用户可以自行编写选项板，并定义其文件名与路径。

● 日志文件位置

当 AutoCAD 将文本窗口中的内容生成日志文件时，指定该日志文件的保存路径。日志文件的扩展名为".log"。

● 打印和发布日志文件位置

这是 AutoCAD 2007 新增加的功能，能够保存打印和发布的当天日志位置。

● 临时图形文件位置

如图 1-19 所示。指定 AutoCAD 生成临时图形文件的路径。如果没有设置路径，AutoCAD 将 Windows 系统的临时目录（Temp 目录）作为临时图形文件的保存位置。临时文件的默认

扩展名为 ".ac$"。

用 AutoCAD 绘制图形时，AutoCAD 自动创建临时文件。当用户正常关闭 AutoCAD 图形后，AutoCAD 删除对应的临时文件。

● 临时外部参照文件位置

指定临时外部参照文件的路径。

● 纹理贴图搜索路径

指定 AutoCAD 进行渲染操作后搜索渲染纹理贴图时的路径。

● i-drop 相关文件位置

指定查找 i-drop 应用文件的路径。

2. 显示性能设置

利用"选项"对话框的"显示"选项卡，用户可以进行显示性能方面的设置，如设置绘图工作界面的显示格式、设置图形显示精度等。如图 1-20 所示。

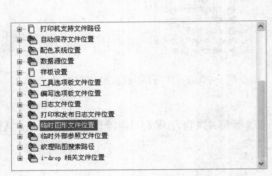

图 1-19　临时图形文件位置

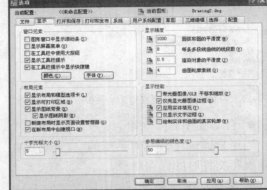

图 1-20　"显示"选项卡

选项卡中各主要选项的含义如下：

（1）"窗口元素"选项组

如图 1-21 所示。设置绘图工作界面各窗口元素的显示样式。

A．"图形窗口中显示滚动条"和"显示屏幕菜单"复选框

这两个复选框分别用于确定是否在绘图工作界面上显示滚动条和屏幕菜单。选中相应的复选框则显示，取消选中则不显示。

B．"在工具栏中使用大按钮"复选框

选择此项则 AutoCAD 工作界面中的按钮全部变成大按钮显示。

C．"显示工具栏提示"和"在工具栏提示中显示快捷键"复选框

这两个复选框是对工具栏的辅助，勾选上后可以显示提示和快捷键功能。

D．"颜色"按钮

设置 AutoCAD 2007 工作界面中各窗口元素的颜色（如命令行背景颜色、命令行文字颜色等）。单击该按钮，AutoCAD 弹出"图形窗口颜色"对话框，如图 1-22 所示。

在"图形窗口颜色"对话框中，用户可通过"界面元素"列表框确定要修改的窗口元素，通过"颜色"下拉列表框确定该元素的颜色。在默认状态下，AutoCAD 2007 绘图区域的背景颜色是黑色，如果读者不喜欢此颜色，可用上述方法将其设置成白色或其他颜色。

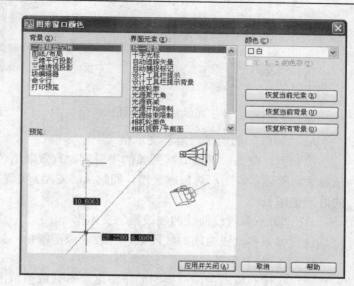

图 1-21　"窗口元素"选项组　　　　图 1-22　"图形窗口颜色"对话框

设置 AutoCAD 2007 工作界面的窗口元素颜色后，单击"应用并关闭"按钮，AutoCAD 确认新设置并关闭"图形窗口颜色"对话框。

E．"字体"按钮

设置命令行的字体。单击"字体"按钮，AutoCAD 2007 弹出如图 1-23 所示的"命令行窗口字体"对话框，可利用该对话框设置命令窗口中的字体、字形、字号等。

（2）"布局元素"选项组

如图 1-24 所示。设置布局中的有关元素。有关"布局"的概念这里不再介绍。用户可以轻松地由各复选框的中文内容得知它的功能。

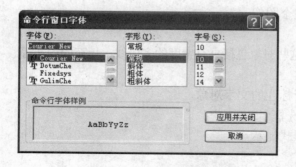

图 1-23　"命令行窗口字体"对话框

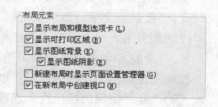

图 1-24　"布局元素"选项组

（3）"十字光标大小"选项组

确定光标十字线的长度，该长度用绘图区域宽度的百分比表示，有效取值范围是 0~100。用户可直接在文本框中输入具体数值，也可通过拖动滑块来调整。图 1-25 中，"十字光标大小"文本框中的数字为 5，它表示十字线的长度为绘图区域宽度的百分之五。

（4）"显示精度"选项组

控制对象的显示效果。如图 1-26 所示。

图 1-25　"十字光标大小"选项组

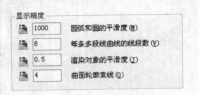

图 1-26　"显示精度"选项组

A．"圆弧和圆的平滑度"文本框

控制圆、圆弧、椭圆、椭圆弧的平滑度，有效取值范围是 1～20 000，默认值是 1000。值越大，所显示的图形对象越光滑，同时 AutoCAD 实现重新生成、显示缩放、显示移动时用的时间也越长。

B．"每条多段线曲线的线段数"文本框

设置每条多段线曲线的线段数，有效取值范围是 -32 767～32 767，默认值是 8。

C．"渲染对象的平滑度"文本框

确定实体对象着色或渲染时的平滑度，有效取值范围是 0.01～10.00，默认值是 0.5。

D．"曲面轮廓素线"文本框

确定对象上每个曲面的轮廓素线数，有效取值范围是 0～2 047，默认值是 4。

（5）"显示性能"选项组

如图 1-27 所示。控制影响 AutoCAD 性能的显示设置。

A．"带光栅图像/OLE 平移和缩放"复选框

控制实时平移和缩放时，光栅图像的显示方式。选中复选框，用户进行实时平移或缩放操作时，光栅图像同步平移或缩放；取消选中该复选框，当进行实时平移或缩放操作时，光栅图像用其边框表示并实现平移或缩放，完成平移或缩放后，再显示出整个图像。

B．"仅亮显光栅图像边框"复选框

确定当选择光栅图像时光栅图像的显示形式。选中该复选框，选择光栅图像后仅亮显光栅图像的边框，取消选中该复选框则亮显整个图像。

C．"应用实体填充"复选框

控制是否显示所填充对象的填充效果，这些对象包括具有宽度的多段线、填充的图案等。

D．"仅显示文字边框"复选框

控制是否用表示文字对象的边框代替所标注的文字对象。

E．"绘制实体和曲面的真实轮廓"复选框

控制三维实体的轮廓曲线是否以线框形式显示。

（6）"参照编辑的褪色度"选项组

如图 1-28 所示。确定参照编辑的褪色度，默认值为 50。

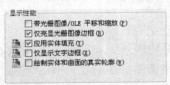

图 1-27　"显示性能"选项组

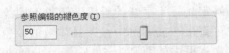

图 1-28　"参照编辑的褪色度"选项组

3．文件的打开与保存

"选项"对话框中的"打开和保存"选项卡控制与打开或保存图形文件有关的各种设置，

如图 1-29 所示。

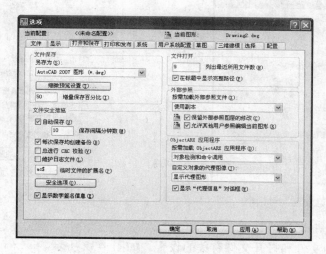

图 1-29　"打开和保存"选项卡

选项卡中各主要项的功能如下：

（1）"文件保存"选项组

确定与保存 AutoCAD 文件有关的设置。

A．"另存为"下拉列表框

确定保存文件时的默认文件格式。

B．"缩微预览设置"按钮

单击该按钮打开的"缩微预览设置"对话框如图 1-30 所示。其中的两个复选项说明如下：

a．"图形"选项中的"保存微缩预览图像"复选按钮

控制 Auto CAD 是否在图形文件中保存图形预览图像。如果保存，用户可以在"选择文件"对话框中观察到该预览图像。

b．"生成图纸、图纸视图和模型视图的略图"复选项

本选项控制 Auto CAD 的图纸和视图在访问时更新略图的性能和精度设置，通过拖动"性能，精度"上面的可拖动滑块可以实现"性能"和"精度"上的调配。

C．"增量保存百分比"文本框

设置图形文件中潜在剩余空间的百分比值。

虽然完全保存不会浪费磁盘空间，但最好不要使用完全保存，因为这样较费时间，会影响 AutoCAD 的性能。为优化性能，最好将该值设为 50。如果硬盘空间较小，可设为 25。但当设值低于 20 时，用"保存"或"另存为"命令保存文件的速度会慢一些。

（2）"文件安全措施"选项组

如图 1-31 所示。此选项组中的各项主要用于避免绘图数据的丢失和毁坏。用户可通过"自动保存"复选框确定 AutoCAD 是否自动保存，如果自动保存，还可通过"保存间隔分钟数"文本框设置自动保存的时间间隔；"每次保存均创建备份"复选框用来确定当保存图形文件时是否创建该图形的备份；"总进行 CRC 校验"复选框用来确定每在图形中加入一个对象时，是否进行循环冗余（CRC）校验，以检查文件中的图形数据是否正确；"维护日志文件"复选框控制是否将文本窗口中的内容写入日志文件；"临时文件的扩展名"文本框则允许用户确定临时文件的扩展名。

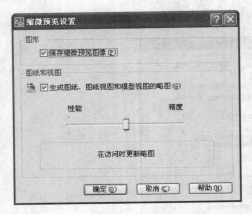

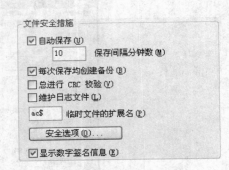

图 1-30　"缩微预览设置"对话框　　　　　　　图 1-31　"文件安全措施"选项组

（3）"文件打开"选项组

控制与当前使用文件和打开文件有关的设置。如图 1-32 所示。

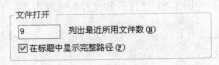

图 1-32　"文件打开"选项组

A．"列出最近使用文件数"文本框

控制在 AutoCAD"文件"菜单中显示的最近所使用的图形文件的数量，有效范围为 0～9。另外，当通过"今日"对话框中"最近使用的文件"方式打开图形时，"列出最近使用文件数"文本框中的设置值还决定在窗口内列出的最近使用过的文件列表中的文件数。

B．"在标题中显示完整路径"复选框

确定是否在工作界面的标题栏上显示当前活动文件的全路径。

（4）"外部参照"选项组

控制与编辑、加载外部参照有关的一些设置。用户可确定是否按需加载外部参照文件、是否保留外部参照图层的修改、是否允许其他用户参照编辑当前图形。

（5）"ObjectARX 应用程序"选项组

控制与 ObjectARX 应用程序有关的一些设置。用户可确定是否以及何时按需加载第三方应用程序，控制图形中定制对象的显示，确定当打开含有定制对象的图形时是否显示出警告。

4．打印和发布设置

"选项"对话框中的"打印和发布"选项卡用来控制打印和发布设置，如图 1-33 所示。选项卡各主要项的功能如下：

（1）"新图形的默认打印设置"选项组

为新图形或用 R14 以及以前版本 AutoCAD 创建但没有保存为 AutoCAD 2007 格式的图形确定默认打印设置。

A．"用作默认输出设备"单选按钮

为新图形或用 R14 以及以前版本 AutoCAD 创建但没有保存为 AutoCAD 2007 格式的图形设置默认打印设备。所对应的列表显示出在打印机配置搜索路径中找到的打印配置文件。

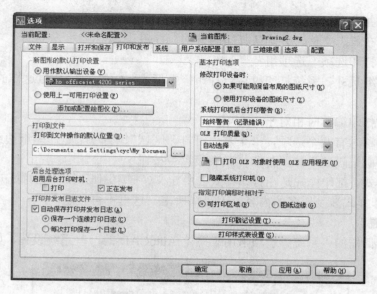

图 1-33 "打印和发布"选项卡

B."使用上一可用打印设置"单选按钮

根据最后一次打印的设置确定打印设置。

C."添加或配置绘图仪"单选按钮

添加或配置打印机。单击该按钮,AutoCAD 弹出打印机管理器窗口,如图 1-34 所示,用户可通过该管理器添加或配置打印机。

图 1-34 打印机管理器窗口

(2)"打印到文件"选项组

指定默认的打印文件操作位置。

(3)"后台处理选项"选项组

主要有"打印"和"正在发布"两个复选框,指定 AutoCAD 后台打印处理时的状态。

（4）"打印并发布日志文件"选项组

选择是否发布日志文件，并确认打印的方法。

（5）"基本打印选项"选项组

设置诸如图纸尺寸、系统打印机后台打印警告形式、OLE 打印质量这样的基本打印环境方面的选项。

（6）"指定打印偏移时相对于"选项组

指定打印偏移时有两个选项，一个是"可打印区域"，另一个是"图纸边缘"。

（7）"打印戳记设置"和"打印样式表设置"按钮

设置打印样式。打印样式是在打印样式表中定义，打印图形时使用的打印特性设置集合。AutoCAD 的打印样式涉及较多的内容，因篇幅所限，这里不再叙述。

5．系统设置

"选项"对话框的"系统"选项卡用于确定 AutoCAD 的一些系统设置，如图 1-35 所示。

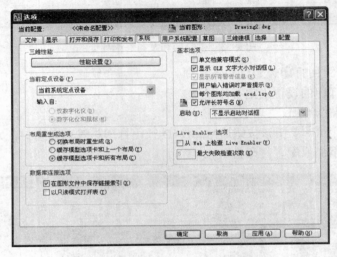

图 1-35 "系统"选项卡

选项卡中各主要项的功能如下：

（1）"三维性能"选项组

确定与三维图形显示系统的系统特性和配置有关的设置。所对应的对话框给出了当前可用的三维显示系统，用户可根据需要从中进行选择。单击"性能设置"按钮，AutoCAD 弹出图 1-36 所示的"自适应降级和性能调节"对话框，用户可利用此对话框进行相应的配置。

（2）"当前定点设备"选项组

确定与定点设备有关的选项。选项组中的下拉列表框列出了当前可以使用的定点设备，用户可根据需要选择。选项组中与"输入自"对应的单选按钮用来确定 AutoCAD 是接受数字化仪和鼠标的输入，还是仅接受数字化仪的输入。

（3）"布局重生成选项"选项组

确定在模型和布局选项卡中所显示内容的更新方式。

（4）"数据库连接选项"选项组

控制与数据库连接有关的设置。可通过该选项组确定是否在图形中保存链接索引，是否以只读模式打开数据库表。

（5）"基本选项"选项组

控制与系统设置有关的基本选项。如图 1-37 所示。

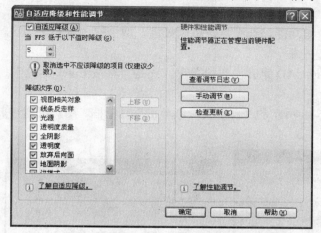

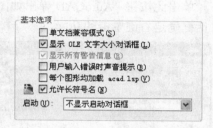

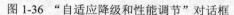

图 1-36　"自适应降级和性能调节"对话框　　　图 1-37　　"基本选项"选项组

A．"单文档兼容模式"复选框

确定 AutoCAD 是否可以同时打开多个图形。选中复选框，AutoCAD 一次仅支持一个图形，取消选中则允许打开多个图形。

B．"显示 OLE 文字大小对话框"复选框

确定在 AutoCAD 图形中插入 OLE 对象时，是否显示"OLE 特性"对话框。

C．"显示所有警告信息"复选框

确定 AutoCAD 是否显示所有的警告信息。

D．"用户输入错误时声音提示"复选框

确定当用户输入错误时 AutoCAD 是否给出声音提示。

E．"每个图形均加载 acad.lsp"复选框

确定是否在每个图形中加载 acad.lsp 文件。

F．"允许长符号名"复选框

选中该复选框，AutoCAD 命名对象的名称可以使用长达 255 个字节的符号，且这些符号可以是字母、数字、空格以及没有用于 Windows 和 AutoCAD 特殊任务的任意符号。这里所指的命名对象包括图层、块、线型、文字样式、尺寸标注样式、UCS 名称、视图、视口配置等。

G．"启动"下拉列表框

确定启动 AutoCAD 2007 时，是显示新的"今日"对话框，还是显示传统的"启动"对话框，还是什么也不显示。

（6）"Live Enabler 选项（实时激活器）"选项组

确定 AutoCAD 是否检验实时激活器以及相关设置。

6．用户系统配置

"选项"对话框中的"用户系统配置"选项卡用来优化用户在 AutoCAD 中的工作方式，如图 1-38 所示。

选项卡中各主要项的功能如下：

（1）"Windows 标准"选项组

确定用 AutoCAD 绘图时是否采用 Windows 标准。

A．"双击进行编辑"复选框

确定是否采用 Windows 的标准加速键功能，选中复选框则采用，取消选中则不采用。

B．"绘图区域中使用快捷菜单"复选框

确定在绘图区域内单击右键时，AutoCAD 是弹出快捷菜单，还是执行按 Enter 键操作。

C．"自定义右键单击"按钮

单击此按钮，AutoCAD 弹出如图 1-39 所示的"自定义右键单击"对话框，用户可通过此对话框确定右键单击的功能。

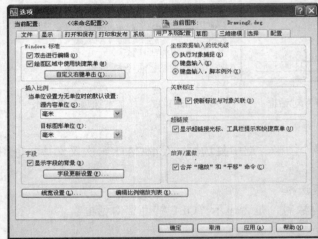

图 1-38　"用户系统配置"选项卡

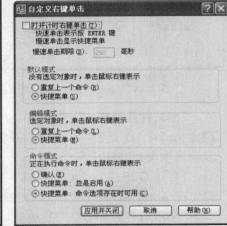

图 1-39　"自定义右键单击"对话框

（2）"插入比例"选项组

确定与 AutoCAD 设计中心有关的设置。

A．"源内容单位"下拉列表框

确定当用 AutoCAD 设计中心将对象插入到当前图形中时，插入对象自动使用的单位。用户可以在"不指定—无单位"、"英寸"、"英尺"、"英里"、"毫米"、"厘米"、"米"、"千米"、"微英寸"、"密耳"、"码"、"埃"、"毫微米"、"微米"、"分米"、"十米"、"百米"、"百万公里"、"天文单位"、"光年"、"秒差距"等单位之间做选择。如果选择了"不指定—无单位"，插入对象后，该对象不进行缩放。

B．"目标图形单位"下拉列表框

确定当用 AutoCAD 设计中心将对象插入时，当前图形自动使用的单位。用户也可以在"不指定—无单位"、"英寸"、"英尺"、"英里"、"毫米"、"厘米"、"米"、"千米"、"微英寸"、"密耳"、"码"、"埃"、"毫微米"、"微米"、"分米"、"十米"、"百米"、"百万公里"、"天文单位"、"光年"、"秒差距"等单位之间做选择。如果选择了"不指定—无单位"，插入对象后，该对象不进行缩放。

（3）"字段"选项组

设置是否显示"字段"的功能，单击"字段更新设置"按钮会打开"字段更新设置"对话框，如图 1-40 所示。

（4）"坐标数据输入的优先级"选项组

确定 AutoCAD 响应坐标数据输入的优先级。

（5）"关联标注"选项组

确定尺寸关联的有效性。利用该功能，当对象形状改变后，相应的标注尺寸也发生改变。

（6）"超链接"选项组

确定与超级链接显示特性有关的设置。用户可确定是否显示超级链接光标和快捷菜单、是否显示超级链接工具栏提示。

（7）"放弃/重做"选项组

在这里可以选择"合并'缩放'和'平移'命令"复选框。

（8）"线宽设置"按钮

设置绘图线宽。单击该按钮，AutoCAD 弹出图 1-41 所示的"线宽设置"对话框，利用其进行设置即可。

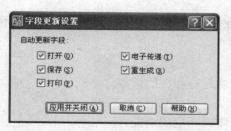

图 1-40　"字段更新设置"对话框

图 1-41　"线宽设置"对话框

用户可通过单击对话框中"线宽"按钮的方式确定是否使有线宽的图形对象按线宽显示。

（9）"编辑比例缩放列表"按钮

确定对象的比例缩放方式。单击该按钮打开"编辑比例缩放列表"对话框，如图 1-42 所示。

7．草图设置

"选项"对话框中的"草图"选项卡用来进行自动捕捉、自动追踪功能等一些设置，如图 1-43 所示。

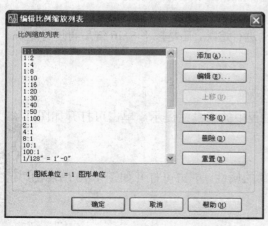

图 1-42　"编辑比例缩放列表"对话框

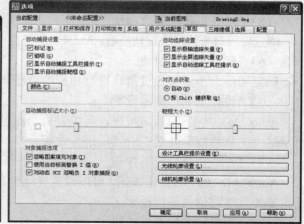

图 1-43　"草图"选项卡

选项卡中各主要项的功能如下：

（1）"自动捕捉设置"选项组

控制与自动捕捉有关的一些设置。

A．"标记"复选框

当使用对象捕捉功能捕捉点时，确定当光标捕捉到指定点时是否显示出捕捉标记。

B．"磁吸"复选框

启用该功能，当利用对象捕捉功能捕捉点且光标接近捕捉点时，会被自动吸附到该捕捉点位置。

C．"显示自动捕捉工具栏提示"复选框

控制当利用对象捕捉功能捕捉点且捕捉到指定点时，是否浮出一个描述当前捕捉到对象哪一部分的小标签。

D．"显示自动捕捉靶框"复选框

确定当执行对象捕捉操作时，光标是否以靶框形式显示。

E．"颜色"按钮

确定当光标捕捉到指定点时捕捉标记的颜色，从如图 1-44 所示的打开的"图形窗口颜色"对话框中进行选择即可。

（2）"自动捕捉标记大小"滑块

确定自动捕捉时捕捉标记的大小。用户可通过滑块进行相应的调整。

（3）"对象捕捉选项"选项组

这里有三个复选框，通过选择或者取消选择可以实现相应的功能。

（4）"自动追踪设置"选项组

控制与极轴追踪有关的设置。

A．"显示极轴追踪矢量"复选框

确定当启用极轴追踪功能后，是否沿追踪方向显示追踪矢量。

B．"显示全屏追踪矢量"复选框

确定当启用对象捕捉追踪功能后，是否显示全屏追踪矢量。

C．"显示自动追踪工具栏提示"复选框

控制当捕捉到相应的矢量方向时，是否浮出一个描述当前追踪矢量的小标签。

（5）"对齐点获取"选项组

确定启用对象捕捉追踪功能后，AutoCAD 是自动进行追踪，还是按下 Shift 键后再进行追踪。

（6）"靶框大小"滑块

确定靶框大小。可通过滑块进行相应的调整。

（7）"设计工具栏提示设置"按钮

AutoCAD 2007 的新增按钮，可以设置绘图过程中的工具栏提示，单击可打开如图 1-45 所示的"工具栏提示外观"对话框进行设置。

（8）"光线轮廓设置"按钮

AutoCAD 2007 的新增按钮，可以设置光线轮廓的属性，单击可打开如图 1-46 所示的"光线轮廓外观"对话框进行设置。

（9）"相机轮廓设置"按钮

AutoCAD 2007 的新增按钮，可以设置相机轮廓的属性，单击可打开如图 1-47 所示的"相机轮廓外观"对话框进行设置。

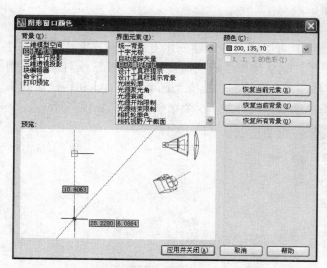

图 1-44　"图形窗口颜色"对话框

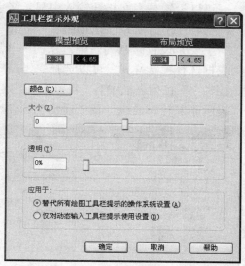

图 1-45　"工具栏提示外观"对话框

图 1-46　"光线轮廓外观"对话框

图 1-47　"相机轮廓外观"对话框

8．三维建模设置

"选项"对话框中的"三维建模"选项卡用来进行三维绘图时的一些设置，如图 1-48 所示。

选项卡各选择项的功能如下：

（1）"三维十字光标"选项组

该选项组主要是对三维绘图过程中十字光标的属性进行设置，选择"在十字光标中显示 Z 轴"能在绘图中显示 Z 轴的样式，默认的十字光标标签是使用 X，Y，Z 三个轴来建模的。

（2）"显示 UCS 图标"选项组

为了让三维绘制的过程更加简单明了，最好选中 "显示在二维模型空间中"、"显示在三维平行投影中"及"显示在三维透视投影中"三个复选框。

（3）"动态输入"选项组

可以设置是否在指针输入中显示 Z 字段。

（4）"三维对象"选项组

主要是设置绘制的三维对象的一些属性。可以通过"创建三维对象时的视觉样式"下拉
列表框选择视觉样式，可以选择二维或三维，默认值为"随视口"。在"创建三维对象时的删
除控件"下拉列表框中有"保留定义几何体"、"删除轮廓曲线"、"删除轮廓曲线和路径曲线"、
"提示删除轮廓曲线"及"提示删除轮廓曲线和路径曲线"5 个选项，如图 1-49 所示。

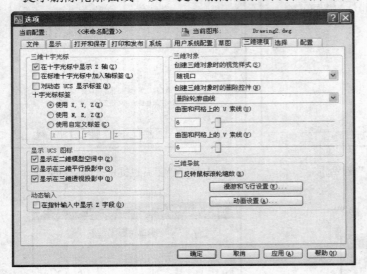

图 1-48　"三维建模"选项卡

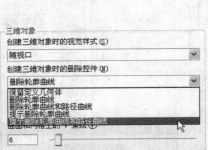

图 1-49　"三维对象"选项组

（5）"三维导航"选项组

是三维绘图导航辅助属性设置。单击"漫游和飞行设置"按钮，打开"漫游和飞行设置"
对话框，如图 1-50 所示。在这里可以设置当前图形的飞行步长及每秒步数等。

单击"动画设置"按钮打开"动画设置"对话框，如图 1-51 所示。在这里可以设置发布
动画的窗口的大小、帧率和视频格式。

图 1-50　"漫游和飞行设置"对话框

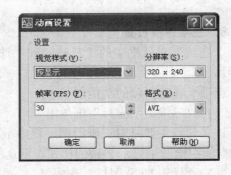

图 1-51　"动画设置"对话框

9．选择设置

　　"选项"对话框中的"选择"选项卡用来进行选择集模式、夹点功能等一些设置，如图 1-52 所示。

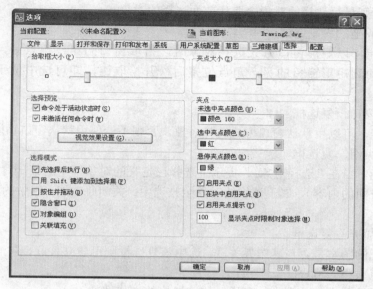

图 1-52　"选择"选项卡

　　选项卡各选择项的功能如下：

　　（1）"拾取框大小"滑块

　　在这里可以设置拾取框的大小，可通过移动滑块的方式调整。

　　（2）"选择预览"选项组

　　设置预览的属性，单击"视觉效果设置"按钮，打开相应的对话框如图 1-53 所示。可以设置绘制图形的预览效果。

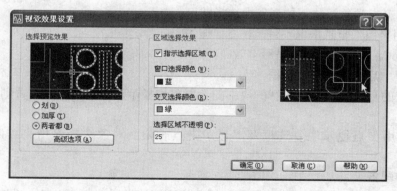

图 1-53　"视觉效果设置"对话框

　　（3）"选择模式"选项组

　　确定构成选择集的可用模式。

　　A．"先选择后执行"复选框

　　启用该功能，可以按照先选择操作的对象，然后再通过单击菜单命令、单击工具栏按钮或直接在命令窗口输入命令的方式进行操作，通常又把这种操作方式称为主谓操作方式。

B．"用 Shift 键添加到选择集"复选框

启用该功能，当在"选择对象："提示下选择一系列对象时，必须先按下 Shift 键，然后再选择对象，否则最后选择的对象会取代前面选择的对象。

C．"按住并拖动"复选框

启用该功能，以矩形窗口方式选择对象时，拾取窗口的第一角点后，不能松开拾取键，将光标拖动到矩形窗口的另一角点位置后松开拾取键，即可选中位于拾取窗口内的各对象。

D．"隐含窗口"复选框

启用该功能，可以用默认窗口方式选择对象，否则不能使用默认窗口功能。

E．"对象编组"复选框

启用该功能，当在"选择对象："提示下选择已定义的对象组中的某一对象时（本书没有介绍对象编组方面的内容），属于该组的对象全被选中；关闭此功能，组中的其他对象则不会被选中。

F．"关联填充"复选框

确定已填充的图案是否与其边界关联，选中该复选框则可建立关联，取消选中则不关联。

（4）"夹点大小"滑块

在这里可以设置夹点的大小，可通过移动滑块的方式调整。

（5）"夹点"选项组

确定与采用"夹点"功能进行编辑操作有关的设置。

A．"未选中夹点颜色"下拉列表框

控制夹点的特征点颜色，从下拉列表中选择即可。

B．"选中夹点颜色"下拉列表框

控制夹点中操作点的颜色，从下拉列表中选择即可。

C．"悬停夹点颜色"下拉列表框

控制悬停夹点颜色，从下拉列表中选择即可。

D．"启用夹点"复选框

确定 AutoCAD 的夹点功能是否有效。

E．"在块中启用夹点"复选框

选中对应的复选框，用户选择的块中的各对象均显示其本身的夹点，否则只将插入点作为夹点显示。

F．"启用夹点提示"复选框及"显示夹点时限制对象选择"用来控制夹点的属性设置。

10．保存配置

用 AutoCAD 绘制图形时，有时需要使用几组不同的设置。为避免在绘图时进行繁琐的操作，用户可以事先进行相应的设置，并对每一个设置命令保存。当需要采用某一设置时，将此命名设置为当前设置即可。此外，用户还可以将已有的设置以文件形式保存，以使其他用户共享该设置。"选项"对话框中的"配置"选项卡用来实现新建系统配置、重命名系统配置、删除系统配置、将配置输出到文件等操作，如图 1-54 所示。

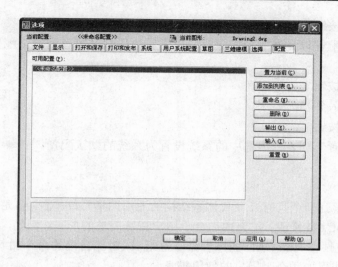

图 1-54 "配置"选项卡

选项卡各主要项功能如下：

（1）"可用配置"列表框

列表框中列出已命名保存的系统配置，用户可选择某一配置作为当前配置。

（2）"置为当前"按钮

将指定的配置设为当前配置。方法是在"可用配置"列表框内选择相应的配置，单击"置为当前"按钮。

（3）"添加到列表"按钮

将新的系统配置命名保存。用户设置"选项"对话框中的各项内容后，单击"配置"选项卡中的"添加到列表"按钮，AutoCAD 弹出如图 1-55 所示的"添加配置"对话框。在对话框中的"配置名称"文本框中输入新配置的名称后单击"应用并关闭"按钮，即可实现新系统配置的命名保存。此外，还可以在"说明"文本框中输入新配置的说明。

（4）"重命名"按钮

给命名保存的系统配置更名。更名方法为：在"可用配置"列表框内选择相应的配置，单击"重命名"按钮，AutoCAD 弹出图 1-56 所示的"修改配置"对话框，用户可通过该对话框修改系统配置的名称和说明。

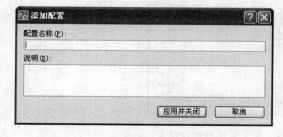

图 1-55 "添加配置"对话框

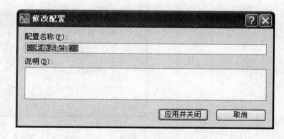

图 1-56 "修改配置"对话框

（5）"删除"按钮

删除命名的系统配置。方法是在"可用配置"列表框内选择相应的配置，单击"删除"按钮。

（6）"输出"按钮

将指定的系统配置以文件的形式保存，以供其他用户共享该配置。配置文件的扩展名为
".arg"。

（7）"输入"按钮

将配置文件输入到当前系统。

（8）"重置"按钮

将在"可用配置"列表框内选中的系统设置为系统的默认配置。

【举一反三】

AutoCAD 2007 是一个具有开放式体系结构的通用图形系统平台，它允许用户根据自己的
需要方便地将 AutoCAD 修改、扩充成适合于用户特殊需求的形式。例如，用户可以通过修改
AutoCAD 的菜单文件使 AutoCAD 的原有命令重组，或者把自己的命令加入 AutoCAD 的菜单
中，以使 AutoCAD 更加适合于用户的使用需求。

在建筑设计中可以用 AutoCAD 2007 定制的基本内容包括：

● 建设图的绘图环境，如采用的建筑绘图单位（英制或公制）标准、显示设置、打印设
　备和设置等。

● AutoCAD 2007 内部运行的外部程序。

● AutoCAD 2007 的菜单和工具条。

● 自行配置的线型、填充图案和图形。

第 3 例　使用绘图辅助工具

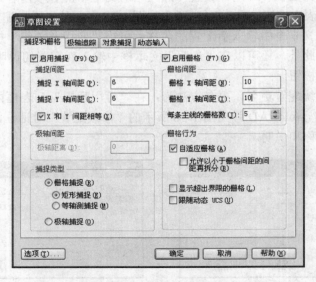

图 1-57　AutoCAD 2007 绘图辅助工具的设置对话框

【实例说明】

与其他图形设计软件相比，AutoCAD 2007 最大的特点就在于它提供了精确绘图的方法，
也就是用户可以使用该软件精确地设计并绘制图形。本实例主要介绍如何设置 AutoCAD 2007

的一些常用绘图辅助工具，如设置栅格和捕捉、设置正交和极轴追踪等。

【技术要点】

栅格是一种可见的位置参考图标，由一系列排列规则的点组成，它类似于坐标轴，实际上它不是一些真实存在的对象实体点，而是 AutoCAD 2007 为绘图提供的参考点，可以在屏幕上显示或者隐藏它们。它们有两方面的作用：一是有利于设计坐标点的定位，二是用于显示用户设计的整个图形界限。捕捉是指对确定的栅格点的捕捉，它可以使用户准确地定位。当栅格和捕捉配合使用时，对于提高绘画精度有十分重要的作用。

【制作步骤】

（一）设置栅格和捕捉

下面详细介绍绘图环境的辅助设置，合理的辅助设置将会使绘图更精确、更快捷、更专业。

1．设置栅格

栅格可以帮助用户在绘图区域中选择适当的位置，它是一种覆盖在限定绘图区上并按一定规律排列的点集图案。另外，栅格在屏幕上显示了坐标的参考信息，这样有助于用户排列对象并看清它们之间的距离。在默认情况下。当用户在状态栏上单击"栅格"按钮时，就可以在绘图区内将"栅格"功能打开。

在 AutoCAD 2007 中设置栅格有如下三种方法：

（1）在命令框中输入"GRID"后按 Enter 键，然后根据提示进行栅格参数设置。

（2）在菜单栏中执行"工具"｜"草图设置"命令。

（3）在状态栏中右键单击"栅格"按钮，在弹出的快捷菜单中选择"设置"选项。

使用上面第（2）和第（3）种方法设置栅格，都将弹出"草图设置"对话框，如图 1-58 所示。

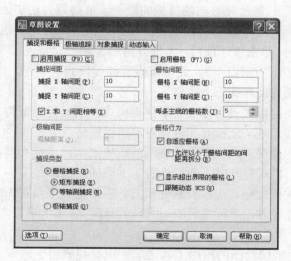

图 1-58　"草图设置"对话框

在"捕捉和栅格"选项卡中右侧的"栅格间距"选项区中，用户可以根据所绘图的图形界限大小来对"栅格"的间距进行设置。

"栅格间距"选项中包括两个文本框和一个列选框,即"栅格 X 轴间距"和"栅格 Y 轴间距"及"每条主线的栅格数"。

- 栅格 X 轴间距:设定 X 轴方向点的距离。如果该值为 0,栅格以"栅格 X 轴间距"的值作为该值。
- 栅格 Y 轴间距:设定 Y 轴方向点的距离。如果该值为 0,栅格以"栅格 Y 轴间距"的值作为该值。
- 每条主线的栅格数:设置主线的栅格总数,也可以在文本框中直接输入值。

通常根据所绘图的图形界限大小来对栅格的间距进行设定,在设计过程中一般将设定的图形界限的长边与所要出图的图纸的长边相除,然后选其整数倍与栅格默认的 X 轴和 Y 轴间距相乘,即可得到所需要的栅格间距值。

调整完成后,选中"启用栅格"复选框,确定后绘图区将出现所设置的栅格;取消选中"启用栅格"复选框,绘图区中的栅格将消失。在绘图过程中,可以使用快捷键 F7 打开或者关闭栅格功能。

栅格间距是确定栅格形式的主要内容,在绘制图纸时,一般以规定数值作为栅格间距。

2.设置捕捉

"捕捉"命令是 AutoCAD 2007 提供的另一个绘图辅助工具,使用"捕捉"命令可以使光标更加精确地捕捉在栅格点上所确定点的位置。栅格在屏幕上显示了坐标的参考信息,但还是不容易将光标移动到屏幕上的精确位置,使用"捕捉"命令就可以在屏幕上捕捉设定的栅格点,得到精确定位。需要注意的是,"捕捉"命令是捕捉绘图区内的栅格点,而不是绘图区内的实体对象上的点。

"草图设置"对话框中"捕捉和栅格"选项卡左侧的"启用捕捉"复选框,可以对捕捉的启用和关闭进行直接设定。单击选择"启用捕捉"复选框即可打开捕捉功能,捕捉的间距通常与栅格的间距保持一致。在绘图过程中,用户可以使用快捷键 F9 打开或者关闭捕捉功能。

在"捕捉间距"选项区中各项的含义如下:

- 捕捉 X 轴间距:制定 X 轴方向的捕捉间距,该值必须为正实数。
- 捕捉 Y 轴间距:制定 Y 轴方向的捕捉间距,该值必须为正实数。
- X 和 Y 间距相等:单击该选项后,X 轴方向和 Y 轴方向将进行等间距捕捉。

此外,在"捕捉类型"选项区中,还可以设置捕捉模式。

- 栅格捕捉:设置捕捉样式为"栅格"。
- 矩形捕捉:把捕捉样式设为标准矩形捕捉模式。当捕捉类型为"栅格捕捉"且以"矩形捕捉"模式打开时,光标对其进行矩形捕捉栅格。
- 等轴测捕捉:把捕捉样式设置为等轴测捕捉模式。当捕捉类型设为"栅格捕捉"且以"等轴测捕捉"模式打开时,光标沿着等轴测捕捉栅格。
- 极轴捕捉:设置捕捉样式为极轴捕捉模式。当捕捉类型设置为"栅格捕捉"且以"极轴捕捉"模式打开时,光标将沿着"极轴追踪"选项卡里设定的极轴对象捕捉。

3.设置正交模式

正交模式也是用于辅助绘图的常用工具之一。正交模式用于约束光标在水平或者垂直方向上的移动。如果打开正交模式,则使用光标所确定的相邻两点连线必须平行或者垂直于坐标轴。

在许多情况下,特别是绘制建筑主图或者装修图时,经常需要绘制完全垂直或水平的线条，只凭肉眼观察是很难达到横平竖直的效果，但是利用 AutoCAD 2007 的正交模式，这些问题就可以迎刃而解。

在 AutoCAD 2007 中设置正交模式的方法有以下四种：

（1）在命令框中输入"ORTHO"后按 Enter 键。

（2）在状态栏上单击"正交"按钮，使之处于按下状态。

（3）在状态栏上的"正交"按钮上单击右键，在弹出的快捷菜单中选择"开"选项。

（4）按快捷键 F8。

当捕捉设置为正交捕捉时，系统就会以 90°的旋转角度进行正交。

4．设置极轴追踪

AutoCAD 2007 的极轴追踪功能，可以是极坐标位置，并可以追踪设置角度方向。极轴追踪功能可以在 AutoCAD 2007 要求制定一个点时，按预先设置的角度增量设置为一条无限延伸的辅助线，这是一条虚线，可以沿着这条主线追踪得到光标点。

打开和关闭极轴追踪的方法是单击状态栏上的"极轴"按钮或者按快捷键 F10。如果打开正交模式，极轴追踪模式自动关闭；如果打开极轴模式，正交模式自动关闭。"极轴"按钮默认状态下是打开的，"正交"模式下默认的角度是 90°。与正交模式不同的是，极轴并不是强制光标沿某一固定角度移动，只有当光标捕捉范围接近某一极轴时，才强制光标沿该角度进行移动。

在使用极轴追踪之前，首先要对其具体选项进行设置。单击"工具"｜"草图设置"命令，在弹出的"草图设置"对话框中单击"极轴追踪"选项卡，如图 1-59 所示。

在"极轴追踪"选项卡中"增量角"下拉列表框中选择一个角度。如果没有需要的角度，可直接在下拉列表框中输入具体的角度值，光标以设定角度值的倍数进行追踪。

单击"新建"按钮，"附加角"复选框将被激活，在文本框中输入一个角度。再单击"新建"按钮，输入另一角度。这时光标除了以角度增量的倍数追踪外，还按附加角度值追踪。要删除附加角度，只要在"附加角"列表框中选中一个角度，然后单击"删除"按钮即可。此外，还可以进行以下设置：

在"对象捕捉追踪设置"选项区中设置对象捕捉追踪选项。

（1）仅正交追踪：选中该单选按钮，当对象捕捉追踪打开时，仅实现正交（水平的/垂直的）对象捕捉路径。

（2）用所有极轴角设置追踪：选中该单选按钮，如果对象捕捉追踪打开，则当指定点时，对已经获得的对象捕捉点允许光标沿任何极轴角路径进行追踪。

在"极轴角测量"选项卡中设置的极轴追踪是对其角度测量的依据。

（1）绝对：选中该单选按钮，根据当前 UCS（用户坐标系）确定极轴追踪角度。

（2）相对上一段：选中该单选按钮，根据最后创建的对象确定极轴追踪角度。

具体的使用方法我们将在后面的实例中进行讲解。

5．对象捕捉

在使用 AutoCAD 2007 绘图时，常常用到一些图形中的点，如端点、中点、圆心等。这时如果只凭观察来拾取这些点，无论怎样操作，都不可能非常精确地找到。AutoCAD 2007 提供了对象捕捉功能来解决这个问题。利用对象捕捉，可以迅速、准确地捕捉到某些特殊点，从而能够精确绘制图形。打开"草图设置"对话框，单击"对象捕捉"选项卡即可打开相应的对话框进行对象捕捉设置，如图 1-60 所示。

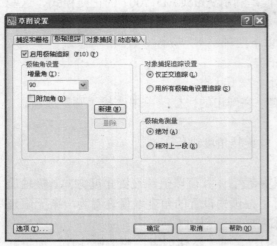 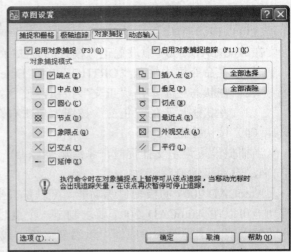

图 1-59 　"极轴追踪"选项卡 　　　　图 1-60 　"对象捕捉"选项卡

在绘制过程中，使用对象捕捉的频率是非常高的，在后面章节的实例制作中经常会用到。

【举一反三】

对于 AutoCAD 2007 的一些常用绘图辅助工具的使用，要达到熟练程度。掌握正交模式、极轴追踪模式等快捷键，需要应用时直接进行切换，从而提高建筑绘图的效率。

第 4 例 　图层的管理与设置

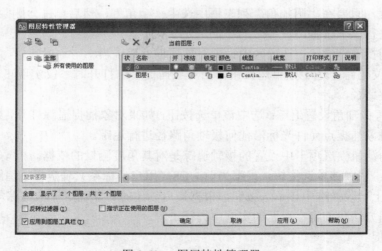

图 1-61 　图层特性管理器

【实例说明】

本实例主要讲解如何在 AutoCAD 2007 中进行图层的管理和应用操作。

【技术要点】

AutoCAD 2007 的图层处理包括创建并命名图层、设置当前图层、显示和隐藏图层、锁定和解锁图层以及设置图层颜色等，综合利用 AutoCAD 2007 提供的图层处理工具，我们可以绘制出复杂的图纸来。

【制作步骤】

1．图层基础

（1）图层切换

AutoCAD 2007 中每个图层都可以进行不同颜色和线型的设置，可以通过图标来切换图层。

（2）图层设置

图层设置主要有 4 种方式，功能按钮如图 1-62 所示。

图 1-62　图层工具栏

- 开/关图层：通过单击该图标按钮能够实现图层的显示或关闭。
- 在所有视口中冻结／解冻：单击该图标按钮在所有的编辑视口中都可以实现冻结或解冻功能。冻结图层的实体不会在屏幕上显示出来。
- 在当前视口中冻结或解冻：只在编辑状态下的窗口中实现冻结或解冻功能。
- 锁住：锁住图层的实体不能被编辑。

（3）线型修改

图层拥有颜色、线型、宽度三种功能的修改设置。图 1-63 所示的是线型图层工具。选择要修改的图层，然后在图层工具栏中分别单击其下拉列表框选择相应的值，从而实现图层线型的修改。

图 1-63　线型图层工具

（4）图层特性管理器

单击图层工具栏中的"图层特性管理器"图标按钮 可以打开"图层特性管理器"对话框，如图 1-64 所示。列表中包含了 11 列的信息，除了第 2 列显示图层名称外，其他列中的图标表示图层的状态、可见性、冻结/解冻、颜色、线型和线宽等特性。这些信息按从左向右的顺序依次为：

- 图层状态
- 图层名称
- 图层打开或关闭
- 图层在所有视口中冻结或解冻
- 图层锁定
- 图层的颜色
- 图层的线型

- 图层的线宽
- 图层的打印样式
- 图层的打印状态
- 图层的说明

可以单击图层中的相应图标来修改这些特性。

2．创建和命名图层

在每个图形中可以创建任意数量的图层，并使用这些图层来组织信息。在创建了一个图层后，这个图层最初的设置为白色（或者黑色，取决于当前图形背景的颜色），线型是连续线，线宽是默认值，打印样式是普通。在默认状态下，新图层是可见的。在创建和命名了一个图层后，可以改变它的颜色、线型、线宽、可见性和其他特性。

要创建一个新图层：

（1）在"图层特性管理器"对话框中，单击"新建图层"按钮 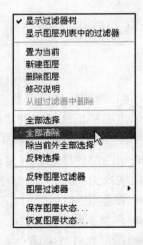，AutoCAD 2007 自动创建一个名为"图层 1"的新图层。

（2）在亮显的默认名称上输入新图层的名称，然后按 Enter 键。图层名最多可包含 255 个字符，可以包含字母、数字和空格。要注意，虽然图层名对大小写不敏感，但 AutoCAD 2007 保持图层名的大写。

（3）单击"确定"按钮 确定 结束命令并返回图形中。

操作技巧：

也可以在"图层特性管理器"对话框中的图层列表单击右键，然后从快捷菜单中选择"新建图层"命令。

如果在使用"新建图层"按钮创建新图层之前选择了一个图层，则新图层将继承所选图层的所有特性。为了创建具有默认特性的图层，确保在单击"新建图层"按钮前没有选择任何图层。可以在图层列表中单击右键，从打开的快捷菜单中选择"全部清除"以清除所有选择的图层，如图 1-65 所示。

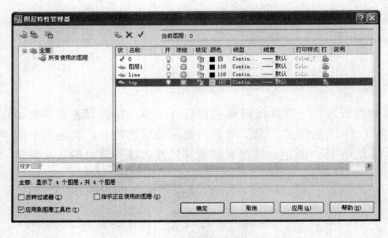

图 1-64 　"图层特性管理器"对话框 　　　　　图 1-65 　选择"全部清除"命令

要改变图层名：

（1）在"图层特性管理器"对话框中，单击要修改名称的图层。

（2）再次单击图层名，此时在图层名四周将显示一个矩形。

（3）输入图层的新名称，然后按 Enter 键。

3．设置当前图层

在创建新对象时，对象绘制在当前图层上。为了将新对象绘制在不同的图层上，必须将要绘制新对象的图层设置为当前图层，这是经常执行的操作。

下面介绍如何使用"图层特性管理器"对话框设置当前图层：

（1）使用前面学习过的方法显示"图层特性管理器"对话框。

（2）在图层列表中，选择要设置为当前图层的图层。

（3）单击"置为当前"按钮 ✔，双击图层名，或者在图层名上单击鼠标右键，然后从打开的快捷菜单中选择"置为当前"命令。

（4）单击"确定" 按钮关闭对话框并返回到图形中。

虽然"图层特性管理器"对话框在创建新图层或者同时改变几个图层设置的时候很有用处，但设置当前图层的时候需要太多的步骤。由于这个原因，AutoCAD 2007 提供了一个"图层控制"下拉列表加快操作。

下面接着介绍使用"图层控制"下拉列表来设置当前图层：

（1）在"图层"工具栏中，打开"图层控制"下拉列表。

（2）在列表中，单击要设置为当前图层的图层名，如图 1-66 所示。

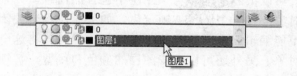

图 1-66　选择"图层 1"为当前层

虽然这个下拉列表的宽度可能不足以完全显示非常长的图层名，但如果将光标在一个图层名上停留片刻，则将显示一个工具提示显示完整的图层名。

要将所选对象所在的图层设置为当前图层：

（1）在"图层"工具栏中，选择"将对象的图层置为当前"按钮 ≋，这时 AutoCAD 2007 提示：

选择将使其图层成为当前图层的对象：

（2）选择一个对象，操作结束。

4．控制图层的可见性

任何图层都可以设置为可见或不可见。不可见图层上的对象不显示，也不能打印输出。通过控制图层的可见性，可以关闭不需要的信息，如构造线（参照线）或者注释。通过修改图层的可见性，可以将一个图形文件用于多个地方。

因为控制图层的可见性是经常性的操作，因此 AutoCAD 2007 提供了几种不同的方法来打开和关闭图层：

● 使用"图层特性管理器"对话框。

● 使用"图层控制"下拉列表。

● 使用特殊的图层控制快捷工具中的任一个。

使用"图层特性管理器"对话框来关闭和打开图层：

（1）使用前面已经学习过的任一种方法显示"图层特性管理器"对话框。

（2）在图层列表中，选择一个或多个图层。

（3）单击所选图层中一个图层的"开/关图层"图标 💡，打开或关闭所有选择的图层。

（4）单击"确定"按钮关闭对话框，返回到图形中。

使用"图层控制"下拉列表打开或关闭图层：

（1）在"图层"工具栏中，选择"图层控制"下拉列表。

（2）在下拉列表中，单击要打开或关闭的图层名称旁的"开/关图层"图标 💡 来打开或关闭它。

（3）重复步骤（2），或者在下拉列表外的任何地方单击以关闭列表并返回到图形中。

此外，还可以冻结图层以改善操作的性能，例如在三维图形中消隐或者创建着色图像时冻结图层。当图层被冻结以后，图层上的对象不可见。要冻结或者解冻图层，使用的操作与打开或关闭图层的操作相同，都是使用"图层特性管理器"对话框或者"图层控制"下拉列表。

在 AutoCAD 2007 中，也可以单独设置可见的图层是打印还是不打印。这个新特性可让使用者在特定的图层上创建参考信息，例如创建注释或者构造线。虽然这些图层仍然可见，但图层上的对象不被打印。同样的，可以使用"图层特性管理器"对话框或者"图层控制"下拉列表来控制图层是否打印。

5. 锁定和解锁图层

锁定一个图层后，可以很容易地参考该图层中包含的信息，并且可以避免因意外而修改在该图层上绘制的对象。当一个图层被锁定后，如果图层没有关闭或者冻结，图层上的对象仍然可见。虽然不能编辑锁定图层上的对象，但仍然可以将这个图层设置为当前图层并且在该图层上添加对象，另外还可以改变图层的颜色和线型。解锁图层将恢复所有的编辑能力。

用来锁定和解锁图层的工具就是已经学习过的用来控制图层可见性的工具，即"图层特性管理器"对话框和"图层控制"下拉列表。

若要锁定或解锁一个图层，在对话框或者下拉列表中单击图层名旁边的"锁"按钮 🔒，在单击这个图标时，当前的设置在"锁定"和"解锁"之间进行切换。在要同时改变多个图层的设置时，应使用对话框，而在锁定或者解锁单个图层的时候使用下拉列表最为方便。

AutoCAD 2007 还提供了两个通过选择对象来锁定或者解锁对象所在图层的快捷工具。使用这些工具比使用"图层特性管理器"对话框或者"图层控制"下拉列表更快、更方便，因为根本不必考虑图层名。

通过选择一个对象来锁定对象所在的图层：

（1）使用以下任一种方法：

● 在"快捷图层工具"工具栏中，选择"锁定对象所在图层"。

● 从"快捷工具"下拉菜单中，选择"图层"|"图层锁定"命令。

● 在"命令:"提示下，输入"Laylck"，然后按 Enter 键。

AutoCAD 2007 提示：

选择要被锁定图层上的对象：

选择对象：

（2）选择要被锁定图层上的对象，对象所在的图层立即被锁定，然后 AutoCAD 2007 提示：

指明被锁定图层的名：

通过选择一个对象来解锁对象所在的图层：

（1）使用以下任一种方法：

● 在"快捷图层工具"工具栏中，选择"解锁对象所在图层"。

● 从"快捷工具"下拉菜单中，选择"图层" | "图层解锁"命令。

● 在"命令："提示下，输入"Layulck"，然后按 Enter 键。

AutoCAD 2007 提示：

选择要被解锁图层上的对象：

选择对象：

（2）选择要被解锁图层上的对象，对象所在的图层立即被解锁，然后 AutoCAD 2007 提示：

指明被解锁图层的名：

6．设置图层的颜色

图形中每个图层都被赋予颜色。如果当前 AutoCAD 2007 颜色为"随层"，则所有新对象都显示为它所在图层的颜色。例如，如果绘制了一个圆同时当前图层的颜色为红色，则这个圆将显示为红色；如果以后将图层的颜色改为绿色，则这个圆以及其他在这个图层上绘制的对象也都改为绿色。

前面已经介绍过，在创建一个新图层时，新图层的颜色最初设置为黑色或者白色，这取决于背景的颜色。可以使用"图层特性管理器"对话框在任何时候修改任何图层的颜色。

改变一个图层的颜色：

（1）在"图层特性管理器"对话框中，单击要改变颜色图层旁边的颜色图标，AutoCAD 2007 将显示"选择颜色"对话框，如图 1-67 所示。

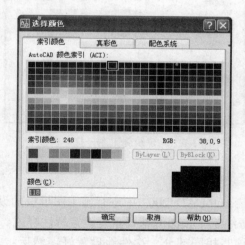

图 1-67　"选择颜色"对话框

（2）在"选择颜色"对话框中，单击要使用的颜色，或者在"颜色"框中输入颜色号或一个标准颜色名，然后单击"确定"按钮。

为区分不同的图层，除了给图层起不同的名称外，还可以选择不同的颜色。图层的 3 种状态（关闭、冻结和锁定）所产生的效果简述如下：

● 图层的关闭。关闭图层即相应图层上的对象不显示出来（打印时也不会出现）。

● 图层的冻结。冻结图层即相应图层上的对象虽然能显示在图形中，但不能选择，也不能修改，同时也不能利用该图层上的对象作为参考对象进行操作（无法捕捉到该图层上的对象）。

● 图层的锁定。锁定图层即相应图层上的对象能够显示出来，能够选择该图层上的对象，但不能对其进行修改。由于能够选择图层上的对象，所以能利用该图层上的对象作为参考对象进行操作（即能利用对象捕捉功能捕捉到该图层上的对象）。

【举一反三】

图层在建筑绘图中的作用十分重要。一个建筑平面图通常包括参考线、标注、实体线条等部分，为了方便后面的使用、更改，经常要把这些不同功能的对象绘制在不同的图层上。在图层命名的时候也要把图层的名称与实际绘制对象名称对应起来，这样也是为了方便更改。

第 5 例　建筑施工图模板

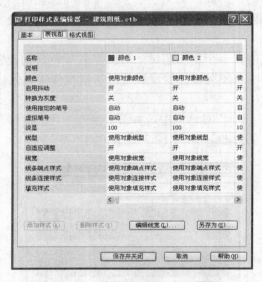

图 1-68　　建筑施工图—打印模板

【实例说明】

本实例主要讲解如何在 AutoCAD 2007 中进行施工图模板的设计。出于建筑设计应用的需要，同时也是为了避免每绘制一张图纸都要重复设置标注样式、文字样式、打印样式等，最简单的方法就是预先将这些相同部分一次性地设置好，然后将其保存为扩展名是.dwt 的 AutoCAD 2007 文件，在需要的时候直接调用即可。

【技术要点】

创建建筑施工图模板的一般方法如下：
（1）创建一个新的 AutoCAD 2007 文件。
（2）设置模板所需要设置的内容。
（3）绘制常用图块。

（4）以.dwt 格式保存样板文件。

【制作步骤】

1．创建样板文件

（1）打开 AutoCAD 2007 界面，单击菜单栏"文件"｜"新建"命令，新建一个图形文件。

（2）单击"文件"｜"另存为"命令，打开"图形另存为"对话框，如图 1-69 所示。在"文件类型"下拉列表框中选择"AutoCAD 图形样板（*.dwt）"文件类型，选择文件的保存路径并输入文件名。

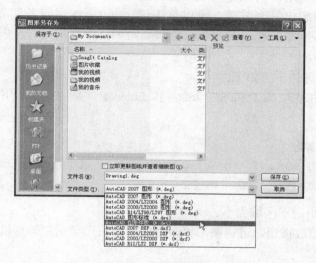

图 1-69　设置"图形另存为"对话框

（3）单击"保存"按钮关闭"图形另存为"对话框，弹出"样板说明"对话框如图 1-70 所示。根据需要设置文字说明，并指定"测量单位"，一般在中国区域设置为"公制"选项。单击"确定"按钮即可完成保存。

2．设置单位

建筑设计图纸一般都以 mm（毫米）作为单位，所以精度为"0"即可，具体设置步骤如下：

（1）单击"格式"｜"单位"命令，或者在命令框中输入"UNITS"命令并按 Enter 键，打开"图形单位"对话框，如图 1-71 所示。

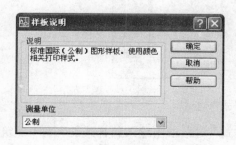

图 1-70　"样板说明"对话框

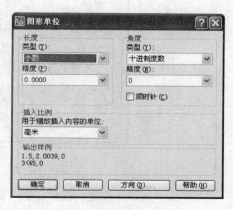

图 1-71　打开的"图形单位"对话框

（2）在"长度"选项区的"类型"下拉列表框中选择"小数"选项，在"精度"下拉列表框中选择"0.0000"选项，表示没有小数位。

（3）在"插入比例"选项区的"用于缩放插入内容的单位"下拉列表框中选择"毫米"为单位。

（4）在"角度"选项区的"类型"下拉列表框中选择"十进制度数"，"精度"设置为"0"，同样表示没有小数位。如果单击"顺时针"复选框，则将固定为该方式的角度模式。

3．设置图形界限

图形界限用于标明用户的工作区域和图纸的边界。为了便于用户准确地绘制和输出图形，避免绘制的图形超出某个范围，可以事先用 AutoCAD 进行绘图界限设置。一般的建筑设计采用 A3 大小的图纸，尺寸为 420mm×297mm 大小，绘图区域的范围大致为380mm×260mm 大小。

实现图形界限设置的步骤如下：

（1）在命令栏中输入"LIMITS"命令并按 Enter 键，系统提示如下：

命令：LIMITS
重新设置模型空间界限：
指定左下角点或 [开（ON）/关（OFF）] <0.0000,0.0000>：（这里直接按 Enter 键）
指定右上角点 <420.0000,297.0000>：380,260

按 Enter 键后即指定了区域大小。

（2）单击全部缩放按钮，可将图形界限内的全部图形显示在计算机的屏幕上。

4．设置文字样式

文字样式是指文字的字体、大小和宽度及比例等有关文字格式的集合，一套设计图纸的标注、说明文字的样式应用统一的格式，以达到美观的目的。下面以"建筑"为例，介绍文字样式的设置方法：

（1）单击"格式"｜"文字样式"命令，或者在命令框中输入"STYLE"命令并按 Enter 键，打开"文字样式"对话框，如图 1-72 所示。

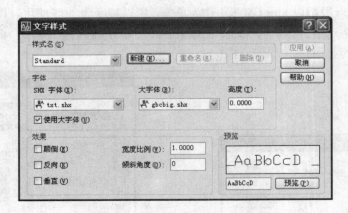

图 1-72　打开的"文字样式"对话框

（2）单击"新建"按钮，在弹出的"新建文字样式"对话框中输入新样式的名称"建筑"，如图 1-73 所示。单击"确定"按钮，返回"文字样式"对话框。

（3）取消选择"字体"选项区中的"使用大字体"复选框，在"字体名"下拉列表框中选择"宋体"字体，并设置"高度"为300，在"效果"选项区中设置"宽度比例"为1，如图 1-74 所示。

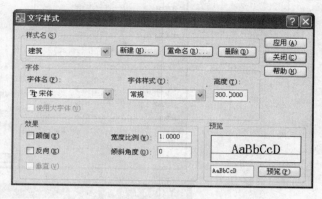

图 1-73 "新建文字样式"对话框

图 1-74 设置文字样式

（4）设置完毕，单击"应用"按钮关闭对话框，完成设置。

5．设置尺寸标注样式

尺寸标注样式应该符合建筑绘图的要求和规范，例如，尺寸线和尺寸界限一般设为细实线，尺寸起止符设置为中粗线。

下面介绍设置标注样式的方法：

（1）单击菜单栏"标注"｜"样式"命令，或者在命令框中输入"DIMSTYLE"命令并按 Enter 键，打开"标注样式管理器"对话框，如图 1-75 所示。

（2）单击"新建"按钮，在弹出的"创建新标注样式"对话框中输入新样式的名称"DIMONE"，如图 1-76 所示，单击"继续"按钮。

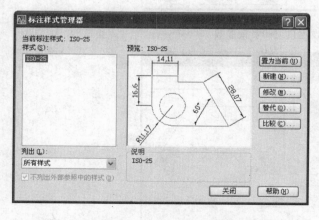

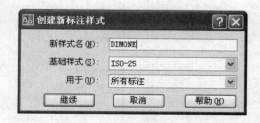

图 1-75 打开的"标注样式管理器"对话框

图 1-76 "创建新标注样式"对话框

（3）系统打开"新建标注样式：DIMONE"对话框，分别单击"直线"和"符号和箭头"选项卡，按图 1-77 所示设置直线和箭头的参数。

（4）单击"文字"选项卡，按照图 1-78 所示设置文字参数。

（5）最后单击"确定"按钮返回"标注样式管理器"对话框，完成新样式的创建。

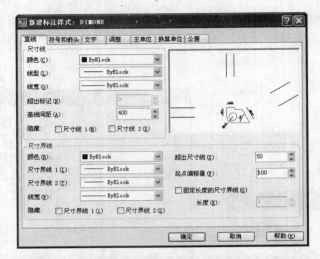

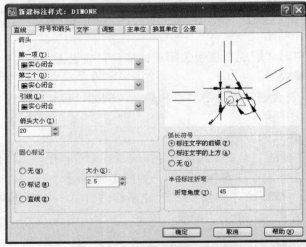

图 1-77　设置直线和箭头参数

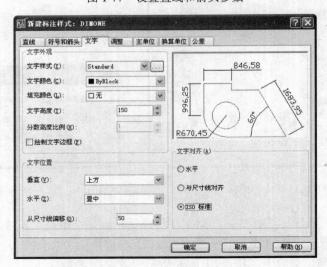

图 1-78　设置文字参数

6. 设置打印样式

打印样式用来控制出图时的线型、线宽、颜色等，如果打印样式设置不正确，那么在打印的时候有些线条就不能打印出来，线宽的比例也不对，因此在打印之前要设置好打印样式。

设置打印样式的步骤如下：

（1）在命令框中输入"STYLESMANAGER"命令并按 Enter 键，打开"Plot Styles"文件夹，如图 1-79 所示。

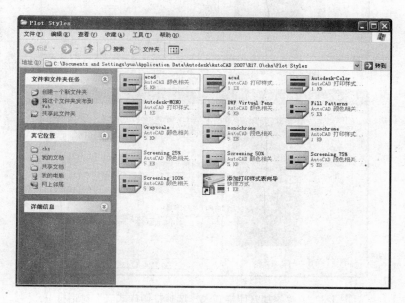

图 1-79　打开的文件夹

（2）双击"添加打印样式表向导"命令，启动"添加打印样式表"向导，如图 1-80 所示。

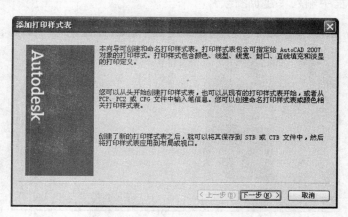

图 1-80　"添加打印样式表"向导

（3）单击"下一步"按钮，打开如图 1-81 所示的"添加打印样式表—开始"对话框，选择"创建新打印样式表"单选按钮。

（4）单击"下一步"按钮，打开如图 1-82 所示的"添加打印样式表—选择打印样式表"对话框，选择"颜色相关打印样式表"单选按钮。

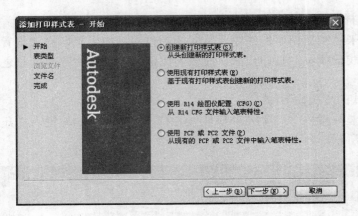

图 1-81　"添加打印样式表—开始"对话框

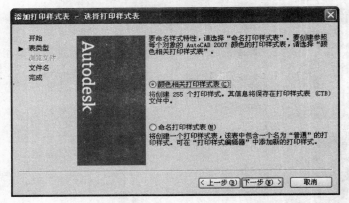

图 1-82　"添加打印样式表—选择打印样式表"对话框

（5）单击"下一步"按钮，打开如图 1-83 所示的"添加打印样式表—文件名"对话框，在"文件名"文本框中输入"建筑图纸"。

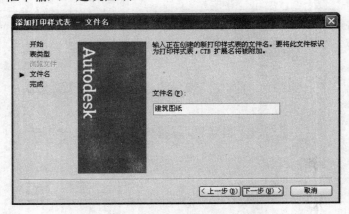

图 1-83　"添加打印样式表—文件名"对话框

（6）单击"下一步"按钮，打开如图 1-84 所示的"添加打印样式表—完成"对话框，完成创建。

（7）创建的新样式在"Plot Styles"文件夹窗口中会自动显示，双击该创建的样式会打开"打印样式表编辑器—建筑图纸"对话框，如图 1-85 所示，可以根据设计的需要进行编辑。

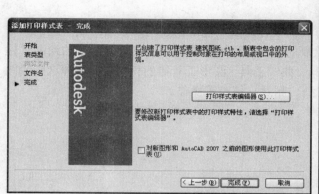
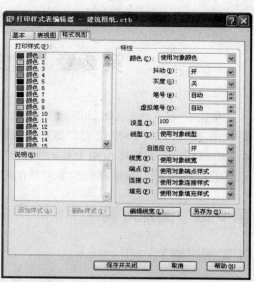

图 1-84　　"添加打印样式表—完成"对话框　　　图 1-85　　"打印样式表编辑器—建筑图纸"对话框

【举一反三】

本实例介绍了如何在 AutoCAD 2007 中进行建筑施工图纸模板的创建。在实际的建筑绘图中还包括其他一些模板设置，如建筑装修图、给排水施工图、建筑结构工程图等等，在创建的过程中都可以使用该方法，但都要根据建筑规范来进行创建。

第 2 章　建筑二维图入门实例

学习使用 AutoCAD 2007 进行建筑方面的设计，要从基础的建筑二维图绘制学起。本章是使用 AutoCAD 2007 进行二维平面图绘制的基础，通过一些简单的建筑二维图的绘制掌握 AutoCAD 2007 的基本绘图工具如直线工具、曲线工具、圆形工具等的使用。要掌握这些绘图工具的属性设置，并掌握对绘制对象的阵列、删除、填充等操作。

第 6 例　圆球灯具

【实例说明】

灯具在室内设计中是经常用到的图像，这里我们绘制一个圆球灯具的二维平面图，如图 2-1 所示，开始掌握使用 AutoCAD 2007 绘制建筑二维图的基础操作。

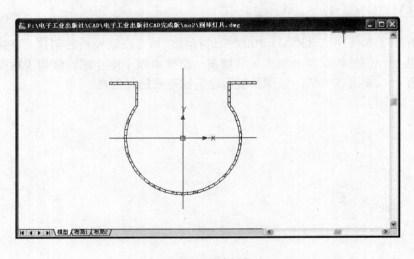

图 2-1　圆球灯具

【技术要点】

（1）"修剪"命令按钮 ⊬、"打断"命令按钮 ▭、"直线"命令按钮 ╱ 的配合使用。

（2）"图案填充"命令按钮 ▨ 的使用，初步学会图形的内部填充并学会设置其填充对话框。

【制作步骤】

（1）首先制作灯具基本形体。启动 AutoCAD 2007，输入"图层"命令"LAYER"，屏幕上立即出现"图层特性管理器"对话框，命令设置及效果如图 2-2 所示。

（2）接下来单击鼠标右键，在弹出的快捷菜单中选择"新建图层"命令，如图 2-3 所示。选中该新建图层，将名称改为"辅助层"，将"颜色"设置为 253，其他保持默认状态，新建

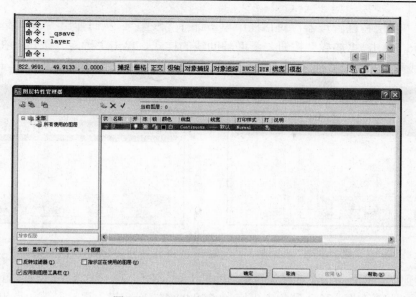

图 2-2 "图层特性管理器"对话框

一个"辅助层"图层，如图 2-4 所示。

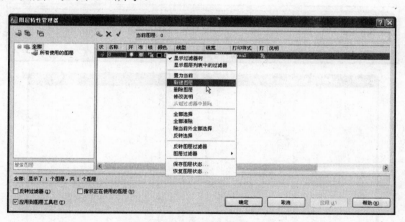

图 2-3 新建"辅助层"图层

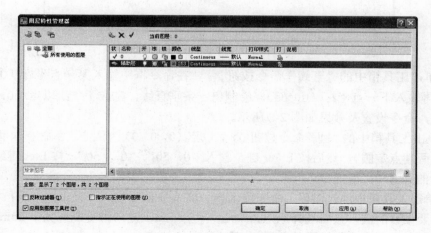

图 2-4 "辅助层"的设置

（3）在"图层特性管理器"对话框中单击选择"线型"，从而弹出"选择线型"对话框，如图 2-5 所示。单击 "加载"按钮，新增辅助线的样式，单击"确定"按钮，在线型管理器中就新增了线型，如图 2-6 所示。

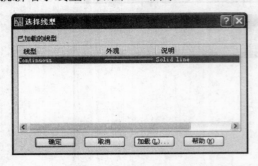

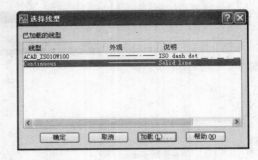

图 2-5　"选择线型"对话框　　　　　　　　　　　图 2-6　新增线型

（4）回到设计场景中，接下来就要在辅助层上画一对正交中心线。单击工具箱中的"直线"命令按钮 ，在命令框中输入第一点坐标（-65，0）按 Enter 键，再输入下一点坐标（65，0），就绘制了一条以点（0，0，0）为中心交点，长度为 130mm 的水平辅助线，效果如图 2-7 所示。

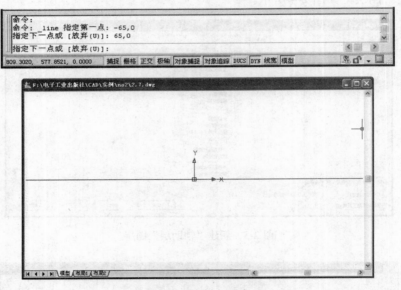

图 2-7　绘制水平线

（5）单击工具箱中的"直线"命令按钮 ，在命令框中输入第一点坐标（0，-65）按 Enter 键，再输入下一点坐标（0，65），绘制出一条垂直线，完成了一组以点（0，0，0）正交的辅助线，命令设置及效果如图 2-8 所示。

（6）单击工具箱中的"圆"命令按钮 ，以点（0，0，0）为圆心，在命令框里输入"2p"（按直径的两端点定圆），然后按 Enter 键，输入"0，50"、"0，-50"，按 Eter 键绘制一个半径为 50mm 的圆 R50，如图 2-9 所示。

（7）单击工具箱中的"偏移"命令按钮 ，在命令框里输入"2"，接下来按下 Enter 键确认，选择要偏移的圆，接着选择原点为中心点，按 Enter 键向内复制，其中 2mm 为灯具壳体厚度，绘制命令及完成的效果如图 2-10 所示。

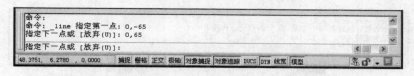

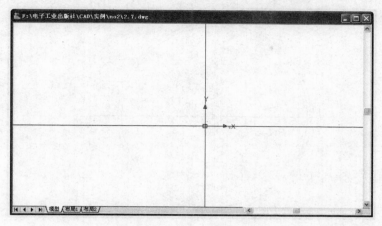

图 2-8　绘制垂线

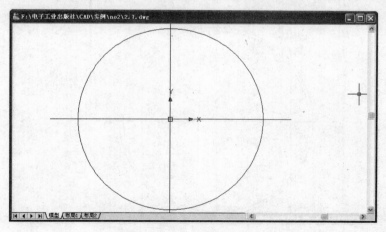

图 2-9　绘制圆 R50

（8）单击工具箱中的"偏移"命令按钮，把垂直中心线向左右 40mm 处平行复制。操作方法同步骤（7），先在命令框中输入"40"，然后用鼠标选择移动对象及移动方向参照点，命令设置及完成后的效果如图 2-11 所示。

（9）再次单击工具箱中的"偏移"命令按钮，绘制出安装部位的内壁，壳体厚度为 2mm，操作步骤为选择中心垂直线，向左右 42mm 处平行复制，方法同步骤（8），命令设置及完成后的效果如图 2-12 所示。

（10）按照同样的方法，再次单击工具箱中的"偏移"命令按钮，绘制出安装部位的上缘，上缘距离球形中心 50mm，命令设置及完成效果如图 2-13 所示。

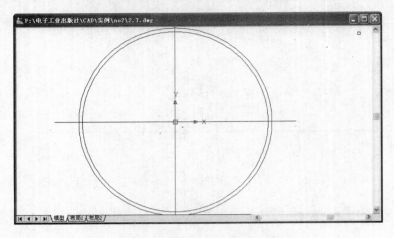

图 2-10   命令框和复制内缩圆

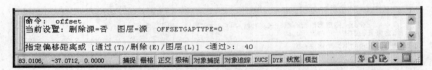

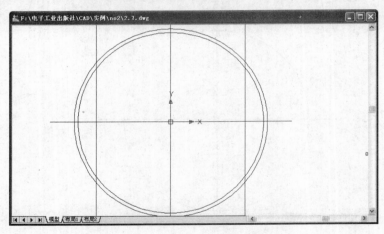

图 2-11   绘制左右一组平行线

（11）按照同样的方法绘制上缘的内壁，厚度为 2mm，即距离球形中心 52mm，命令设置与效果如图 2-14 所示。

（12）综合使用工具箱中的"修剪"命令按钮、"打断"命令按钮和"直线"命令按钮，完成灯具图形绘制，修改后的图像如图 2-15 所示。单击工具箱中的"特性匹配"命令按钮，把用中心线线型绘制的图形选中，如图 2-16 所示。

（13）单击工具箱中的"图案填充"命令按钮，在弹出的"图案填充和渐变色"对话框的"图案填充"选项卡上选择"PLASTI"图案，角度为"0"，比例为"1"，设置如图 2-17

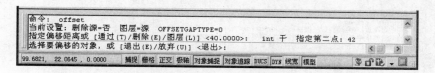

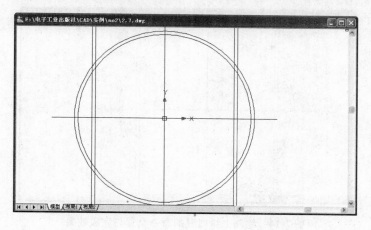

图 2-12　绘制左右两边的平行线

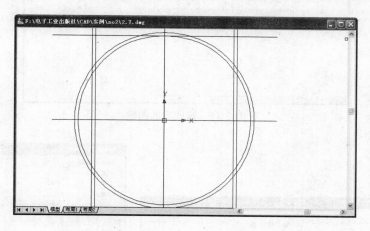

图 2-13　绘制上缘参考线

所示。单击对话框上的"确定"按钮，在绘制的场景中把 2mm 厚的内壁填充上剖面线，整体效果如图 2-1 所示。

【举一反三】

在本实例中通过 AutoCAD 2007 的"修剪"、"打断"、"直线"、"特性匹配"、"图案填充"命令的使用，制作出带有花纹的圆球灯具。在实际制作中，可以根据需要制作出不同的灯具样式，并且通过不同的填充图案来填充灯具。

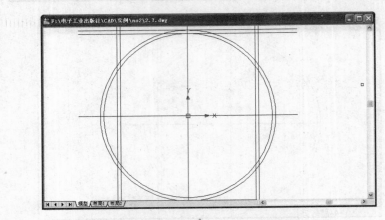

图 2-14　绘制上缘内壁的命令设置与完成效果

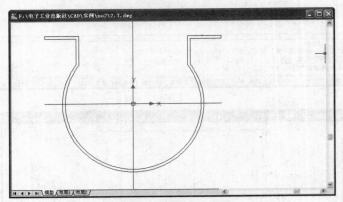

图 2-15　修改后的图像

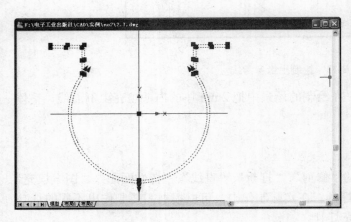

图 2-16　选中图形

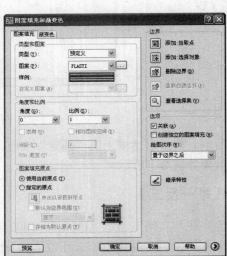

图 2-17　填充图案设置

第 7 例 向日葵花纹

【实例说明】

建筑效果图和建筑施工图中要用到许多花草来点缀，在 AutoCAD 2007 中可以绘制各种植物。本实例就制作一朵向日葵，效果如图 2-18 所示。

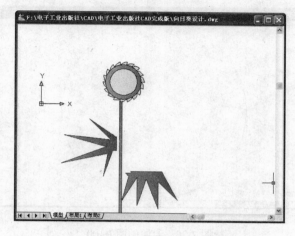

图 2-18 向日葵的效果图

【技术要点】

（1）工具箱中"直线"命令按钮 、"圆"命令按钮 、"修剪"命令按钮 的使用。

（2）点样式的替换及使用。

（3）曲线分割命令"DIVIDE"的应用。

【制作步骤】

（1）启动 AutoCAD 2007，在创建新图形的对话框中选择"无样板打开—英制"项，如图 2-19 所示，单击"确定"按钮新建一个文件。

图 2-19 "选择样板"对话框

（2）单击工具箱中"圆"命令按钮 ，以坐标（240，110）为圆心，100mm 为半径绘制圆 R100，命令设置及效果如图 2-20 所示。

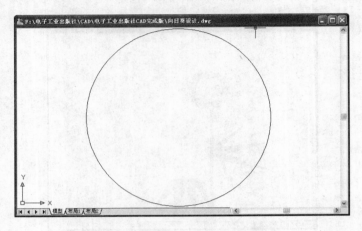

图 2-20　绘制的圆 R100

（3）执行菜单栏"格式"｜"点样式"命令，操作如图 2-21 所示。在弹出"点样式"对话框中选择相交的"×"样式，点大小及尺寸设置保持默认值，设置如图 2-22 所示。

图 2-21　执行"点样式"命令

图 2-22　点样式设置

（4）在命令框里输入曲线分割命令"Divide"，命令提示："选择要定数等分的对象"，选择圆曲线作为被分割图形；"输入线段数目或［块（B）］"，输入"18"，命令设置及效果如图 2-23 所示。

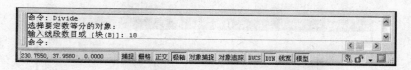

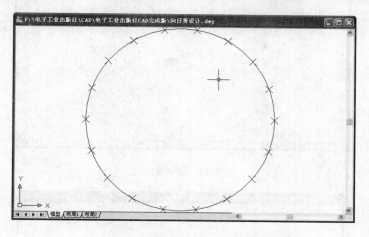

图 2-23　曲线分割命令设置及效果

·　（5）单击工具箱中的"直线"命令按钮 ✎ ，同时选择"捕捉到圆心"命令按钮 ◎ ，操作过程如图 2-24 所示，效果如图 2-25 所示。

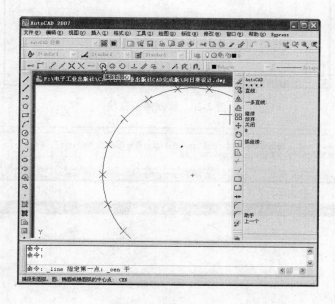

图 2-24　操作过程

（6）接下来选择圆的圆心，绘制两条直线通过圆心，效果如图 2-26 所示。

（7）单击工具箱中"圆"命令按钮 ⊙ ，以 85mm 为半径绘制一个同心圆 R85，命令设置与效果如图 2-27 所示。

（8）接下来在命令框里输入曲线分割命令"Divide"，命令设置与效果如图 2-28 所示。

（9）单击工具箱中的"圆弧"命令按钮 ⌒ ，或在命令框中输入"Arc"命令，命令设置如图 2-29 所示。

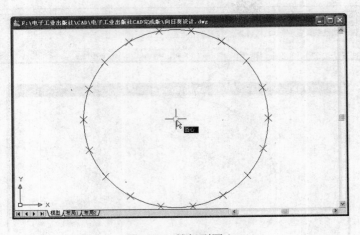

图 2-25　捕捉到圆心

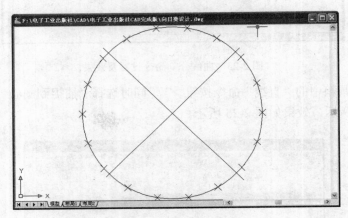

图 2-26　绘制两条直线

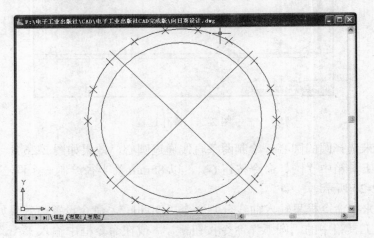

图 2-27　绘制同心圆

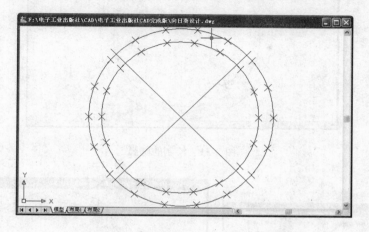

图 2-28　重复曲线分割命令绘制内盘

图 2-29　命令设置

（10）圆弧的两点分别位于内圆与外圆刚才分割的点处，操作如图 2-30 所示，效果如图 2-31 所示。

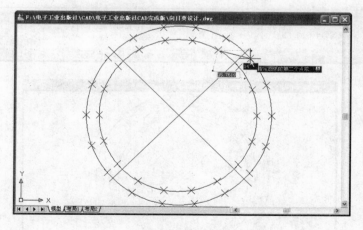

图 2-30　操作过程

（11）再做一个项目总数为 18，填充角度为 360°的环形阵列。具体操作是单击工具箱中的"阵列"命令按钮 ，如图 2-32 所示进行设置，效果如图 2-33 所示。

（12）单击工具箱中的"圆"命令按钮 ，在内圆中绘制一个小一些的同心圆，设置半径为 75mm，命令设置及效果如图 2-34 所示。

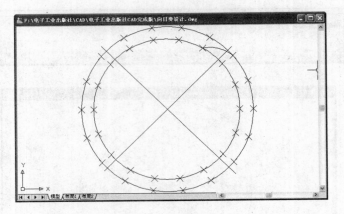

图 2-31　绘制的圆弧

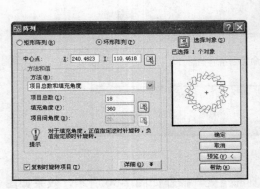

图 2-32　阵列设置

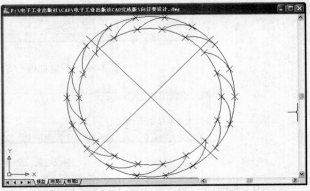

图 2-33　阵列效果

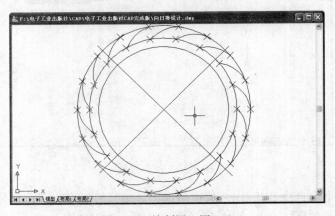

图 2-34　绘制同心圆 R75

（13）再次单击工具箱中"圆"命令按钮 ，在内圆中绘制一个更小一些的同心圆，设置半径为 65mm，命令设置及效果如图 2-35 所示。

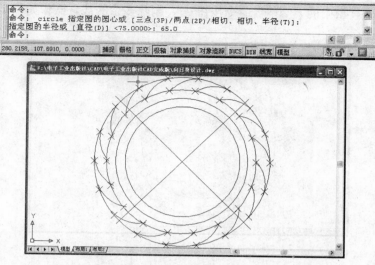

图 2-35　绘制同心圆 R65

（14）接下来单击工具箱中的"直线"命令按钮 ，连接外圆与内圆相对应的点，效果如图 2-36 所示。

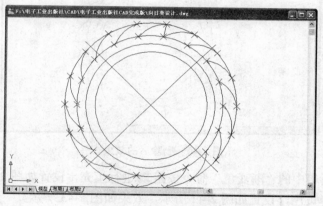

图 2-36　绘制直线

（15）接下来单击工具箱中的"阵列"命令按钮 ，阵列绘制的直线，设置如图 2-37 所示，效果如图 2-38 所示。

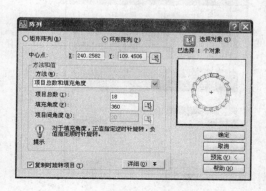

图 2-37　阵列设置

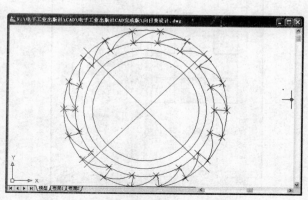

图 2-38　阵列直线

（16）单击工具箱中的"修剪"命令按钮，删除多余的线，操作如图 2-39 所示，效果如图 2-40 所示。

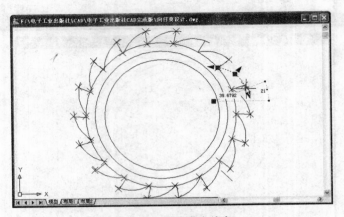

图 2-39　删除多余线条

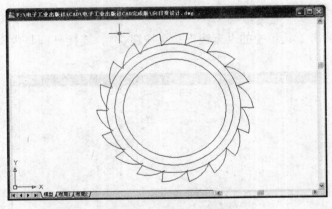

图 2-40　删除后的效果

（17）单击工具箱中的"渐变色"命令按钮　进行填充，设置如图 2-41 所示。在"选择颜色"对话框中选择黄色，设置如图 2-42 所示，效果如图 2-43 所示。

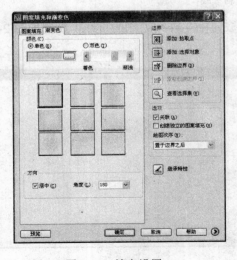

图 2-41　填充设置

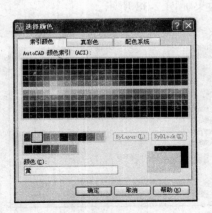

图 2-42　颜色设置

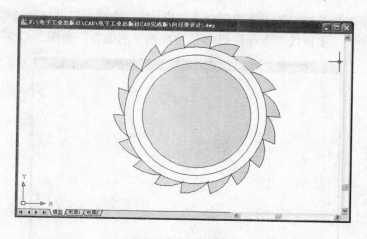

图 2-43 填充颜色

（18）再次单击工具箱中的"渐变色"命令按钮 进行填充，颜色设置如图 2-44 所示，效果如图 2-45 所示。

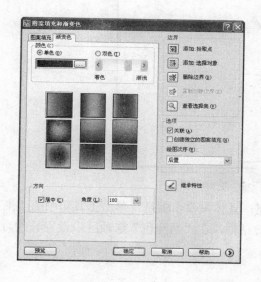

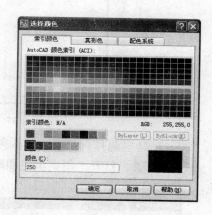

图 2-44 颜色设置

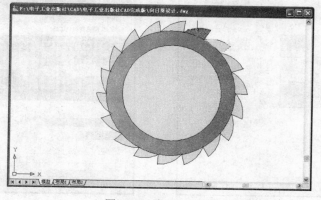

图 2-45 完成的花盘

（19）最后单击工具箱中的"直线"命令按钮 ✏️，完成向日葵茎的绘制，如图 2-46 所示。单击工具箱中的"多段线"命令按钮 ↵，完成剩下的操作，如图 2-47 所示。

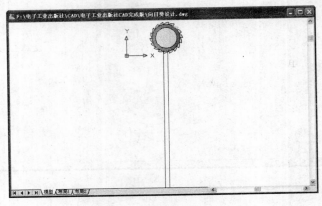

图 2-46　绘制直线

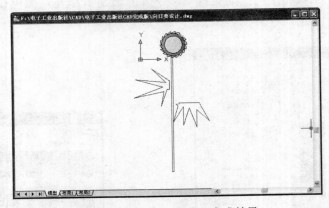

图 2-47　应用"多段线"完成效果

（20）在这里选择自己喜欢的颜色进行填充，具体操作步骤是：单击工具箱中的"渐变色"命令按钮 ▨，打开"图案填充和渐变色"对话框，在"渐变色"选项区中设置颜色为墨绿色，如图 2-48 所示。

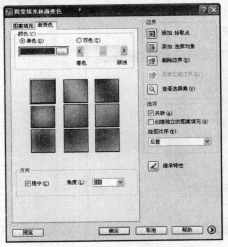
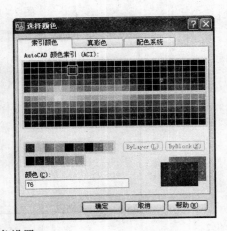

图 2-48　颜色设置

（21）将叶片填充颜色后，完成向日葵的绘制，整体效果如图 2-18 所示。

【举一反三】

在本实例中通过 AutoCAD 2007 中"直线"、"圆"、"修剪"等命令以及点样式、曲线分割等操作，制作出向日葵的效果。在实际操作中，可以根据建筑设计的具体需要，制作出不同的花草外形和颜色效果。

第 8 例　电话机模型

【实例说明】

在设计建筑装饰方案时，经常需要绘制一些室内实用物体平面效果。本实例教大家绘制一个电话机模型，强化建筑二维基本绘图的操作，效果如图 2-49 所示。

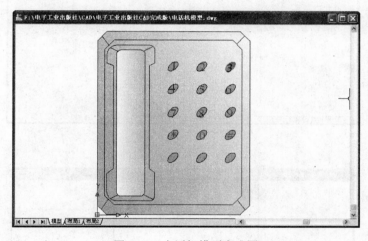

图 2-49　电话机模型完成图

【技术要点】

（1）本实例主要应用到的工具有："分解"命令按钮、"缩放"命令按钮、"多行文字"命令按钮 A、"阵列"命令按钮等。

（2）主要掌握 AutoCAD 2007 中文字的输入编辑操作。

【制作步骤】

（1）启动 AutoCAD 2007，在创建新图形的对话框中选择"无样板打开—英制"项，单击"确定"按钮，新建一个文件。

（2）接下来绘制出电话基本轮廓。单击工具箱中的"矩形"命令按钮，或输入命令"Rectangle"，设置如图 2-50 所示。

（3）然后采用尺寸绘制法，绘制一个 160mm×200mm 大小的矩形，命令设置及效果如图 2-51 所示。

（4）单击工具箱中的"分解"命令按钮，选择矩形，把绘制的矩形四边"炸开"，操作如图 2-52 所示。

图 2-50   命令设置

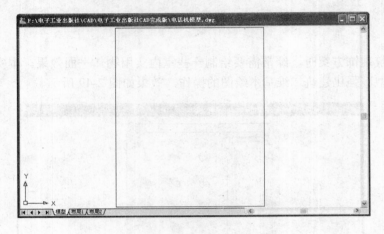

图 2-51   绘制矩形

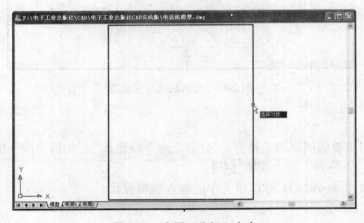

图 2-52   应用"分解"命令

（5）单击工具箱中的"复制"命令按钮，打开状态栏中的正交命令，将左边框向右复制 65mm，命令设置及效果如图 2-53 所示。

（6）再次单击工具箱中的"复制"命令按钮复制矩形。单击工具箱中的"复制"命令按钮，操作如图 2-54 所示。

（7）再单击"缩放"命令按钮，把复制图缩小到 9/10。具体操作是：单击"缩放"命令按钮，选择四个边框，以矩形内部的中心点为基点，在命令栏里输入"0.9"，按 Enter 键完成缩放，命令设置及效果如图 2-55 所示。

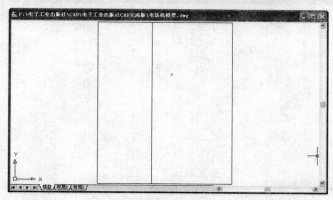

图 2-53　复制直线

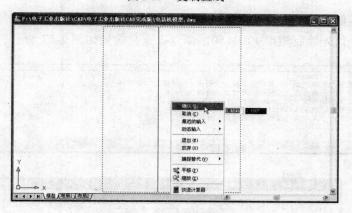

图 2-54　复制矩形

图 2-55　"缩放"命令设置及效果

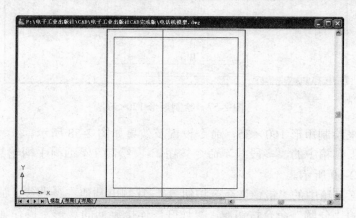

（8）单击工具箱中的"修剪"命令按钮 ，修剪多余的图形元素，到这一步完成的效果如图 2-56 所示。

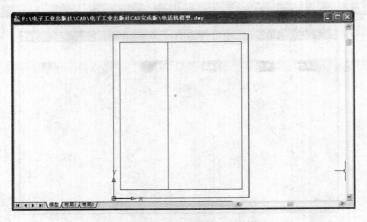

图 2-56　删除多余线条后的效果

（9）绘制话筒。单击工具箱中的"矩形"命令按钮 ，绘制表示话筒的两个矩形 170×50、160×35，首先绘制矩形 170×50，命令设置及效果如图 2-57 所示。

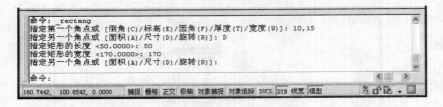

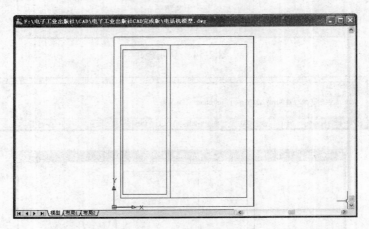

图 2-57　绘制矩形 170×50

（10）接下来绘制矩形 160×35，命令设置及效果如图 2-58 所示。

（11）单击工具箱中的"多段线"命令按钮 ，绘制 1/4 话筒手柄轮廓，操作如图 2-59 所示，效果如图 2-60 所示。

（12）单击工具箱中的"镜像"命令按钮 ，复制出其他三条曲线，如图 2-61 所示，然后单击工具箱中的"分解"命令按钮 ，"炸开"连接手柄的矩形，操作如图 2-62 所示。

```
命令: rectang
指定第一个角点或 [倒角(C)/标高(E)/圆角(F)/厚度(T)/宽度(W)]: 20,20
指定另一个角点或 [面积(A)/尺寸(D)/旋转(R)]: D
指定矩形的长度 <35.0000>: 35
指定矩形的宽度 <160.0000>: 160
指定另一个角点或 [面积(A)/尺寸(D)/旋转(R)]1:
命令:
```
140.2882, 119.9517, 0.0000 | 捕捉 | 栅格 | 正交 | 极轴 | 对象捕捉 | 对象追踪 | DUCS | DYN | 线宽 | 模型

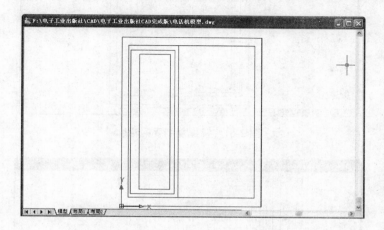

图 2-58　绘制矩形 160×35

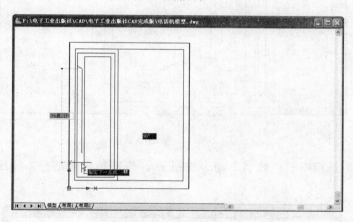

图 2-59　绘制话筒手柄过程

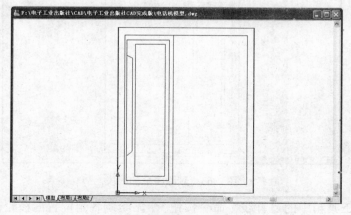

图 2-60　绘制话筒手柄

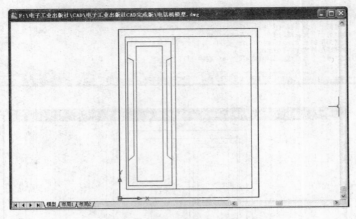

图 2-61　镜像复制手柄轮廓

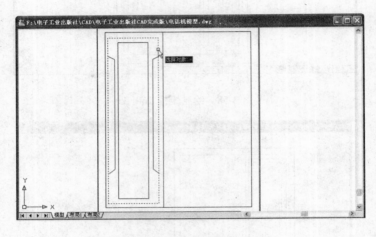

图 2-62　分解矩形操作

（13）单击工具箱中的"修剪"命令按钮 ，修剪掉多余部分，完成的效果如图 2-63 所示。

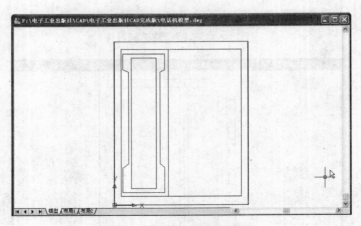

图 2-63　删除多余的线段

（14）单击工具箱中的"直线"命令按钮 ，绘制各角位置的棱轮廓，操作效果如图 2-64 所示。

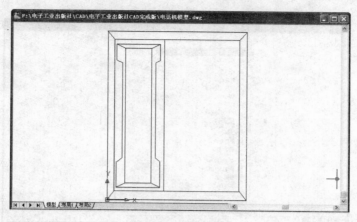

图 2-64　绘制直线

（15）这里应用工具箱里的"倒角"命令按钮 ，将相应的矩形角勾画出来，命令设置及效果如图 2-65 所示。

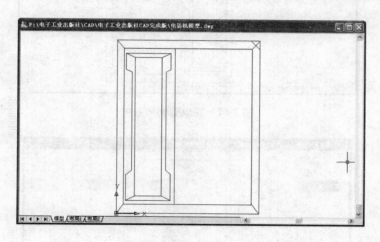

图 2-65　完成的"倒角"

（16）接下来为了方便，可以单击右键，选择"重复倒角"命令，操作如图 2-66 所示，这时的效果如图 2-67 所示。

（17）删除多余线条，效果如图 2-68 所示。

（18）这里应用圆角功能。单击工具箱中的"圆角"命令按钮 ，将相应的角圆化，命令设置及效果如图 2-69 所示。

（19）重复执行"圆角"命令，效果如图 2-70 所示。

（20）这时绘制出电话键盘图形。单击工具箱中的"直线"命令按钮 ，绘制两条直线，寻找一个合适的按键位置，该位置距离电话右边缘 20mm，距离电话上边缘 60mm，效果如图 2-71 所示。

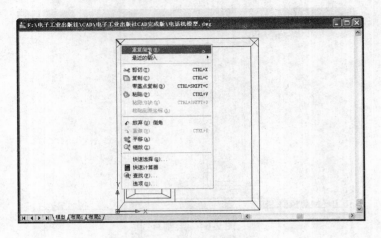

图 2-66　重复倒角

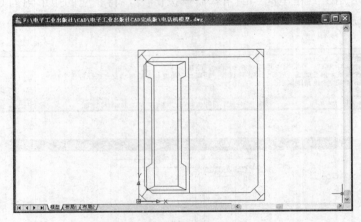

图 2-67　完成的倒角效果

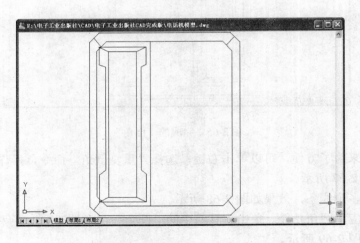

图 2-68　删除多余线条后的效果

（21）以此交点位置为中心，单击"椭圆"命令按钮 ，绘制与水平方向成 45° 的椭圆按键图形，操作如图 2-72 所示，效果如图 2-73 所示。

（22）单击工具箱中的"删除"命令按钮 ，删除辅助线，效果如图 2-74 所示。

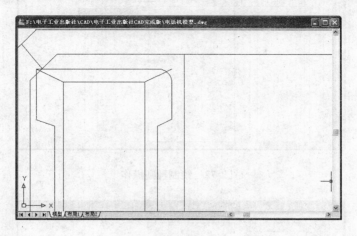

图 2-69　圆化角

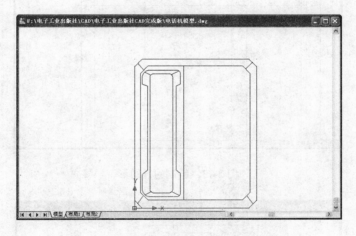

图 2-70　圆化效果

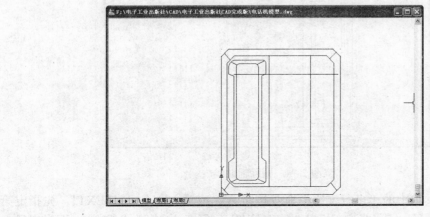

图 2-71　绘制"十"字直线

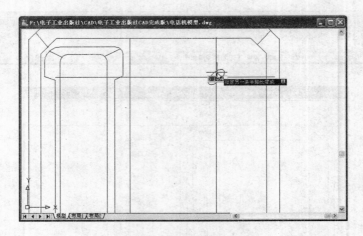

图 2-72　绘制椭圆操作

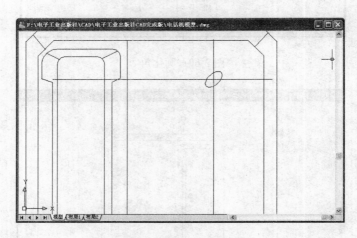

图 2-73　绘制的椭圆形

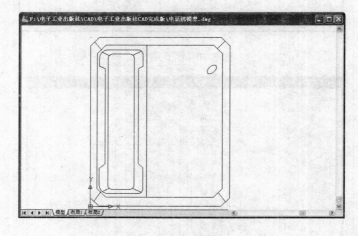

图 2-74　删除辅助线

　　（23）单击工具箱中的"多行文字"命令按钮 **A**，或输入命令"MTEXT"。先指定第一角点，在绘图区中选择一点，指定对角点或 [高度/对正/行距/旋转/样式/宽度]，再指定另一角点，在弹出的"文字格式"面板中，输入电话机的按键数字"3"，选择"Times New Roman"字体和"9"字号，颜色选择为"红色"后确定，设置如图 2-75 所示，效果如图 2-76 所示。

图 2-75　命令设置

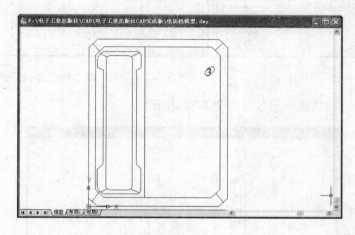

图 2-76　文字输入

（24）设置椭圆颜色为银灰色，操作步骤为单击工具箱中的"渐变色"命令按钮█，设置如图 2-77 所示，效果如图 2-78 所示。

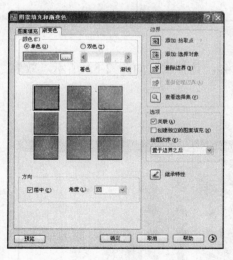

图 2-77　颜色设置

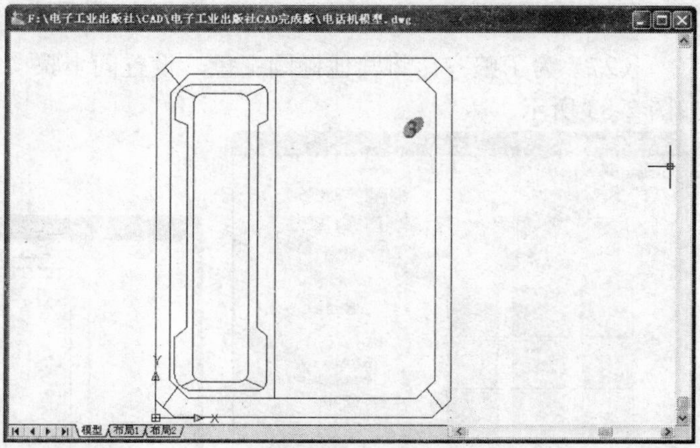

图 2-78　设置效果

（25）单击工具箱中的"阵列"命令按钮█，绘制出全部的按键。在"阵列"对话框中进行设置：选择行数为"5"，列数为"3"，按键的行偏移为-25mm，列偏移为-30mm，设置如图 2-79 所示，效果如图 2-80 所示。

（26）单击"文字编辑"命令按钮 A，修改其他椭圆上的文字，输入数字 0~9，并输入

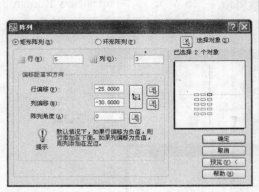

图 2-79　阵列设置

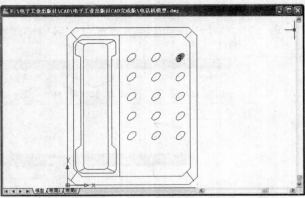

图 2-80　阵列按钮

"*"号及"#"号，完成的电话效果如图 2-81 所示。

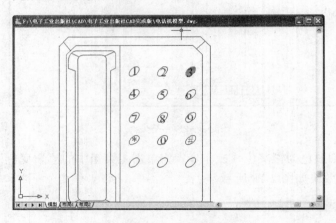

图 2-81　效果图

　　（27）为了整齐，将其他椭圆上色，设置同步骤（24），具体设置如图 2-82 所示，效果如图 2-83 所示。

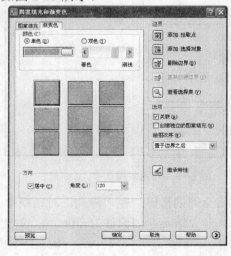

图 2-82　选择颜色

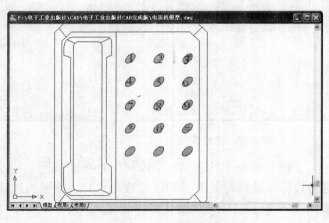

图 2-83　颜色效果图

（28）设置整体颜色为银灰色，"角度"为"210"，具体设置如图 2-84 所示，效果如图 2-85 所示。

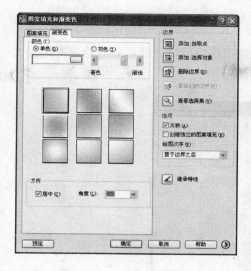

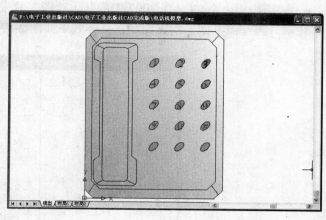

图 2-84 设置渐变色颜色和角度　　　　　　　图 2-85 效果图

（29）接下来设置电话机身颜色为银灰色，角度为"180"，具体设置如图 2-86 所示，整体效果如图 2-49 所示。

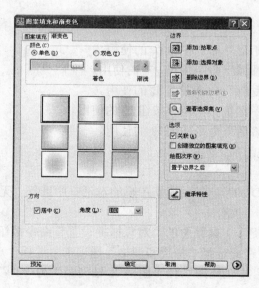

图 2-86 设置渐变色颜色和角度

【举一反三】

在本实例中通过 AutoCAD 2007 中"分解"、"缩放"、"多行文字"、"阵列"等按钮的应用，制作出复杂的电话机模型。在实际制作中，完全可以根据不同的需要来制作不同样式的电话机模型。

第 9 例　浴室屏风设计

【实例说明】

本实例应用 AutoCAD 2007 中的基本绘图工具来完成浴室屏风设计。首先绘制屏风的大体轮廓，再在原基础上填充图案，具体效果如图 2-87 所示。

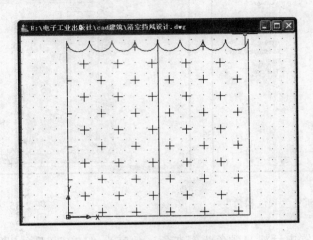

图 2-87　浴室屏风完成图

【技术要点】

（1）工具箱中的"矩形"命令按钮 □ 的使用。
（2）工具箱中的"圆弧"命令按钮 ⌒ 的使用。
（3）工具箱中的"复制"命令按钮 ⌘ 的使用。
（4）工具箱中的"图案填充"命令按钮 ▨ 的使用。
（5）工具箱中的"修剪"命令按钮 ╱ 的使用。

【制作步骤】

（1）启动 AutoCAD 2007，在创建新图形的对话框中选择"无样板打开—英制"项，单击"确定"按钮，新建一个文件。

（2）单击"对象捕捉"工具箱中的"对象捕捉设置"命令按钮 ⋒，打开如图 2-88 所示的"草图设置"对话框。在此选择"捕捉和栅格"选项卡，选择"启用捕捉"和"启用栅格"复选框，然后设置"捕捉 X 轴间距"和"栅格 X 轴间距"为"10"，其余选项保持默认值，具体设置如图 2-89 所示。

（3）绘制屏风单扇基本轮廓。单击工具箱中的"矩形"命令按钮 □，以（0，0）为起点绘制矩形，在命令提示之下输入另一个角点为（80，160），具体命令设置及绘制效果如图 2-90 所示。

（4）绘制好单扇基本轮廓后，接下来绘制屏风装饰。单击工具箱中的"圆弧"命令按钮 ⌒，以（0，160）为起点绘制圆弧，在命令提示之下依次输入（@10，−10）、（@10，10）等命令，具体命令设置及绘制效果如图 2-91 所示。

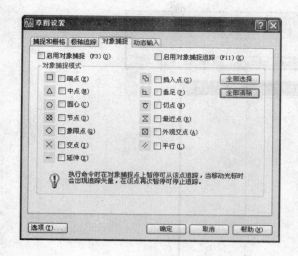

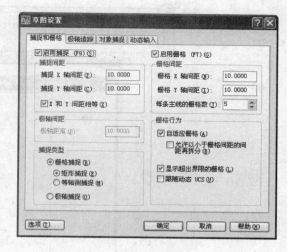

图 2-88　"草图设置"对话框　　　　　　　　图 2-89　"捕捉和栅格"设置

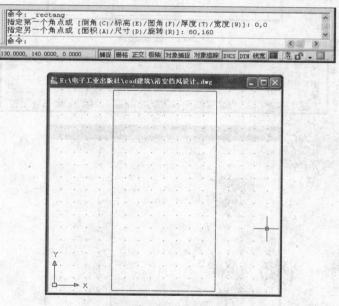

图 2-90　绘制矩形效果

（5）再次单击工具箱中的"圆弧"命令按钮 ，以（20，160）为起点绘制圆弧，在命令提示之下输入第二个点为（@10，-10），设置圆弧的端点为（@10，10），具体命令设置及绘制效果如图 2-92 所示。

（6）为了方便操作，避免一个一个圆弧地绘制。单击工具箱中的"复制"命令按钮 ，将绘制好的两个圆弧设置为复制对象，设置位移距离为 X 轴上位移 40mm，具体命令设置及复制效果如图 2-93 所示。

（7）同样为了方便操作，再次单击工具箱中的"复制"命令按钮 ，将界面中绘制好的所有图形设置为复制对象，设置位移距离为 X 轴上位移 80mm，具体命令设置及复制效果如图 2-94 所示。

（8）到这里屏风的大体轮廓已经出来了，接下来就要进行一定的填充了。单击工具箱中

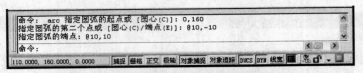

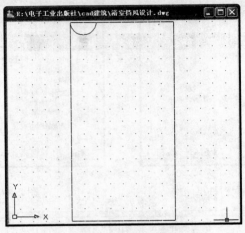

图 2-91　绘制圆弧

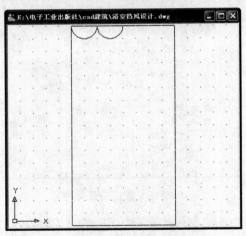

图 2-92　绘制圆弧

的"图案填充"命令按钮 ，设置两扇屏风的主体部分为填充空间，设置填充样式为"CROSS"，填充"角度"为"90"，填充"比例"为"60"，其他保持默认值，具体命令设置如图 2-95 所示。

（9）填充后的效果如图 2-96 所示。最后单击工具箱中的"修剪"命令按钮 ，将界面中矩形与圆弧相交的部分删除，整体效果如图 2-87 所示。

【举一反三】

本实例通过 AutoCAD 工具箱中"矩形"、"圆弧"、"复制"、"图案填充"、"修剪"等基本

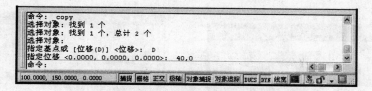

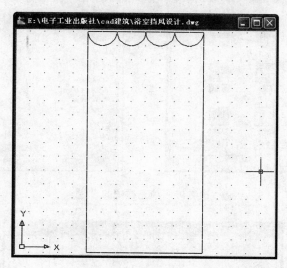

图 2-93　复制圆弧效果

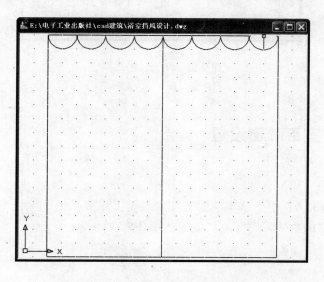

图 2-94　复制矩形及圆弧效果

绘图工具的使用，制作出屏风的效果图，主要要使读者了解"图案填充"命令的使用，并熟练掌握"矩形"、"圆弧"将命令的使用。在实际制作中，可以根据不同需要，在屏风的下角

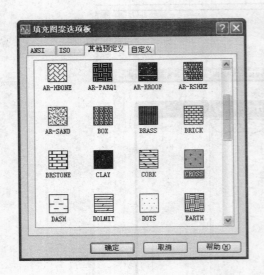
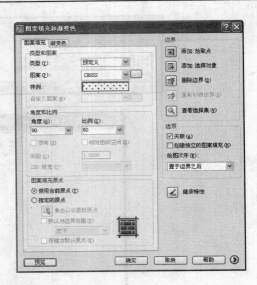

图 2-95　填充样式的设置

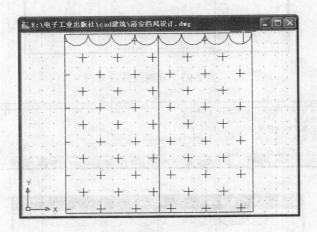

图 2-96　填充后的效果

处加上更多的装饰。

第 10 例　办公室百叶窗设置

【实例说明】

本实例应用 AutoCAD 中的基本绘图工具来绘制百叶窗。主要应用"直线"、"阵列"等基本命令来绘制百叶窗的大体轮廓，具体效果如图 2-97 所示。

【技术要点】

（1）多线命令"MILNE"的使用。
（2）工具箱中的"直线"命令按钮 ／ 的使用。
（3）工具箱中的"复制"命令按钮 ⅔ 的使用。

图 2-97　办公室百叶窗完成图

（4）工具箱中的"阵列"命令按钮▦的使用。

【制作步骤】

（1）启动 AutoCAD 2007，在创建新图形的对话框中选择"无样板打开—英制"项，单击"确定"按钮，新建一个文件。

（2）首先绘制多线。在命令框中输入"MLINE"命令，设置起点为（0，0），在命令提示之下输入下一点为（@60，0），然后依次输入（@0，120）、（@-60，0）、（@0，-120）、C 等命令，具体命令设置及绘制效果如图 2-98 所示。

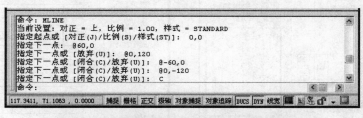

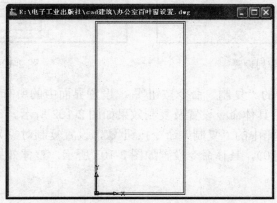

图 2-98　绘制多线

（3）绘制窗叶。单击工具箱中的"直线"命令按钮╱，以（0，5）为起点绘制直线，在命令提示之下输入下一点为（@60，0），具体命令设置及绘制效果如图 2-99 所示。

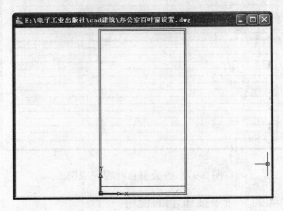

图 2-99　绘制直线

（4）为了省却多次绘制直线的繁琐，这里单击工具箱中的"阵列"命令按钮 ⊞，设置直线为阵列对象，选择"矩形阵列"单选按钮，设置行数为 24，列数为 1，行偏移为 5，列偏移为 1，具体命令设置如图 2-100 所示。

（5）阵列后的效果如图 2-101 所示。

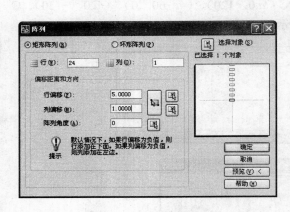

图 2-100　阵列设置　　　　　　　　　　　　　图 2-101　阵列效果

（6）单击工具箱中的"复制"命令按钮 ⁑，设置界面中的所有图形为复制对象，设置位移距离为（@60，0），具体命令设置及复制效果如图 2-102 所示。

（7）再次单击工具箱中的"复制"命令按钮 ⁑，设置复制对象为上步骤中复制的图形，设置位移距离为（@60，0），具体命令设置如图 2-103 所示，整体效果如图 2-97 所示。

【举一反三】

在本实例中通过 AutoCAD 工具箱中的"直线"、"复制"、"阵列"以及"MILNE" 命令，来制作百叶窗效果。主要使读者加强对"复制"、"直线"命令的熟练应用和了解"MILNE"命令的灵活性。在实际制作中，可以根据不同喜好，尝试设置不同的百叶窗效果。

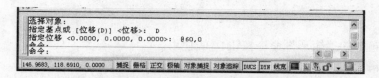

图 2-102　复制命令设置及效果

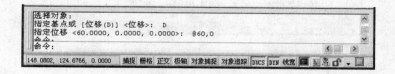

图 2-103　复制命令设置

第 11 例　书架正面观

【实例说明】

本实例应用 AutoCAD 2007 中的基本绘图工具来绘制书架的正面观效果图。首先应用"矩形"工具绘制书架的大体轮廓，其次绘制把手、书，最后填充一些装饰图案，具体效果如图 2-104 所示。

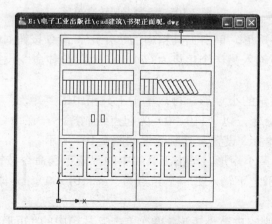

图 2-104　书架正面观效果图

【技术要点】

（1）工具箱中的"矩形"命令按钮 ▭ 的使用。

（2）工具箱中的"图案填充"命令按钮 ▨ 的使用。

（3）工具箱中的"复制"命令按钮 ❀ 的使用。

（4）工具箱中的"阵列"命令按钮 ▦ 的使用。

（5）工具箱中的"旋转"命令按钮 ⟳ 、"移动"命令按钮 ✛ 的使用。

【制作步骤】

（1）启动 AutoCAD 2007，在创建新图形的对话框中选择"无样板打开—英制"项，单击"确定"按钮，新建一个文件。

（2）首先绘制书架的大体轮廓。单击工具箱中的"矩形"命令按钮 ▭，以（0，0）为起点绘制矩形，在命令提示之下输入另一个角点为（@220，240），具体命令设置及绘制效果如图 2-105 所示。

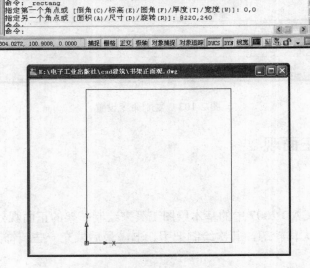

图 2-105　绘制书架轮廓矩形

（3）绘制左下角小矩形。单击工具箱中的"矩形"命令按钮 ▭，以（0，0）为起点绘制矩形，在命令提示之下输入另一个角点为（@110，30），具体命令设置及绘制效果如图 2-106 所示。

（4）绘制书架右下角的小矩形。再次单击工具箱中的"矩形"命令按钮 ▭，或者单击右键选择"重复矩形"命令，以（110，0）为起点绘制矩形，在命令提示之下输入另一个角点为（@110，30），具体命令设置及绘制效果如图 2-107 所示。

（5）绘制左侧的皮革小矩形。单击工具箱中的"矩形"命令按钮 ▭，以（0，30）为起点绘制矩形，在命令提示之下输入另一个角点为（@110，60），具体命令设置及绘制效果如图 2-108 所示。

（6）接下来绘制右侧的皮革小矩形。再次单击工具箱中的"矩形"命令按钮 ▭，以（110，30）为起点绘制矩形，在命令提示之下输入另一个角点为（@110，60），具体命令设置及绘

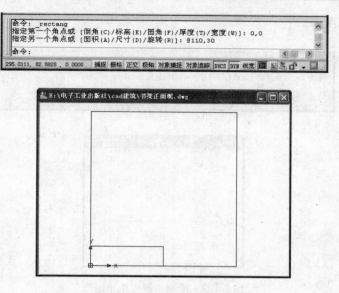

图 2-106　绘制左下角小矩形

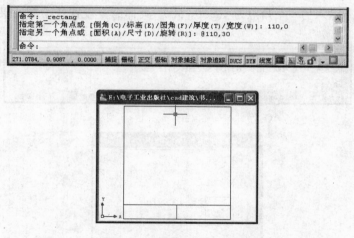

图 2-107　绘制右下角小矩形

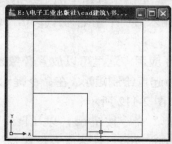

图 2-108　绘制左侧皮革小矩形

制效果如图 2-109 所示。

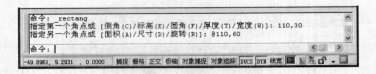

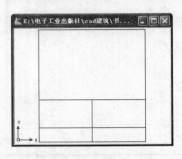

图 2-109　绘制右侧皮革小矩形

（7）绘制左侧小柜子。单击工具箱中的"矩形"命令按钮 ▭，以（5，95）为起点绘制矩形，在命令提示之下输入另一个角点为（@50，50），具体命令设置及绘制效果如图 2-110 所示。

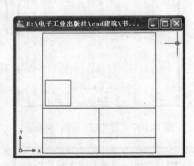

图 2-110　绘制左侧小柜子矩形

（8）绘制左侧偏右的小柜子。单击工具箱中的"矩形"命令按钮 ▭，以（55，95）为起点绘制矩形，在命令提示之下输入另一个角点为（@50，50），具体命令设置及绘制效果如图 2-111 所示。

（9）接下来绘制右侧矩形，在应用中这里可以放置音像光盘。在这里单击工具箱中的"矩形"命令按钮 ▭，以（115，95）为起点绘制矩形，在命令提示之下输入另一个角点为（@100，20），具体命令设置及绘制效果如图 2-112 所示。

（10）单击工具箱中的"矩形"命令按钮 ▭，以（115，125）为起点绘制矩形，在命令提示之下输入另一个角点为（@100，20），具体命令设置及绘制效果如图 2-113 所示。

（11）绘制左上侧的小柜子。单击工具箱中的"矩形"命令按钮 ▭，以（5，155）为起点

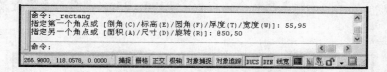

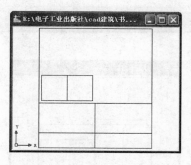

图 2-111　绘制左侧偏右小柜子矩形

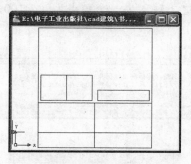

图 2-112　绘制右侧矩形

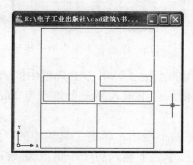

图 2-113　绘制矩形

绘制矩形，在命令提示之下输入另一个角点为（@100，35），具体命令设置及绘制效果如图 2-114 所示。

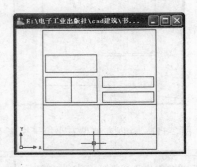

图 2-114　绘制左上侧小柜子矩形

（12）绘制书架右上侧的小柜子。单击工具箱中的"矩形"命令按钮 ▭，以（115，155）为起点绘制矩形，在命令提示之下输入另一个角点为（@100，35），具体命令设置及绘制效果如图 2-115 所示。

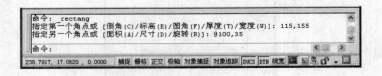

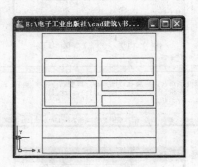

图 2-115　绘制右下侧小柜子矩形

（13）绘制书架左侧最上面的小柜子。单击工具箱中的"矩形"命令按钮 ▭，以（5，200）为起点绘制矩形，在命令提示之下输入另一个角点为（@100，35），具体命令设置及绘制效果如图 2-116 所示。

（14）绘制书架右侧最上面的小柜子。单击工具箱中的"矩形"命令按钮 ▭，以（115，200）为起点绘制矩形，在命令提示之下输入另一个角点为（@100，35），具体命令设置及绘制效果如图 2-117 所示。

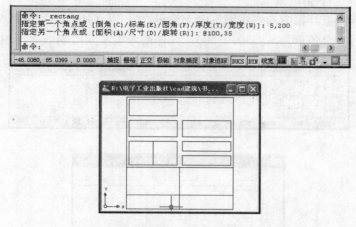

图 2-116 绘制左侧最上面小柜子矩形

图 2-117 绘制右侧最上面小柜子矩形

（15）到这里书架的基本轮廓已经完成，接下来还是应用"矩形"命令来绘制皮革小柜子。单击工具箱中的"矩形"命令按钮 □，以（5，35）为起点绘制矩形，在命令提示之下输入另一个角点为（@30，50），具体命令设置及绘制效果如图 2-118 所示。

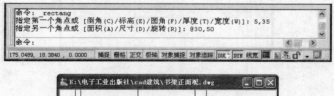

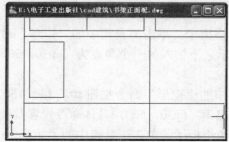

图 2-118 绘制左侧第一个皮革小柜子

（16）再次单击工具箱中的"矩形"命令按钮 ▭，以（40，35）为起点绘制矩形，在命令提示之下输入另一个角点为（@30， 50），具体命令设置及绘制效果如图 2-119 所示。

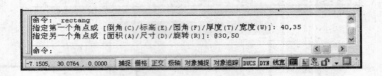

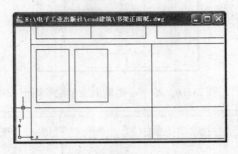

图 2-119　绘制左侧第二个皮革小柜子

（17）绘制左侧最后一个皮革小柜子。单击工具箱中的"矩形"命令按钮 ▭，以（75，35）为起点绘制矩形，在命令提示之下输入另一个角点为（@30， 50），具体命令设置及绘制效果如图 2-120 所示。

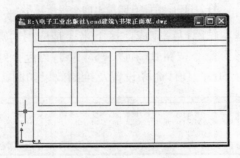

图 2-120　绘制左侧最后一个皮革小柜子

（18）绘制右侧的皮革小柜子。单击工具箱中的"矩形"命令按钮 ▭，以（115，35）为起点绘制矩形，在命令提示之下输入另一个角点为（@30，50），具体命令设置及绘制效果如图 2-121 所示。

（19）再次单击工具箱中的"矩形"命令按钮 ▭，以（150，35）为起点绘制矩形，在命令提示之下输入另一个角点为（@30，50），具体命令设置及绘制效果如图 2-122 所示。

（20）绘制最后一个皮革小柜子。单击工具箱中的"矩形"命令按钮 ▭，以（185，35）为起点绘制矩形，在命令提示之下输入另一个角点为（@30，50），具体命令设置及绘制效果如图 2-123 所示。

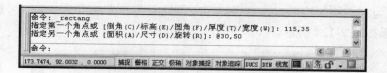

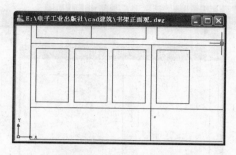

图 2-121　绘制右侧第一个皮革小柜子

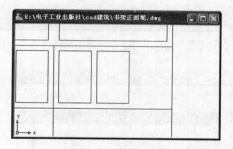

图 2-122　绘制右侧第二个皮革小柜子

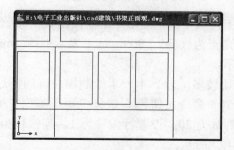

图 2-123　绘制右侧最后一个皮革小柜子

（21）绘制完皮革小柜子后，再来绘制门把手。单击工具箱中的"矩形"命令按钮 □，以（46，115）为起点绘制矩形，在命令提示之下输入另一个角点为（@4， 10），具体命令设置及绘制效果如图 2-124 所示。

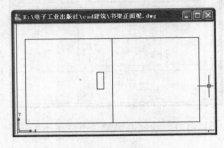

图 2-124　绘制门把手

（22）绘制右侧门把手。单击工具箱中的"矩形"命令按钮 ▭，以（60，115）为起点绘制矩形，在命令提示之下输入另一个角点为（@4，10），具体命令设置及绘制效果如图 2-125所示。

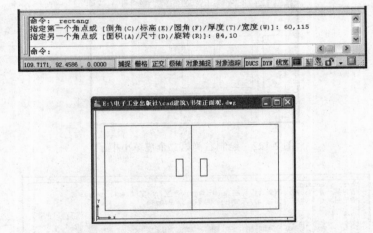

图 2-125　绘制右侧门把手

（23）绘制书籍。单击工具箱中的"矩形"命令按钮 ▭，以（5，155）为起点绘制矩形，在命令提示之下输入另一个角点为（@5，20），这里表示书厚 5mm、高 20mm，具体命令设置及绘制效果如图 2-126 所示。

（24）通常书架上的书比较多，若一本一本绘制很是麻烦，这里应用"阵列"命令来简单化。单击工具箱中的"阵列"命令按钮 ▦，选择"矩形阵列"单选按钮，设置第一本书为阵列对象，设置行数为 1，列数为 20，设置行偏移为 1，列偏移为 5，其余选项保持默认值，具体命令设置及效果如图 2-127 所示。

（25）绘制书架右侧书籍。单击工具箱中的"矩形"命令按钮 ▭，以（115，155）为起点绘制矩形，在命令提示之下输入另一个角点为（@6，22），同样，这里表示书的厚度为 6mm、

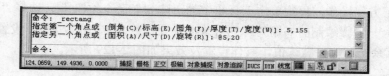

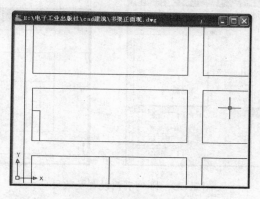

图 2-126 绘制书籍

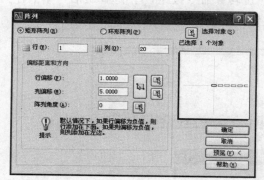
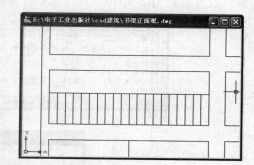

图 2-127 阵列书籍设置及效果

高度为 22mm，具体设置及绘制效果如图 2-128 所示。

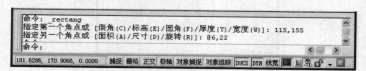

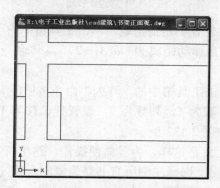

图 2-128 绘制书架右侧书籍

（26）为了方便操作，再次单击工具箱中的"阵列"命令按钮品，选择"矩形阵列"单选按钮，设置上一步骤绘制的书籍为阵列对象，设置行数为 1，列数为 5，设置行偏移为 1，列偏移为 6，其余选项保持默认值，具体设置及效果如图 2-129 所示。

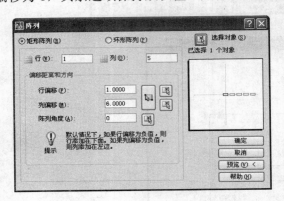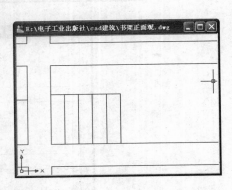

图 2-129　阵列书籍设置及效果

（27）绘制倾倒的书籍。单击工具箱中的"旋转"命令按钮↻，选择最后一本书作为旋转对象，设置旋转角度为 30°，具体命令设置及旋转效果如图 2-130 所示。

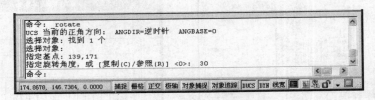

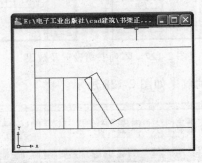

图 2-130　旋转书籍

（28）此时看到书籍摆放位置不是很正确。单击工具箱中的"移动"命令按钮✛，选择旋转后的书籍为移动对象，设置移动距离为（@ 3，-2），具体命令设置及移动效果如图 2-131 所示。

（29）为了方便操作，单击工具箱中的"阵列"命令按钮品，选择"矩形阵列"，设置倾倒的书籍为阵列对象，设置行数为 1，列数为 7，设置行偏移为 1，列偏移为 7，其余选项保持默认值，具体设置及效果如图 2-132 所示。

（30）书籍的绘制基本上就是这样，为了简便操作，这里就不再一步一步制作了。单击工具箱中的"复制"命令按钮℞，选择左侧所有书籍为复制对象，设置位移距离为（@0，45），具体命令设置及复制效果如图 2-133 所示。

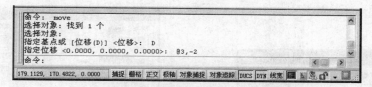

图 2-131　移动书籍

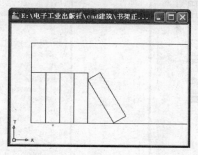

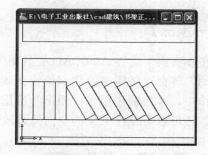

图 2-132　阵列书籍设置及效果

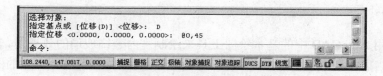

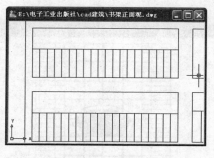

图 2-133　复制书籍

（31）当然每个柜子都可以摆放满书籍，这里不再介绍具体操作。最后单击工具箱中的"图案填充"命令按钮 ，填充皮革小柜子。设置填充样式为"SWAMP"，设置填充"角度"为"30"，填充"比例"为"10"，其余选项保持默认值，具体命令设置如图 2-134 所示，整体效果如图 2-104 所示。

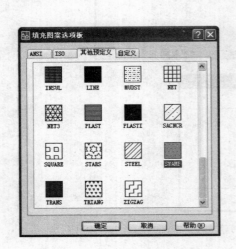 

图 2-134　填充样式设置

【举一反三】

　　在本实例中通过 AutoCAD 工具箱中的"矩形"、"图案填充"、"复制"、"阵列"、"旋转"、"移动"等命令按钮来绘制书架正面效果图，可使读者熟练掌握"矩形"命令的应用。在实际制作中，本实例中很多"矩形"应用可以替换成"复制"命令使用，注意一定要仔细计算数据。还可以尝试在书架的空白位置放置一定的装饰品，如一些光盘、花盆、奖杯等等。

第 12 例　室内装饰玻璃

【实例说明】

　　本实例应用 AutoCAD 中的基本绘图工具来绘制室内装饰玻璃的效果图。首先绘制装饰玻璃的大体轮廓，其次绘制左右小矩形、装饰多段线等设置，然后进行一定的图案填充。整体效果如图 2-135 所示。

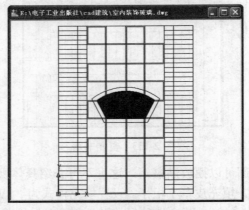

图 2-135　室内装饰玻璃效果图

【技术要点】

（1）工具箱中的"矩形"命令按钮 ▭ 的使用。

（2）工具箱中的"图案填充"命令按钮 ▨ 的使用。

（3）工具箱中的"多段线"命令按钮 ⤵、"偏移"命令按钮 ⬰ 的使用。

（4）多线命令"MLINE"的使用。

【制作步骤】

（1）启动 AutoCAD 2007，在创建新图形的对话框中选择"无样板打开—英制"项，单击"确定"按钮，新建一个文件。

（2）单击"对象捕捉"工具箱中的"对象捕捉设置"命令按钮 ∩，打开"草图设置"对话框，选择"捕捉和栅格"选项卡，勾选上"启用捕捉"和"启用栅格"选项，然后设置"捕捉 Y 轴间距"和"栅格 Y 轴间距"为 10，其余选项保持默认值，具体命令设置如图 2-136 所示。

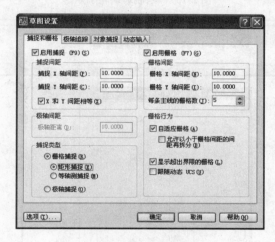

图 2-136　草图设置

（3）绘制玻璃大体轮廓。单击工具箱中的"矩形"命令按钮 ▭，以（0，0）为起点绘制矩形，在命令提示之下输入另一个角点为（700，900），具体命令设置及绘制矩形效果如图 2-137 所示。

（4）绘制大矩形内的左侧小矩形。再次单击工具箱中的"矩形"命令按钮 ▭，以（0，0）为起点绘制矩形，在命令提示之下输入另一个角点为（150，900），具体命令设置及绘制矩形效果如图 2-138 所示。

（5）绘制装饰玻璃中间的矩形。单击工具箱中的"矩形"命令按钮 ▭，以（150，0）为起点绘制矩形，在命令提示之下输入另一个角点为（@400，900），具体命令设置及绘制矩形效果如图 2-139 所示。

（6）绘制大矩形内的右侧小矩形。单击工具箱中的"矩形"命令按钮 ▭，以（550，0）为起点绘制矩形，在命令提示之下输入另一个角点为（@150，900），具体命令设置及绘制矩形效果如图 2-140 所示。

（7）到这里装饰玻璃的大体轮廓已经勾画出来，接下来绘制一些装饰。在命令栏中输入多线命令"MLINE"，设置起点为（150，100），在命令提示之下依次输入（@395，0）、（@0，100）、（@-395，0）、（@0，100）、（@395，0）、（@0，100）、（@-395，0）、（@0，100）、（@395

图 2-137 绘制玻璃轮廓矩形

图 2-138 绘制左侧小矩形

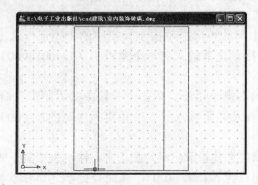

图 2-139 绘制中间矩形

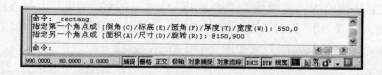

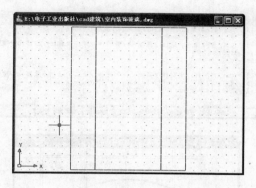

图 2-140　绘制右侧小矩形

0)、(@0，100)、(@-395，0)、(@0，100)、(@395，0)、(@0，100)、(@-395，0)、(@0，100)、(@100，0)、(@0，-895)、(@100，0)、(@0，895)、(@100，0)、(@0，-895)等命令来绘制多线，具体命令设置及绘制效果如图 2-141 所示。

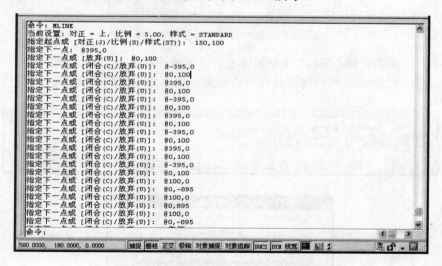

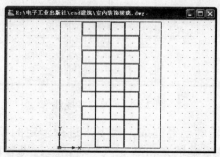

图 2-141　绘制多线命令设置及效果

（8）单击工具箱中的"多段线"命令按钮 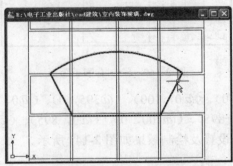，以（250，400）为起点绘制多段线，在命令提示之下输入（@-50，100）、A 、S、（@150，50）、（@150，-50）、L、（@-50，-100）、C 等命令，具体命令设置及绘制效果如图 2-142 所示。

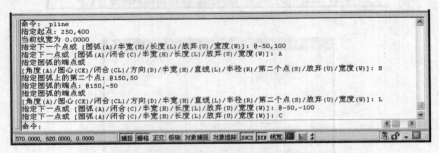

图 2-142　绘制多段线命令设置及效果

（9）单击工具箱中的"偏移"命令按钮，设置偏移对象为上一步骤绘制的多段线图形，设置偏移距离为"20"，向外偏移，具体命令设置及偏移效果如图 2-143 所示。

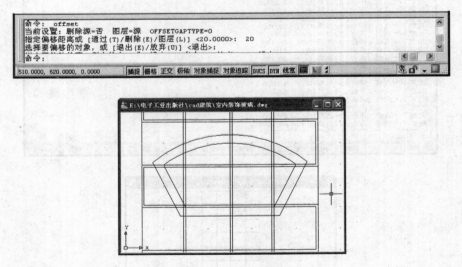

图 2-143　偏移多段线

（10）到这里所有基本轮廓已经完成，接下来进行一定的填充。单击工具箱中的"图案填充"命令按钮，打开"图案填充和渐变色"对话框，设置填充图案样式为"SOLID"，设置多段线图形为填充对象，具体填充设置如图 2-144 所示，填充效果如图 2-145 所示。

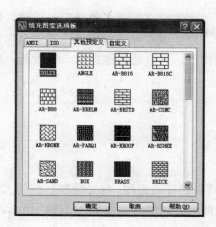

图 2-144　多段线填充设置

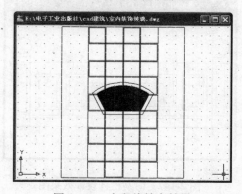

图 2-145　多段线填充效果

（11）再次单击工具箱中的"图案填充"命令按钮，打开"图案填充和渐变色"对话框，设置填充图案样式为"GRATE"，设置左右两侧的小矩形为填充对象，具体填充设置如图 2-146 所示，整体效果如图 2-135 所示。

图 2-146　矩形填充设置

【举一反三】

在本实例中通过 AutoCAD 工具箱中的"矩形"、"图案填充"、"多段线"、"偏移"以及"MLINE"命令的使用，来绘制室内装饰玻璃效果图，可使读者熟练应用"图案填充"、"矩形"等命令，了解"多线"命令的灵活性。在实际制作中，可以适当地摆放一些设施，如花盆、茶杯等。

第 13 例 简易栏杆设计

【实例说明】

本实例应用 AutoCAD 中的基本绘图工具来绘制简易栏杆效果图。首先绘制栏杆的大体轮廓，在此基础上绘制装饰设置，即矩形、多段线多边形等。其最终效果如图 2-147 所示。

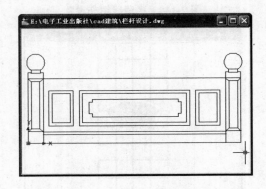

图 2-147 简易栏杆设计效果图

【技术要点】

（1）工具箱中的"直线"命令按钮 ╱ 的使用。

（2）工具箱中的"矩形"命令按钮 ▢ 的使用。

（3）工具箱中的"镜像"命令按钮 ⚎ 的使用。

（4）工具箱中的"多段线"命令按钮 ⤵ 、"偏移"命令按钮 ⬟ 的使用。

（5）多线命令"MLINE"的使用。

【制作步骤】

（1）启动 AutoCAD 2007，在创建新图形对话框中选择"无样板打开—英制"项，单击"确定"按钮，新建一个文件。

（2）首先是单个栏柱的设计。单击工具箱中的"多段线"命令按钮 ⤵ ，以（0，0）为起点绘制多段线，在命令提示之下依次输入（@0，120）、（@5，0）、（@0，5）、A、S、（@-5，20）、（@20，-20）、L、（@0，-5）、（@5，0）、（@0，-120）、C 等命令，具体命令设置及绘制栏柱效果如图 2-148 所示。

（3）再次单击工具箱中的"多段线"命令按钮 ⤵ ，以（0，20）为起点绘制多段线，在命令提示之下依次输入（@5，5）、（@0，80）、（@-5，5）等命令，具体命令设置及绘制效果如图 2-149 所示。

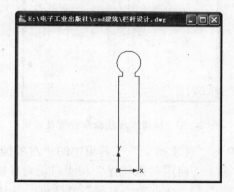

图 2-148　绘制栏柱命令设置及效果

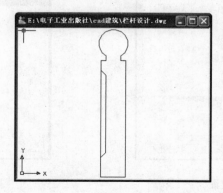

图 2-149　绘制多段线命令设置及效果

（4）单击工具箱中的"镜像"命令按钮，以上一步骤绘制的图形为镜像对象，设置镜像的第一点为（12，0），设置镜像的第二点为（12，80），在命令提示之下输入非删除源对象命令"N"，具体命令设置及镜像效果如图 2-150 所示。

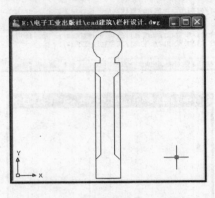

图 2-150　镜像多段线命令设置及效果

（5）为了方便操作，单击"对象捕捉"工具箱中的"对象捕捉设置"命令按钮，选择"对象捕捉"选项卡，勾选上"启用对象捕捉"和"启用对象捕捉追踪"复选框，然后再勾选上"端点"、"中点"、"圆心"、"交点"、"垂足"复选框，具体设置如图 2-151 所示。

（6）接下来单击工具箱中的"直线"命令按钮，在系统的提示之将栏柱左右相对应的端点下用直线一一相连，在这里总共是 6 条直线，具体步骤不再介绍，其最终效果如图 2-152 所示。

图 2-151　草图设置

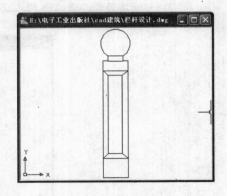

图 2-152　直线连接效果

（7）绘制栏杆连接线。单击工具箱中的"直线"命令按钮，以（24，0）为起点绘制直线，在命令提示之下输入下一点为（@300，0），具体命令设置及绘制直线效果如图 2-153 所示。

（8）绘制栏杆上侧连接线。再次单击工具箱中的"直线"命令按钮，以（24，110）为起点绘制直线，在命令提示之下输入下一点为（@300，0），具体命令设置及绘制直线效果

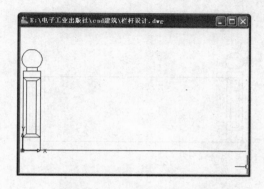

图 2-153　绘制栏杆连接直线

如图 2-154 所示。

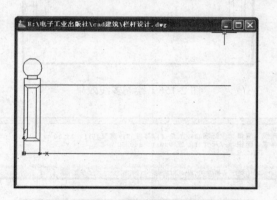

图 2-154　绘制栏杆上侧连接直线

（9）绘制右侧栏柱。为了简化操作，这里单击工具箱中的"镜像"命令按钮 ，将镜像对象设置为左侧栏柱，设置镜像线的第一点为（174，0），设置镜像第二点为（@0，110），在命令提示之下输入非删除源对象命令"N"，具体命令设置及镜像效果如图 2-155 所示。

（10）到这里栏杆的大体轮廓已经绘制完毕，接下来在命令框中输入"MLINE"命令，设置多线比例为 5，即在命令框中输入"S"、"5"，在命令提示之下输入起点为（24，20），设置下一点为（@300，0），绘制效果如图 2-156 所示。

（11）绘制矩形。单击工具箱中的"矩形"命令按钮 ，以（34，30）为起点，在命令提示之下输入另一个角点（@40，60），具体命令设置及绘制矩形效果如图 2-157 所示。

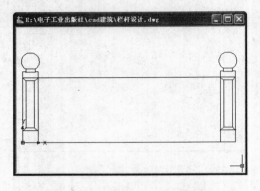

图 2-155　镜像绘制右侧栏杆命令设置及效果

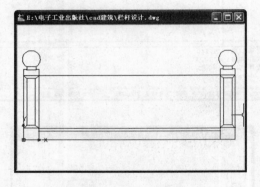

图 2-156　绘制多线效果

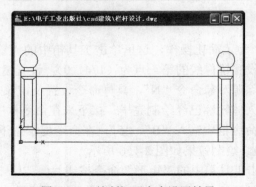

图 2-157　绘制矩形命令设置效果

（12）绘制栏杆中间的大矩形。再次单击工具箱中的"矩形"命令按钮 ▭，以（84，30）为起点，在命令提示之下输入另一个角点（@180，60），具体命令设置及绘制矩形效果如图2-158 所示。

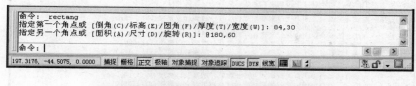

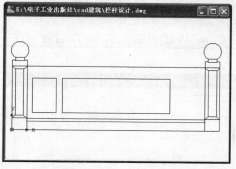

图 2-158　绘制大矩形命令设置及效果

（13）绘制栏杆右侧的矩形。单击工具箱中的"矩形"命令按钮 ▭，为了方便还可以单击右键选择"重复矩形"命令，以（274，30）为起点，在命令提示之下输入另一个角点（@40，60），具体命令设置及绘制矩形效果如图 2-159 所示。

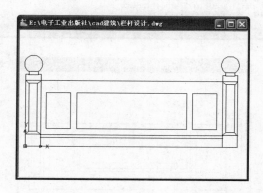

图 2-159　绘制右侧矩形命令设置及效果

（14）此时简易栏杆已经完成。为了使它看上去不是很单调，可以绘制一些多段线图形，单击工具箱中的"多段线"命令按钮 ⤴，以（105，45）为起点，在命令提示之下依次输入以下命令：（@140，0）、（@0，5）、（@5，0）、（@0，20）、（@-5，0）、（@0，5）、（@-140，0）、（@0，-5）、（@-5，0）、（@0，-20）、（@5，0）、（@0，-5）、C，具体命令设置及绘制效果如图 2-160 所示。

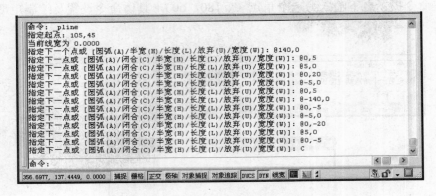

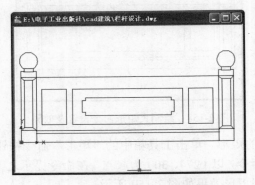

图 2-160　绘制多段线命令设置及效果

（15）单击工具箱中的"偏移"命令按钮，将中间的大矩形向内偏移，设置偏移距离为 5，具体命令设置及偏移效果如图 2-161 所示。

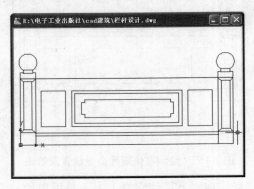

图 2-161　偏移矩形命令设置及效果

（16）为了整体美观，再次单击工具箱中的"偏移"命令按钮，将左右两侧的矩形均向内偏移，设置偏移距离为 5，命令设置如图 2-162 所示，整体效果如图 2-147 所示。

图 2-162　偏移命令设置

【举一反三】

在本实例中通过 AutoCAD 2007 工具箱中的"直线"、"矩形"、"镜像"、"多段线"、"偏移"以及多线"MLINE"命令的使用，来制作简易栏杆，可使读者了解制作简易栏杆的基本步骤，熟练应用"多段线"、"偏移"命令。在实际制作中，可以适当地在栏杆中填充一些花纹，或应用"复制"、"镜像"等命令复制一组栏杆。

第 14 例　平面茶几设计

【实例说明】

本实例应用 AutoCAD 2007 中的基本绘图工具来绘制平面茶几的二维平面效果。在本例中首先绘制茶几的大体轮廓，在此基础上绘制边框、支架，最后制作玻璃特效。其整体效果如图 2-163 所示。

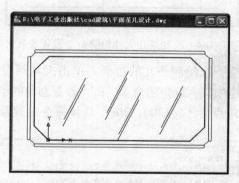

图 2-163　茶几设计效果图

【技术要点】

（1）多线命令"MLINE"的使用。
（2）工具箱中的"直线"命令按钮 ╱ 的使用。
（3）工具箱中的"矩形"命令按钮 ▭ 的使用。
（4）工具箱中的"复制"命令按钮 ❀ 的使用。
（5）工具箱中的"修剪"命令按钮 ╌ 的使用。

【制作步骤】

（1）启动 AutoCAD 2007，在创建新图形的对话框中选择"无样板打开—英制"项，单击"确定"按钮，新建一个文件。

（2）首先绘制茶几的大体轮廓。在命令框中输入多线"MLINE"命令，设置多线线宽比例为 5，即在命令框中输入"S"、"5"命令，接下来在命令提示之下依次输入以下命令：（0，0）、（@1000，0）、（@100，100）、（@0，400）、（@-100，100）、（@-1000，0）、（@-100，-100）、（@0，-400）、（@100，-100）、C，具体命令设置及绘制效果如图 2-164 所示。

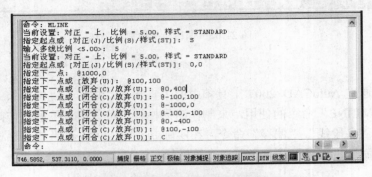

图 2-164　绘制茶几大体轮廓命令设置及效果

（3）绘制好轮廓后，接下来绘制茶几的边框。单击工具箱中的"矩形"命令按钮 ▭，设置为圆角矩形，即在命令框中输入圆角的命令"F"，设置圆角的半径为 2，指定圆角的起点为（-100，-50），设置另一个角点为（@1200，20），具体命令设置及绘制效果如图 2-165 所示。

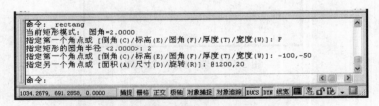

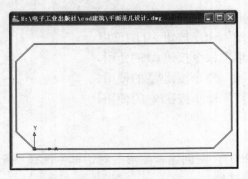

图 2-165　绘制茶几边框矩形命令设置及效果

（4）为了方便操作，单击工具箱中的"复制"命令按钮，将茶几下侧的矩形复制到茶几的正右边，具体操作是：以上一步骤绘制的矩形为复制对象，设置位移距离为（@0，680），具体命令设置及复制效果如图 2-166 所示。

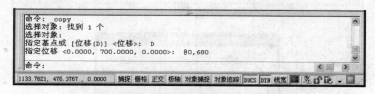

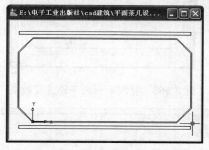

图 2-166　复制矩形命令设置及效果

（5）绘制茶几左侧边框。单击工具箱中的"矩形"命令按钮，同样设置为圆角矩形，设置圆角的半径为 2，指定圆角的起点为（-150，0），设置另一个角点为（@20，600），具体命令设置及绘制效果如图 2-167 所示。

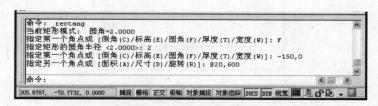

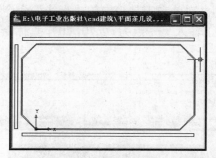

图 2-167　绘制茶几左侧边框矩形命令设置及效果

（6）单击工具箱中的"复制"命令按钮，将茶几左侧的矩形复制到茶几的正右边，具体操作是：以上一步骤绘制的矩形为复制对象，设置位移距离为（@1280，0），具体命令设置及复制效果如图 2-168 所示。

（7）到这里茶几的边框也绘制完毕，接下来绘制支架。单击工具箱中的"直线"命令按钮，设置直线的起点为（-80，-50），在命令提示之下输入另一点为（-150，20），具体命令设置及绘制效果如图 2-169 所示。

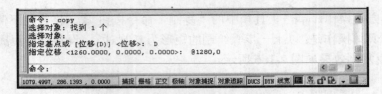

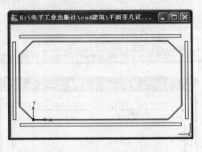

图 2-168　复制矩形命令设置及效果

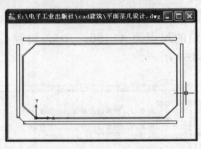

图 2-169　绘制支架直线命令设置及效果

（8）绘制右下侧支架。再次单击工具箱中的"直线"命令按钮，设置直线的起点为（1080，-50），在命令提示之下输入另一点为（@70，70），具体命令设置及绘制效果如图 2-170 所示。

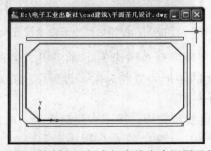

图 2-170　绘制右下侧支架直线命令调置及效果

（9）绘制左上侧支架。这里应用"直线"工具直接绘制或者选择"复制"命令设置，会得到同样的效果。单击工具箱中的"直线"命令按钮 ✒️ ，设置直线的起点为（-148，580），在命令提示之下输入另一点为（@70，70），具体命令设置及绘制效果如图 2-171 所示。

图 2-171　绘制左上侧支架直线命令设置及效果

（10）绘制右上侧支架。单击工具箱中的"直线"命令按钮 ✒️ ，设置直线的起点为（1150，580），在命令提示之下输入另一点为（@-70，70），具体命令设置及绘制效果如图 2-172 所示。

图 2-172　绘制右上侧支架直线命令设置及效果

（11）到这里支架基本绘制完毕，接下来需要修剪一下。单击工具箱中的"修剪"命令按钮 ✂️ ，将所有支架与边框的连接处删除，制造出光滑完美的效果。删除后的效果如图 2-173 所示。

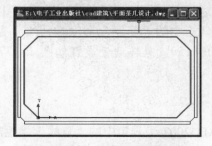

图 2-173　修剪后的效果

（12）最后制作玻璃特效。单击工具箱中的"直线"命令按钮 ✒️ ，以（100，100）为起点，在命令提示之下输入下一点为（@150，300），具体命令设置及绘制效果如图 2-174 所示。

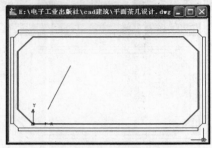

图 2-174　绘制玻璃特效直线命令设置及效果

（13）单击工具箱中的"复制"命令按钮，以上一步骤绘制的直线为复制对象，设置位移距离为（50<80），具体命令设置及复制效果如图 2-175 所示。

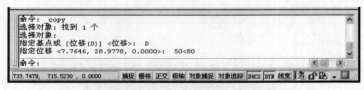

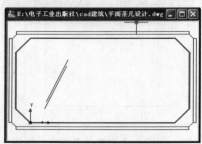

图 2-175　复制直线命令设置及效果

（14）再次单击工具箱中的"复制"命令按钮，以界面中的两条直线为复制对象，设置位移距离为（@300，50），具体命令设置及复制效果如图 2-176 所示。

（15）最后再次单击工具箱中的"复制"命令按钮，以界面中的四条直线为复制对象，设置位移距离为（@400<-15），具体命令设置如图 2-177 所示。整体效果如图 2-163 所示。

【举一反三】

在本实例中通过 AutoCAD 2007 工具箱中的"直线"、"矩形"、"复制"、"修剪"以及多线"MLINE"命令的使用，制作出二维平面茶几设计效果图，可使读者熟练掌握"矩形"、"复制"、"多线"等命令按钮的使用。在实际制作中，应灵活应用"圆角矩形"绘图工具，

```
命令: copy
选择对象: 找到 1 个
选择对象: 找到 1 个, 总计 2 个
选择对象:
指定基点或 [位移(D)] <位移>: D
指定位移 <500.0000, 20.0000, 0.0000>: @300,50
命令:
```
```
1138.2478, 702.2793 , 0.0000   捕捉 栅格 正交 极轴 对象捕捉 对象追踪 DUCS DYN 线宽
```

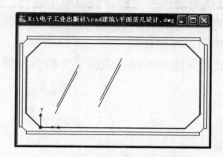

图 2-176　再次复制直线命令设置及效果

```
命令: copy
选择对象: 找到 1 个
选择对象: 找到 1 个, 总计 2 个
选择对象: 找到 1 个, 总计 3 个
选择对象: 找到 1 个, 总计 4 个
选择对象:
指定基点或 [位移(D)] <位移>: D
指定位移 <300.0000, 50.0000, 0.0000>: @400<-15
命令:
```
```
1070.2785, 89.6694 , 0.0000   捕捉 栅格 正交 极轴 对象捕捉 对象追踪 DUCS DYN 线宽
```

图 2-177　复制四条直线命令设置

尝试在茶几上添加不同饰物，或者设计不同形状的茶几。

第 3 章　建筑基础设施图实例

AutoCAD 是建筑设计中最为常用的一种计算机绘图软件，在本章建筑基础设施图设计中，将要介绍家居门、楼梯侧面观效果图、盥洗池、抽水桶、洗浴池、家居床、组合柜、电视柜等基础建筑设施的模型绘制。在设计的时候，可以根据不同需求，在此基础上设置建筑的剖面、平面、侧面观图，使建筑物体的整体效果更加精美、整齐。

第 15 例　家居门

【实例说明】

本小节在 AutoCAD 2007 中使用基本的绘图工具绘制建筑基础设置门，首先应用基础工具绘制门面，在此基础上绘制复杂的门锁。其最终效果如图 3-1 所示。

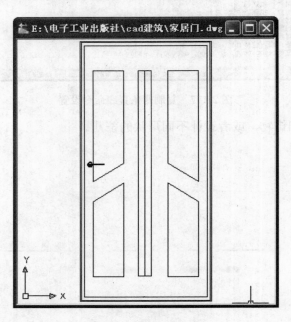

图 3-1　家居门效果图

【技术要点】

（1）工具箱中"多段线"命令按钮 的使用。

（2）工具箱中"圆"命令按钮 的使用。

（3）工具箱中的"直线"命令按钮 的使用。

（4）工具箱中的"偏移"命令按钮 、"镜像"命令按钮 的使用。

【制作步骤】

（1）启动 AutoCAD 2007，在创建新图形的对话框中选择"无样板打开—英制"项，单击"确定"按钮新建一个文件。

（2）单击工具箱中的"矩形"命令按钮 ，在界面中绘制矩形，以（0，0）为原点，在命令提示之下输入（@2040，-4200），具体命令设置及绘制矩形效果如图 3-2 所示。

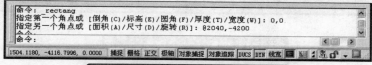

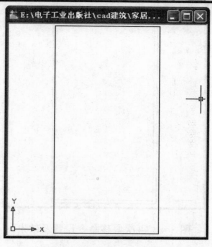

图 3-2　绘制矩形命令设置及效果

（3）单击工具箱中的"偏移"命令按钮 ，设置偏移对象为门，设置偏移距离为 15，具体命令设置及偏移效果如图 3-3 所示。

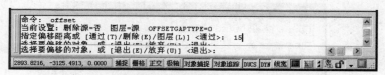

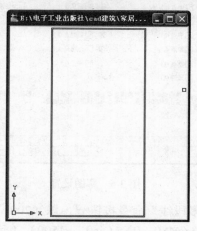

图 3-3　偏移门命令设置及偏移效果

（4）再次单击工具箱中的"偏移"命令按钮，设置偏移对象为上一步骤中偏移的对象，设置偏移距离为 50，具体命令设置及偏移效果如图 3-4 所示。

图 3-4　再次偏移命令设置及效果

（5）单击"对象捕捉"工具箱中的"对象捕捉设置"命令按钮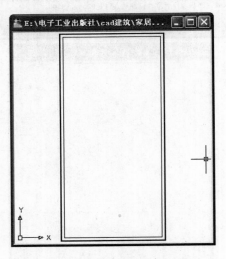，选择"对象捕捉"选项卡，勾选上 "启用对象捕捉"和"启用对象捕捉追踪"复选框，然后单击选择"端点"、"交点"、"垂足"复选框，具体设置如图 3-5 所示。

图 3-5　草图设置

（6）单击工具箱中的"多段线"命令按钮，以（200，-480）为起点，绘制多段线。在命令提示下输入以下命令：（@480，0）、（@0，-1500）、（@-480，-300）、C，具体命令设置及绘制效果如图 3-6 所示。

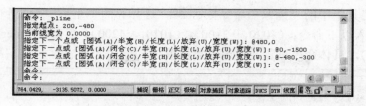

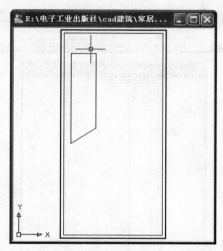

图 3-6　绘制多段线

（7）再次单击工具箱中的"多段线"命令按钮 ，以（200，-2600）为起点，在命令提示下输入以下命令：（@480，300）、（@0，-1500）、（@-480，0）、C，具体命令设置及绘制效果如图 3-7 所示。

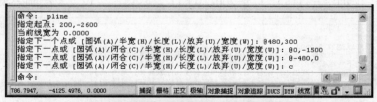

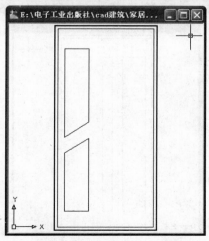

图 3-7　再次绘制多段线

（8）单击工具箱中的"镜像"命令按钮，选择界面中矩形中的图形为镜像对象，在命令提示之下输入以下命令：（1020，-2100）、（1020，-4200），然后按 Enter。选择命令"N"（未删除源图形），具体命令设置及镜像效果如图 3-8 所示。

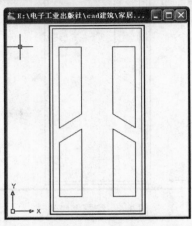

图 3-8　镜像命令设置及效果

（9）单击工具箱中的"多段线"命令按钮，以（900，-480）为起点，在命令提示之下输入以下命令：（@0，-3315）、（@-200，0）、C，具体命令设置及绘制效果如图 3-9 所示。

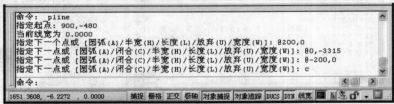

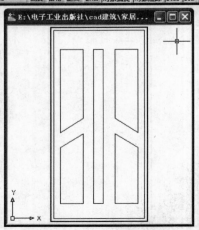

图 3-9　绘制多段线命令设置及效果

（10）单击工具箱中的"直线"命令按钮 ，以（1000，-480）为起点绘制直线，在命令提示之下输入（@0，-3315），具体命令设置及绘制直线效果如图 3-10 所示。

图 3-10　绘制直线

（11）到这里门面已经绘制好，接下来绘制门锁。首先绘制圆形轮廓，单击工具箱中的"圆"命令按钮 ，以（150，-2000）为圆心，绘制半径为 30mm 的圆 R30，具体命令设置及绘制圆效果如图 3-11 所示。

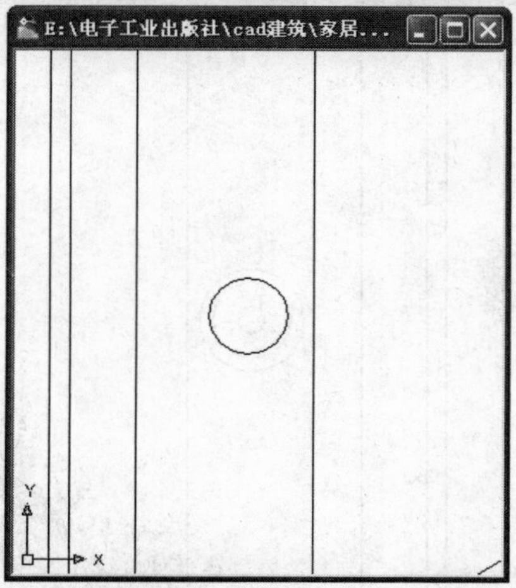

图 3-11　绘制圆 R30

（12）单击工具箱中的"偏移"命令按钮 ，以圆为偏移对象，设置偏移距离为 10，向外偏移，命令设置及偏移效果如图 3-12 所示。

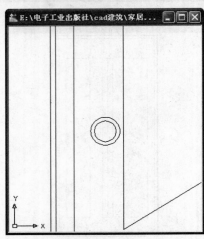

图 3-12　偏移命令设置及偏移效果

（13）再次单击工具箱中的"偏移"命令按钮 ，以最外面的圆为偏移对象，设置偏移距离为 30，向内偏移，命令设置及偏移效果如图 3-13 所示。

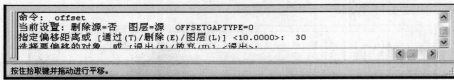

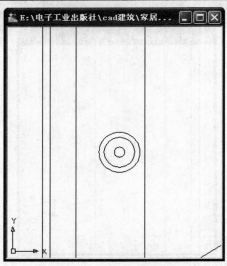

图 3-13　偏移圆命令设置及效果

（14）单击工具箱中的"多段线"命令按钮 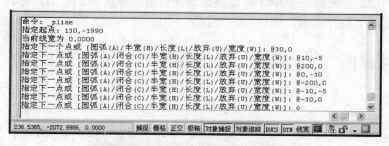，设置起点为（130，-1990），在命令提示之下依次输入以下命令：（@30，0）、（@10，-5）、（@200，0）、（@0，-10）、（@-200，0）、（@-10，-5）、（@-30，0）、C，具体命令设置及绘制效果如图 3-14 所示。

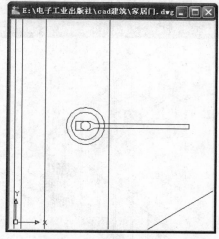

图 3-14　绘制门把手命令设置及效果

（15）至此，家居门绘制完成，为了观看完整效果，单击菜单栏上的"视图"｜"三维视图"｜"平面视图"｜"当前"命令，操作如图 3-15 所示，整体效果如图 3-1 所示。

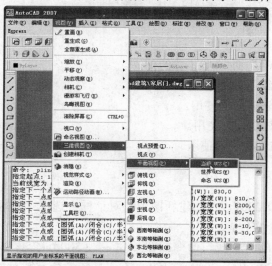

图 3-15　操作"当前"命令

【举一反三】

本实例是比较简单的建筑物体实例，主要应用 AutoCAD 2007 工具箱中"多段线"、"圆"、"直线"、"偏移"、"镜像"等命令按钮来实现。操作时应注意尺寸的控制，如门把手的手把一定要与圆环相扣。在实际绘制中，可以根据设计要求，应用 AutoCAD 2007 工具箱中的基础工具，在原基础上制作出不同的建筑门效果。

第 16 例　楼梯图

【实例说明】

本实例应用 AutoCAD 2007 中的基本绘图工具绘制楼梯，首先应用"直线"、"镜像"工具绘制楼梯台阶，然后运用"复制"、"修剪"命令绘制楼梯扶手、栏杆。其最终效果如图 3-16 所示。

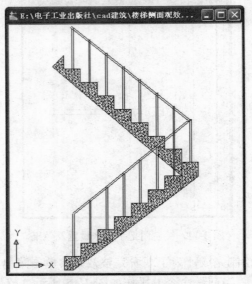

图 3-16　楼梯侧面图

【技术要点】

（1）工具箱中"复制"命令按钮 的使用。

（2）工具箱中"直线"命令按钮 的使用。

（3）"镜像"命令按钮 的使用。

（4）"修剪"命令按钮 的使用。

（5）多线命令"MLINE"的使用。

【制作步骤】

（1）启动 AutoCAD 2007，在创建新图形的对话框中选择"无样板打开—英制"项，单击"确定"按钮新建一个文件。

（2）单击工具箱中的"直线"命令按钮 ，以（3000，2500）为起点，在命令提示之下输入以下命令：（@-300，0）、（@0，-250）、C，具体命令设置及绘制效果如图 3-17 所示。

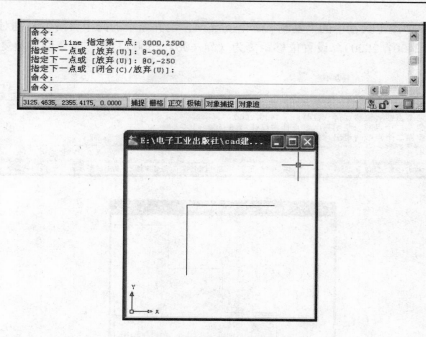

图 3-17　绘制直线命令设置及效果

（3）单击工具箱中的"复制"命令按钮 ，以界面中的台阶为复制对象，设置位移基点为（2700，2250），设置位移距离为（@-300，-250），具体命令设置及复制效果如图 3-18 所示。

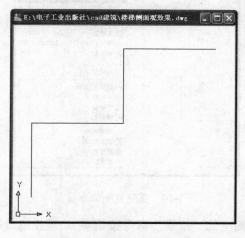

图 3-18　复制台阶命令设置及效果

（4）再次单击工具箱中的"复制"命令按钮 ，以界面中的两个台阶为复制对象，设置位移基点为（2400，2000），设置位移距离为（@-600，-500），具体命令设置及复制效果如图 3-19 所示。

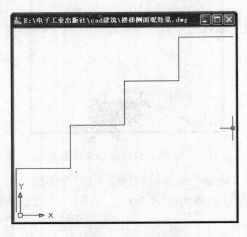

图 3-19   复制两台阶命令设置及效果

（5）再次单击工具箱中的"复制"命令按钮 ，或者单击右键选择"重复复制"命令，操作如图 3-20 所示。以界面中的四个台阶为复制对象，设置位移基点为（1800，1500），设置位移距离为（@-1200，-1000），具体命令设置及复制效果如图 3-21 所示。

图 3-20   重复复制命令设置

（6）接下来单击工具箱中的"镜像"命令按钮 ，设置镜像第一点为（3000，2500），在命令提示之下设置镜像第二点为（0，2500）。具体命令设置及镜像效果如图 3-22 所示。

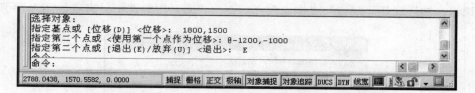

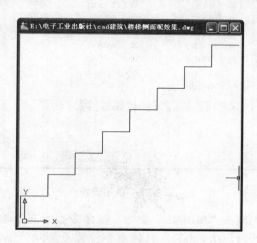

图 3-21　复制命令设置及效果

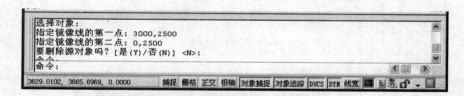

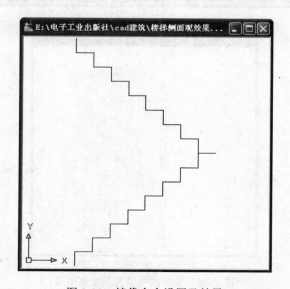

图 3-22　镜像命令设置及效果

（7）至此台阶绘制完成，接下来绘制栏杆。单击"对象捕捉"工具箱中的"对象捕捉设置"命令按钮，选择"对象捕捉"选项卡，勾选上"启用对象捕捉"和"启用对象捕捉追踪"复选框，然后选择"端点"、"中点"、"交点"、"垂足"复选框，设置如图 3-23 所示。

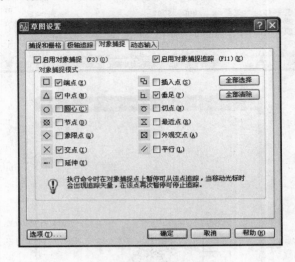

图 3-23　草图设置

（8）这时在命令框中输入"MLINE"命令，在命令提示之下输入比例"S"，然后输入比例值"30"，设置下一点为（@0，800），具体命令设置及绘制效果如图 3-24 所示。

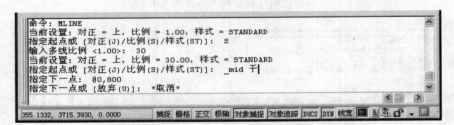

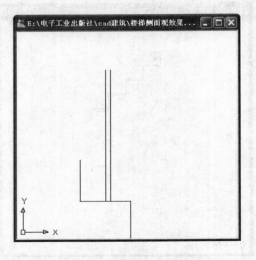

图 3-24　多线命令设置及绘制效果

（9）单击工具箱中的"复制"命令按钮，以栏杆为复制对象，设置位移距离为（300，−250），具体命令设置及复制效果如图 3-25 所示。

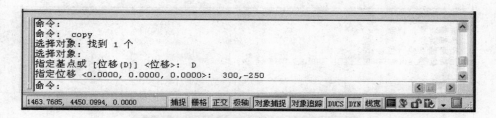

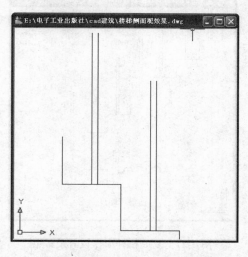

图 3-25　复制栏杆命令设置及效果

（10）按照同样的方法，多次选择菜单栏上的"复制"命令按钮，将栏杆设置为复制对象，应用相同的位移距离分别复制栏杆，最后的复制效果如图 3-26 所示。

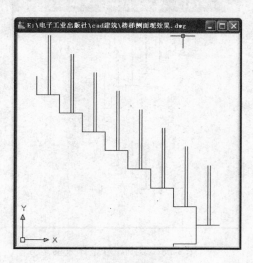

图 3-26　复制栏杆效果

（11）至此上部分栏杆已经复制完，接下来绘制下部分栏杆。再次单击工具箱中的"复制"命令按钮，以最后的栏杆为复制对象，设置位移距离为（-300，-250），具体命令设置及复制效果如图 3-27 所示。

```
命令：copy
选择对象：找到 1 个
选择对象：
指定基点或 [位移(D)] <位移>: d
指定位移 <300.0000, -250.0000, 0.0000>: -300,-250
```

按住拾取键并拖动进行平移。

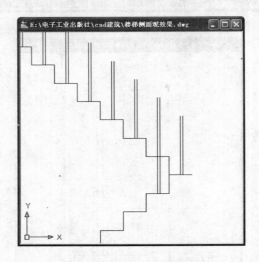

图 3-27　复制栏杆命令设置及效果

（12）同样多次选择菜单栏上的"复制"命令按钮，将下部分第一个栏杆设置为复制对象，应用相同的位移距离分别复制栏杆，最后的复制效果如图 3-28 所示。

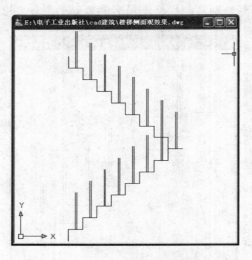

图 3-28　复制栏杆整体效果

（13）绘制楼梯扶手。在命令框中输入"MLINE"命令，在命令提示之下输入起点（750，5050），指定下一点为上部分最后一个栏杆顶部端点，然后设置再下一点为下部分最后一个栏杆的顶部端点，具体命令设置及绘制效果如图 3-29 所示。

（14）单击工具箱中的"直线"命令按钮，设置起点为（400，4300），在命令提示之下设置下一点为下部分第一个楼梯的台阶交点，命令设置及绘制效果如图 3-30 所示。

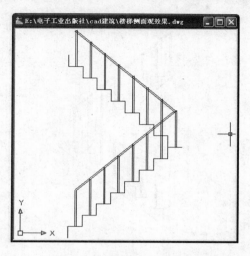

图 3-29　绘制楼梯扶手命令设置及效果

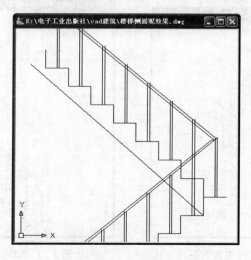

图 3-30　绘制直线

（15）单击工具箱中的"直线"命令按钮，设置起点为（3210，2400），设置下一点为（@-2700，-2095），命令设置及绘制效果如图 3-31 所示。

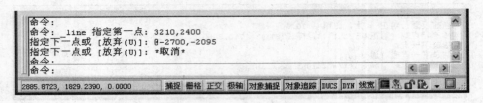

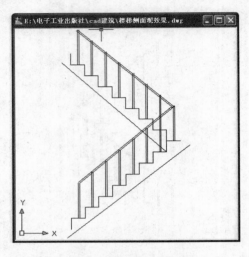

图 3-31   绘制楼梯扶手

（16）再次单击工具箱中的"直线"命令按钮 ，将界面中楼梯拐角处分别用直线连接，连接效果如图 3-32 所示。

（17）单击工具箱中的"修剪"命令按钮 ，将界面中多余的线条删除，删除后的整体效果如图 3-33 所示。

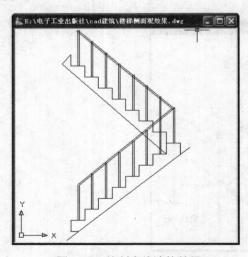

图 3-32   绘制直线连接效果

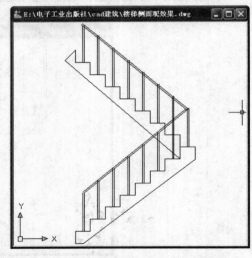

图 3-33   删除多余线条后的效果

（18）单击工具箱中的"图案填充"命令按钮 ，弹出"图案填充和渐变色"对话框，设置填充颜色为"AR-SAND"，设置填充角度为 90°，比例为 20，具体命令设置如图 3-34 所示。整体效果如图 3-16 所示。

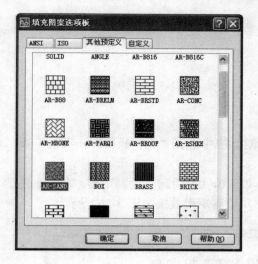

图 3-34　图案填充设置

【举一反三】

本实例通过 AutoCAD 2007 工具箱中的 "复制"、"直线"、"镜像"、"修剪"以及"MLINE"命令的应用，来绘制楼梯侧面观的效果。本例主要使读者掌握"复制"命令的使用，可以尝试不同的图案填充，绘制不同的楼梯效果图。

第 17 例　盥洗池

【实例说明】

本实例应用 AutoCAD 2007 中的基本绘图工具绘制盥洗室中的盥洗池，首先应用"矩形"、"圆角"、"椭圆"等工具绘制盥洗池平面效果，然后绘制装饰物品，如肥皂盒、牙刷盒等。最终效果如图 3-35 所示。

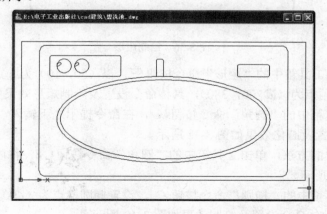

图 3-35　盥洗池效果图

【技术要点】

（1）工具箱中"矩形"命令按钮 的使用。

（2）工具箱中的"直线"、"圆"、"多段线"命令按钮的使用。

（3）"圆角"命令按钮 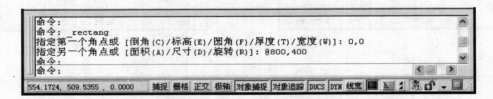 的使用。

（4）"椭圆"命令按钮 的使用。

（5）"偏移"命令按钮 的使用。

【制作步骤】

（1）启动 AutoCAD 2007，在创建新图形的对话框中选择"无样板打开—英制"项，单击"确定"按钮新建一个文件。

（2）单击工具箱中的"矩形"命令按钮 ，以（0，0）为起点绘制矩形。在命令提示下输入下一个角点为（@800，400），具体命令设置及绘制矩形效果如图 3-36 所示。

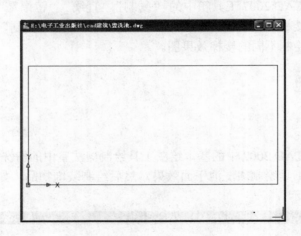

图 3-36　绘制矩形

（3）再次单击工具箱中的"矩形"命令按钮 ，以（50，10）为起点绘制矩形。在命令提示下输入下一个角点为（@700，380），具体命令设置及绘制矩形效果如图 3-37 所示。

（4）单击工具箱中的"圆角"命令按钮 ，在命令提示之下输入"R"，指定圆角半径为 20，具体命令设置及圆化效果如图 3-38 所示。

（5）按照同样的方法，单击工具箱中的"圆角"命令按钮 ，将内侧矩形圆化，圆化后的效果如图 3-39 所示。

（6）单击工具箱中的"椭圆"命令按钮 ，设置椭圆端点为（400，50），(@0，250)，设置半径为 300，具体命令设置及绘制效果如图 3-40 所示。

（7）单击工具箱中的"偏移"命令按钮 ，以椭圆为偏移对象向内偏移，设置偏移距离为 10，具体命令设置及绘制效果如图 3-41 所示。

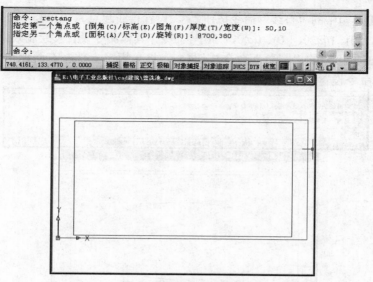

图 3-37　再次绘制矩形

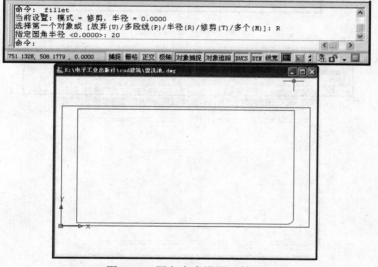

图 3-38　圆角命令设置及效果

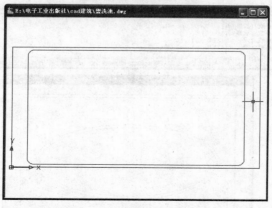

图 3-39　内侧矩形圆角效果

（8）单击工具箱中的"直线"命令按钮 ⟋，设置直线起点为（380，300），然后在命令提示之下输入(@0，50)、(@20，0)、(@0，−50)等命令，具体命令设置及绘制效果如图 3-42 所示。

（9）单击工具箱中的"圆角"命令按钮 ⟋，将小矩形上部左右两侧角圆化，设置半径为 5，圆化后的命令设置及效果如图 3-43 所示。

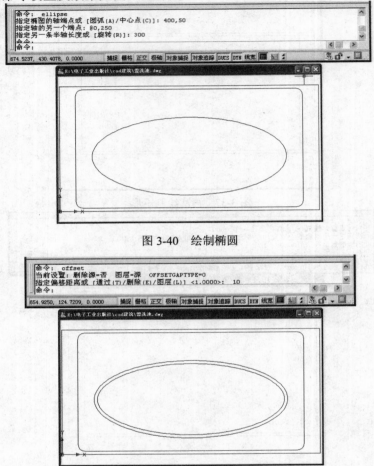

图 3-40　绘制椭圆

图 3-41　偏移椭圆

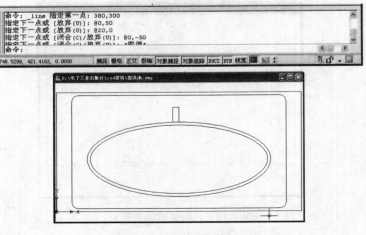

图 3-42　绘制矩形

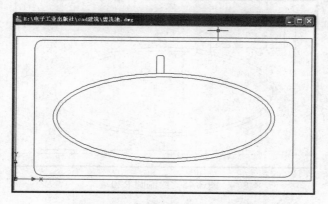

图 3-43　小矩形圆角命令设置及效果

（10）单击工具箱中的"矩形"命令按钮□，以（80，360）为矩形起点，设置另一个角点为（@200，−60），具体命令设置及绘制效果如图 3-44 所示。

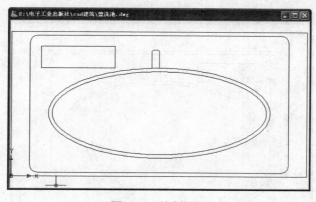

图 3-44　绘制矩形

（11）单击工具箱中的"圆"命令按钮◎，以（120，330）为圆心绘制半径为 20 的圆 R20，具体命令设置及绘制效果如图 3-45 所示。

（12）单击工具箱中的"多段线"命令按钮⌐⌐，设置起点为（100，335），在命令提示之下依次输入以下命令：（@8，5）、A、S、（@3，−5）、L，最后将垂足落点于边界圆，具体命令设置及绘制效果如图 3-46 所示。

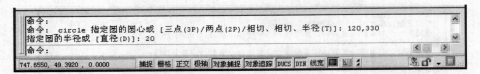

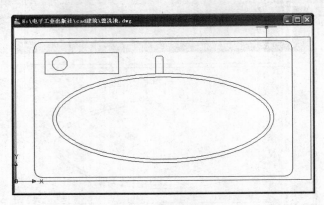

图 3-45　绘制圆 R20

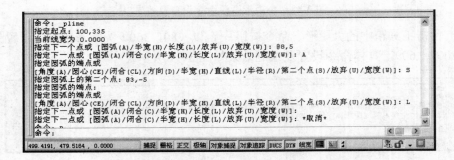

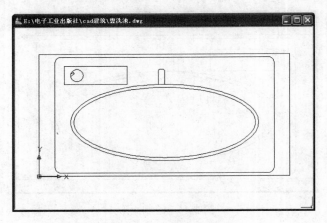

图 3-46　多段线绘制

（13）单击工具箱中的"复制"命令按钮 ，选择牙刷与牙刷桶为复制对象，设置位移距离为 50，具体命令设置及绘制复制如图 3-47 所示。

（14）单击工具箱中的"矩形"命令按钮 ，以（698，300）为起点绘制矩形，设置另一个角点为（@-90，35），具体命令设置及绘制效果如图 3-48 所示。

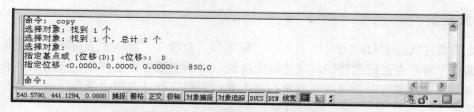

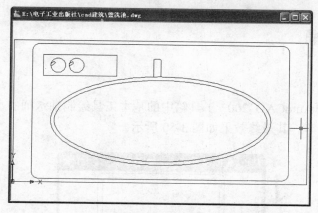

图 3-47　复制牙刷和牙刷桶命令设置及效果

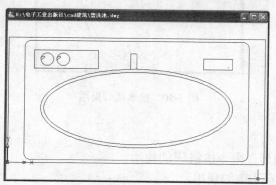

图 3-48　绘制矩形

（15）单击工具箱中的"圆角"命令按钮 ，设置半径为 5，将肥皂盒与放牙刷的盒子边界圆化，命令设置如图 3-49 所示，整体效果如图 3-35 所示。

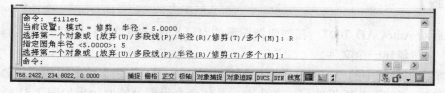

图 3-49　圆角命令设置

【举一反三】

本实例通过 AutoCAD 2007 工具箱中"矩形"、"直线"、"圆"、"多段线"、"圆角"、"椭圆"、"偏移"等命令按钮的使用，来绘制盥洗池。本例主要使读者掌握"圆角"、"椭圆"命令的使用。在实际制作中，应用"圆角"命令圆化矩形亦可以改用"倒角"命令设置，呈现不同的效果。

第 18 例　抽水桶

【实例说明】

本实例主要应用 AutoCAD 2007 工具箱中的基本工具绘制抽水桶的水箱，以及水箱前端的坐便桶和控制手柄等。其最终效果如图 3-50 所示。

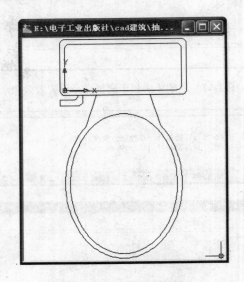

图 3-50　抽水桶效果图

【技术要点】

（1）工具箱中"矩形"命令按钮 的使用。

（2）"偏移"命令按钮 的使用。

（3）"椭圆"命令按钮 的使用。

（4）"圆角"命令按钮 的使用。

（5）工具箱中的"直线"、"多段线"命令按钮的使用。

【制作步骤】

（1）启动 AutoCAD 2007，在创建新图形的对话框中选择"无样板打开—英制"项，单击"确定"按钮新建一个文件。

（2）单击工具箱中的"矩形"命令按钮 ，以（0，0）为起点绘制矩形，在命令提示之下输入（@480，200）为矩形的另一个角点，具体命令设置及绘制效果如图 3-51 所示。

图 3-51　绘制矩形命令设置及效果

（3）单击工具箱中的"偏移"命令按钮，设置偏移对象为矩形，设置偏移距离为 20，具体命令设置及偏移效果如图 3-52 所示。

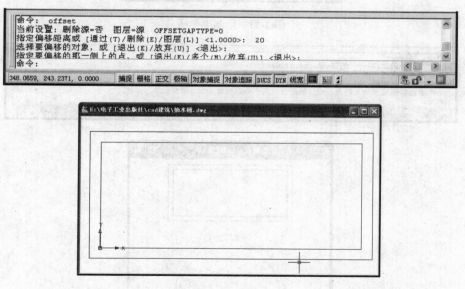

图 3-52　偏移矩形

（4）到这里已经绘制好抽水桶的水箱，接下来单击工具箱中的"椭圆"命令按钮，以（240，−100）为椭圆的端点来绘制椭圆，在命令提示之下依次输入(@0，−600)、220，具体命令设置及绘制效果如图 3-53 所示。

（5）单击工具箱中的"偏移"命令按钮，以椭圆为偏移对象，设置偏移距离为 20，具体命令设置及偏移效果如图 3-54 所示。

（6）单击工具箱中的"直线"命令按钮，以（130，−20）为起点绘制直线。在命令提示之下输入下一点（@−220，−670），具体命令设置及绘制效果如图 3-55 所示。

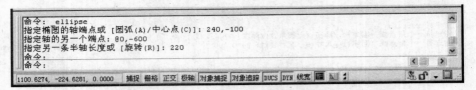

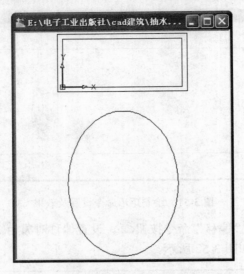

图 3-53　绘制坐便桶

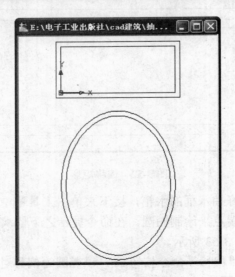

图 3-54　偏移椭圆命令设置及效果

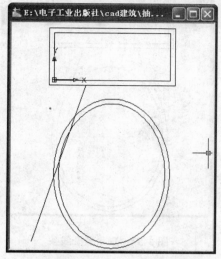

图 3-55　绘制直线命令设置及效果

（7）单击工具箱中的"镜像"命令按钮，以直线为镜像对象，设置镜像第一点为（240，−20），第二点为（240，−600），在命令提示之下输入"N"，具体命令设置及镜像效果如图 3-56 所示。

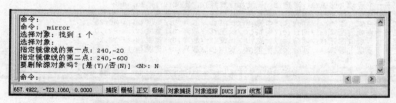

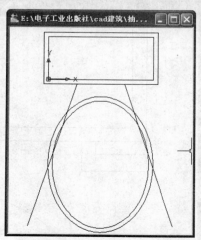

图 3-56　镜像命令设置及效果

（8）单击工具箱中的"修剪"命令按钮 ，将界面中多余的线条删除，将椭圆与直线相连接成为一整体，删除后的效果如图 3-57 所示。

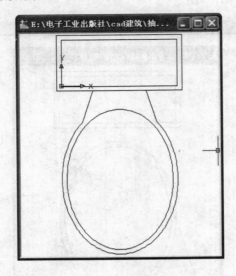

图 3-57　删除多余线条

（9）至此坐便桶已经绘制完毕，接下来绘制控制手柄。单击工具箱中的"多段线"命令按钮 ，设置起点为（73，-20），在命令提示之下依次输入以下命令：（@0，-45）、（@-93，0）、（@0，25）、（@73，0）、（@0，20），具体命令设置及绘制效果如图 3-58 所示。

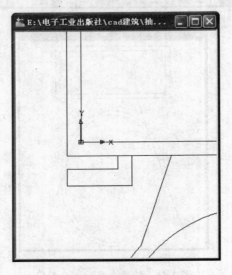

图 3-58　绘制控制手柄

（10）最后单击工具箱中的"圆角"命令按钮，将抽水桶的水箱以及部分控制手柄的角圆化，具体命令设置如图 3-59 所示，整体效果如图 3-50 所示。

```
命令: fillet
当前设置: 模式 = 修剪，半径 = 0.0000
选择第一个对象或 [放弃(U)/多段线(P)/半径(R)/修剪(T)/多个(M)]: R
指定圆角半径 <0.0000>: 20
命令:
651.4493, -338.6585, 0.0000    捕捉 栅格 正交 极轴 对象捕捉 对象追踪 DUCS DYN 线宽
```

图 3-59　圆角命令设置

【举一反三】

本实例通过 AutoCAD2007 工具箱中的"矩形"、"偏移"、"椭圆"、"圆角"、"直线"、"多段线"等命令按钮的使用，来绘制抽水桶。本实例巩固"椭圆"、"矩形"等命令的使用，在实际制作中，可以灵活应用"修剪"命令，制作出更多的建筑物品效果图。

第 19 例　洗浴池

【实例说明】

本实例在 AutoCAD 2007 中使用基本的绘图工具绘制建筑基础设置浴池，首先应用基础工具绘制浴缸，在此基础上绘制漏水孔、开关按钮。其最终效果如图 3-60 所示。

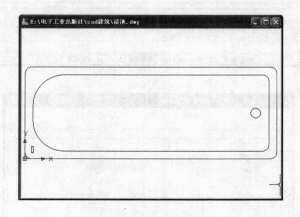

图 3-60　洗浴池效果图

【技术要点】

（1）工具箱中"矩形"命令按钮 的使用。
（2）"圆"命令按钮 的使用。
（3）工具箱中"偏移"命令按钮 的使用。

【制作步骤】

（1）启动 AutoCAD 2007，在创建新图形的对话框中选择"无样板打开—英制"项，单击"确定"按钮新建一个文件。

（2）单击工具箱中的"矩形"命令按钮 ▭，以（0，0）为矩形的起点，在命令提示之下输入另一个角点为（800，300），具体命令设置及绘制矩形效果如图 3-61 所示。

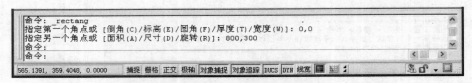

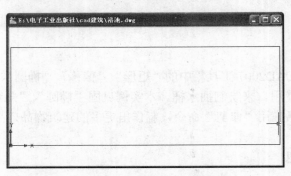

图 3-61　绘制矩形命令设置及效果

（3）单击工具箱中的"偏移"命令按钮 ⬈，以矩形为偏移对象，设置偏移距离为 25，具体命令设置及偏移效果如图 3-62 所示。

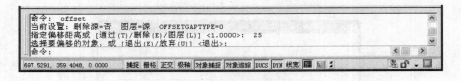

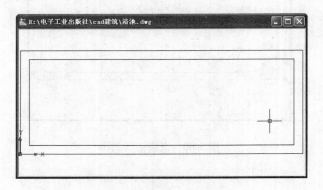

图 3-62　偏移矩形命令设置及效果

（4）单击工具箱中的"圆角"命令按钮 ⌐，将小矩形左侧的两个角圆化，设置圆化角半径为 100，具体命令设置及圆化效果如图 3-63 所示。

（5）再次单击工具箱中的"圆角"命令按钮 ⌐，将小矩形剩余的两个角以及大矩形的四个角圆化，设置圆化角半径为 20，具体命令设置及圆化效果如图 3-64 所示。

（6）到这里绘制完浴池。接下来绘制漏水孔。单击工具箱中的"圆"命令按钮 ⊙，设置圆心为（733，150），设置圆半径为 16，具体命令设置及绘制效果如图 3-65 所示。

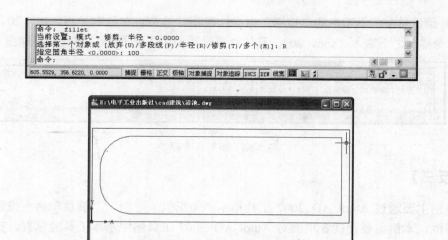

图 3-63 圆角命令设置及效果

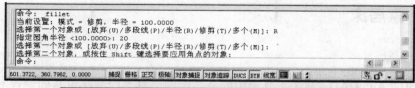

图 3-64 整体圆角命令设置及效果

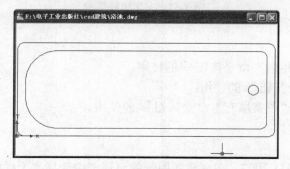

图 3-65 绘制漏水孔

（7）最后单击工具箱中的"矩形"命令按钮 ⬚ ，在界面中绘制矩形，以（20，20）为原点，在命令提示之下输入（@6，20），具体命令设置如图 3-66 所示。整体效果如图 3-60 所示。

```
命令: _rectang
指定第一个角点或 [倒角(C)/标高(E)/圆角(F)/厚度(T)/宽度(W)]: 20,20
指定另一个角点或 [面积(A)/尺寸(D)/旋转(R)]: @6,20
命令:
```

811.1190, -83.2372 , 0.0000　　捕捉 栅格 正交 极轴 对象捕捉 对象追踪 DUCS DYN 线宽

图 3-66　矩形命令设置

【举一反三】

本实例主要通过 AutoCAD 2007 工具箱中"矩形"、"圆"、"偏移"命令按钮的使用，来绘制浴池。本例主要使读者巩固对 AutoCAD 2007 工具箱中基本工具的掌握，在实际制作中，可以灵活应用各项工具，尝试制作不同形状的洗浴池。

第 20 例　家居床

【实例说明】

本实例通过 AutoCAD 2007 工具箱中的基本绘图工具来绘制建筑基础设置家居床，首先应用基础工具绘制床面，在此基础上绘制枕头、被子。具体绘制效果如图 3-67 所示。

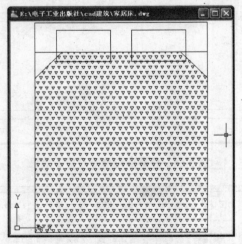

图 3-67　家居床效果图

【技术要点】

（1）工具箱中"矩形"命令按钮 ⬚ 的使用。
（2）"复制"命令按钮 🗐 的使用。
（3）工具箱中的"图案填充"命令按钮 ▦ 的使用。

【制作步骤】

（1）启动 AutoCAD 2007，在创建新图形的对话框中选择"无样板打开—英制"项，单击"确定"按钮新建一个文件。

（2）单击工具箱中的"矩形"命令按钮 □，以（0，0）为矩形的起点，在命令提示之下输入另一个角点为（@1600，2000），具体命令设置及绘制矩形效果如图 3-68 所示。

图 3-68　绘制矩形命令设置及效果

（3）接下来绘制枕头。再次单击工具箱中的"矩形"命令按钮 □，以（200，1630）为矩形起点绘制矩形，在命令提示之下输入另一个角点为（@500，300），具体命令设置及绘制效果如图 3-69 所示。

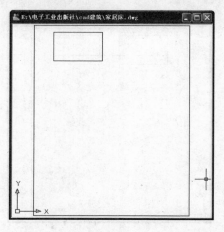

图 3-69　绘制枕头矩形命令设置及效果

（4）单击工具箱中的"复制"命令按钮，以第一个枕头为复制对象，在命令提示之下依次输入以下命令：D、（@700，0），具体命令设置及复制效果如图 3-70 所示。

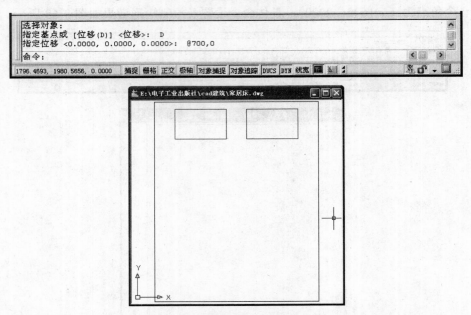

图 3-70　复制枕头命令设置及效果

（5）单击工具箱中的"直线"命令按钮，以（0，0）为起点绘制直线，在命令提示之下依次输入以下命令：（@1600，0）、（@0，1470）、（@-250，250）、（@-1100，0）、（@-250，-250）、C，具体命令设置及绘制效果如图 3-71 所示。

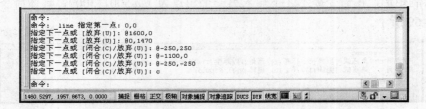

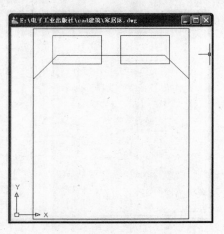

图 3-71　绘制被罩

（6）单击工具箱中的"直线"命令按钮 ，以（0，1470）为起点，在命令提示之下依次输入以下命令：（@0，250）(@1600，0)，具体命令设置及绘制效果如图 3-72 所示。

图 3-72 绘制直线命令设置及效果

（7）单击工具箱中的"图案填充"命令按钮 ，打开"图案填充和渐变色"对话框，选择被罩填充图案，具体命令设置如图 3-73 所示，整体效果如图 3-67 所示。

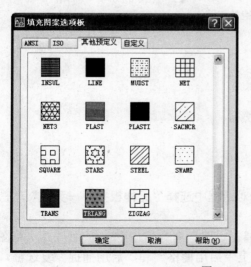

图 3-73 图案填充设置

【举一反三】

本实例通过 AutoCAD 2007 工具箱中的"矩形"、"直线"、"复制"以及"图案填充"命令的使用，绘制出床的效果。本例使读者再次巩固基础工具的具体使用，并主要掌握"图案填充"命令的使用。在实际制作中，可以灵活应用不同的填充图案，制作不同效果的床。

第 21 例   组合柜

【实例说明】

本实例通过 AutoCAD 2007 工具箱中的基本绘图工具来绘制组合柜，首先应用基础工具绘制组合柜的基本轮廓，在此基础上绘制把手和装饰图案，最后将其复制成一组。具体绘制效果如图 3-74 所示。

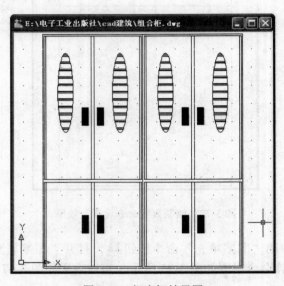

图 3-74   组合柜效果图

【技术要点】

（1）工具箱中"矩形"命令按钮 □ 的使用。
（2）"复制"命令按钮 ❝ 的使用。
（3）工具箱中"图案填充"命令按钮 ▨ 的使用。
（4）"椭圆"命令按钮 ○ 的使用。

【制作步骤】

（1）启动 AutoCAD 2007，在创建新图形的对话框中选择"无样板打开—英制"项，单击"确定"按钮新建一个文件。

（2）单击"对象捕捉"工具箱中的"对象捕捉设置"命令按钮 ❒，从而打开"草图设置"对话框。选择"捕捉和栅格"选项卡，勾选上"启用栅格"和"启用捕捉"复选框，设置"捕捉 X 轴间距"和"捕捉 Y 轴间距"为 10；设置"栅格 X 轴间距"和"栅格 Y 轴间距"为 5，其余选项保持默认值，具体设置如图 3-75 所示。

（3）单击工具箱中的"矩形"命令按钮 □，以（0，0）为起点绘制矩形。在命令提示之下输入另一个角点为（@660，1600），具体命令设置及绘制效果如图 3-76 所示。

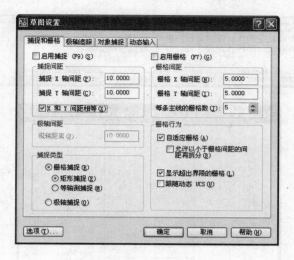

图 3-75　草图设置

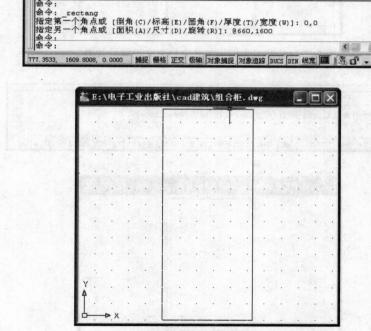

图 3-76　绘制矩形命令设置及效果

　　（4）接下来绘制组合柜中的下部分，再次单击工具箱中的"矩形"命令按钮 ⬚，以（10，10）为起点，在命令提示之下输入另一个角点为（@640，580），具体命令设置及绘制效果如图 3-77 所示。

　　（5）然后绘制组合柜中的上部分，再次单击工具箱中的"矩形"命令按钮 ⬚，以（10，610）为起点，在命令提示之下输入另一个角点为（@640，980），具体命令设置及绘制效果如图 3-78 所示。

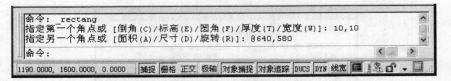

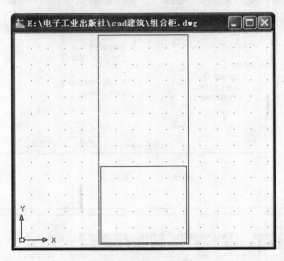

图 3-77　绘制组合柜下部分矩形命令设置及效果

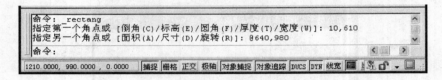

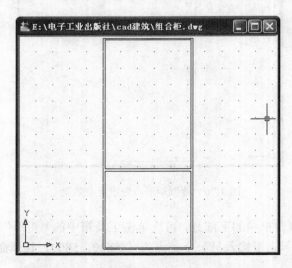

图 3-78　绘制组合柜上部分矩形命令设置及效果

　　（6）这时绘制组合柜中左下角的柜子，单击工具箱中的"矩形"命令按钮 ⌐，以（20，10）为起点，在命令提示之下输入另一个角点为（@300，580），具体命令设置及绘制效果如图 3-79 所示。

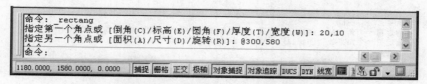

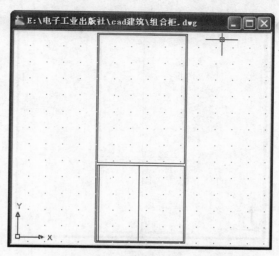

图 3-79　绘制左下角柜子

　　（7）绘制右下角柜子。单击工具箱中的"矩形"命令按钮 ▭，以（340，10）为起点，在命令提示之下输入另一个角点为（@300，580），具体命令设置及绘制效果如图 3-80 所示。

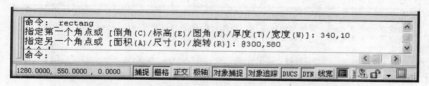

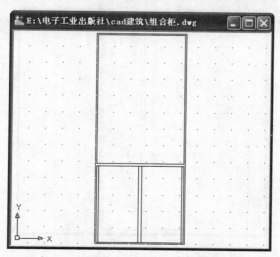

图 3-80　绘制右下角柜子

　　（8）绘制左上角柜子。单击工具箱中的"矩形"命令按钮 ▭，以（20，610）为起点，在命令提示之下输入另一个角点为（@300，980），具体命令设置及绘制效果如图 3-81 所示。

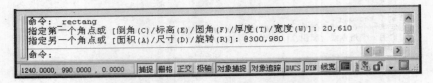

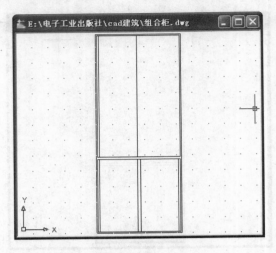

图 3-81　绘制左上角柜子

（9）绘制右上角柜子。单击工具箱中的"矩形"命令按钮 ▭，以（340，610）为起点，在命令提示之下输入另一个角点为（@300，980），具体命令设置及绘制效果如图 3-82 所示。

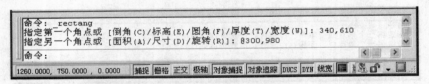

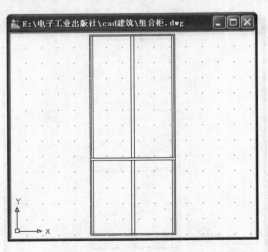

图 3-82　绘制右上角柜子

（10）接下来绘制门把手。单击工具箱中的"矩形"命令按钮 ▭，以（300，240）为矩形的起点，在命令提示之下输入另一个角点为（@-40，120），具体命令设置及绘制矩形效果如图 3-83 所示。

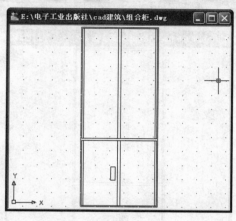

图 3-83　绘制门把手

（11）单击工具箱中的"复制"命令按钮，复制右侧门把手，设置位移距离为(@100，0)，具体命令设置及复制效果如图 3-84 所示。

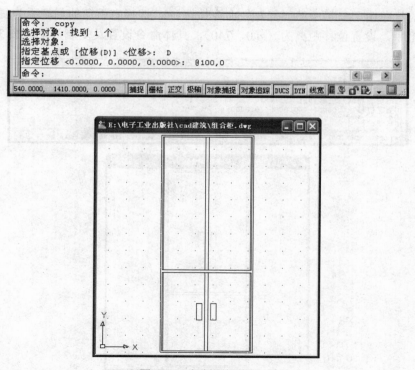

图 3-84　复制右侧门把手

（12）再次单击工具箱中的"复制"命令按钮，选择左下角的门把手为复制对象，复制左上侧门把手，设置位移距离为（@0，740），具体命令设置及复制效果如图 3-85 所示。

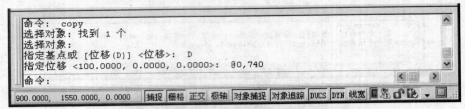

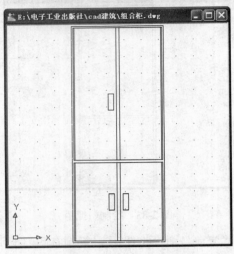

图 3-85　复制左上侧门把手

（13）再次单击工具箱中的"复制"命令按钮 ，选择右下角的门把手为复制对象，复制右上侧门把手，设置位移距离为（@0，740），具体命令设置及复制效果如图 3-86 所示。

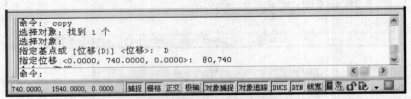

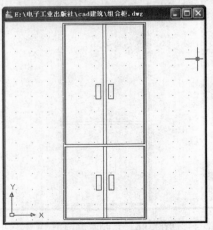

图 3-86　复制右上侧门把手

（14）单击工具箱中的"图案填充"命令按钮 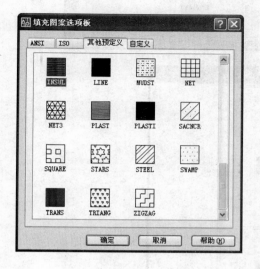，打开"图案填充和渐变色"对话框，填充界面中的所有门把手。具体命令设置如图 3-87 所示，效果如图 3-88 所示。

图 3-87　填充图案设置

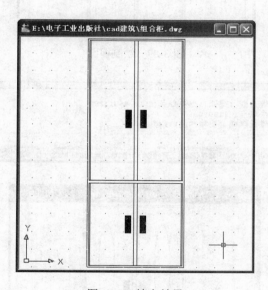

图 3-88　填充效果

（15）单击工具箱中的"椭圆"命令按钮 ，以（200，1200）为一端点绘制椭圆，在命令提示之下依次输入以下命令：（@-100，0）、270，具体命令设置及绘制效果如图 3-89 所示。

（16）再次单击工具箱中的"椭圆"命令按钮 ，以（460，1200）为一端点绘制椭圆，在命令提示之下依次输入以下命令：（@100，0）、270，具体命令设置及绘制效果如图 3-90 所示。

（17）单击工具箱中的"图案填充"命令按钮 ，打开"图案填充和渐变色"对话框，填充界面中组合柜的玻璃，设置填充样式为"PLAST"，填充比例为 200，具体命令设置如图 3-91 所示，效果如图 3-92 所示。

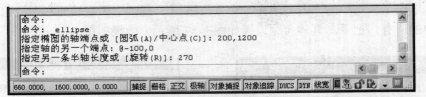

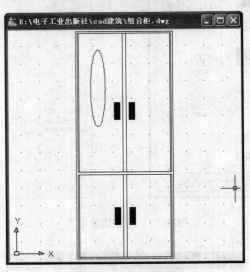

图 3-89 　 绘制椭圆

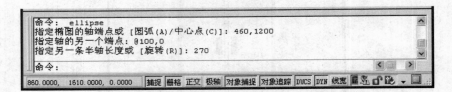

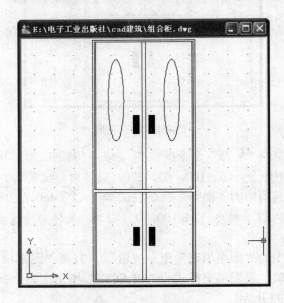

图 3-90 　 再次绘制椭圆

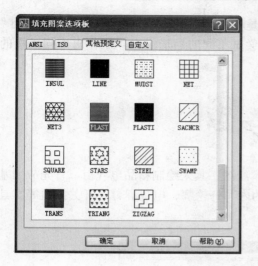

图 3-91 图案填充设置

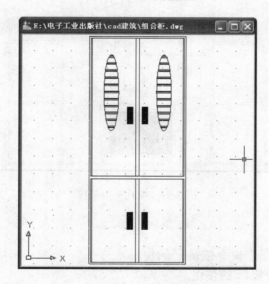

图 3-92 填充效果

（18）至此柜子设置完成，接下来就要复制一组组合柜了。单击工具箱中的"复制"命令按钮 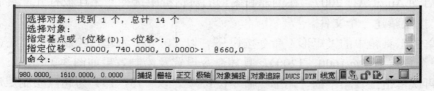，选择界面中的所有图形为复制对象，设置位移距离为（@660，0），具体命令设置如图 3-93 所示。整体效果如图 3-74 所示。

图 3-93 复制命令设置

【举一反三】

在本实例中通过 AutoCAD 2007 工具箱中"矩形"、"复制"、"图案填充"、"椭圆"命令按钮的使用，来制作组合柜效果图。本例主要还是巩固这些基本工具的应用，并灵活应用"矩形"、"图案填充"命令，在实际制作中，可以尝试不同的矩形组合，制作出不同风格的组合柜。

第 22 例　电视柜

【实例说明】

本实例通过 AutoCAD 2007 工具箱中的基本绘图工具来绘制精品电视柜，首先应用基础工具绘制电视柜的基本轮廓，然后绘制电视机的内、外轮廓、电视屏幕、开关按钮等。具体绘制效果如图 3-94 所示。

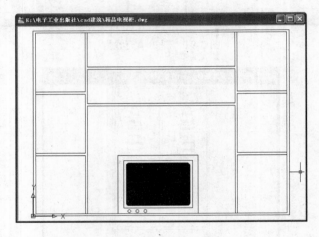

图 3-94　电视柜效果图

【技术要点】

（1）工具箱中"矩形"命令按钮▭的使用。
（2）"偏移"命令按钮的使用。
（3）工具箱中"图案填充"命令按钮的使用。
（4）"圆角"命令按钮的使用。

【制作步骤】

（1）启动 AutoCAD 2007，在创建新图形的对话框中选择"无样板打开—英制"项，单击"确定"按钮新建一个文件。

（2）单击工具箱中的"矩形"命令按钮▭，以（0，0）为起点绘制矩形，在命令提示之下输入另一个角点为（@1600，1200），具体命令设置及绘制效果如图 3-95 所示。

（3）再次单击工具箱中的"矩形"命令按钮▭，以（15，15）为起点绘制矩形，在命令提示之下输入另一个角点为（@1570，1170），具体命令设置及绘制效果如图 3-96 所示。

（4）绘制左下角的小柜子。单击工具箱中的"矩形"命令按钮▭，以（15，15）为起点绘制矩形，在命令提示之下输入另一个角点为（@310，380），具体命令设置及绘制效果如图 3-97 所示。

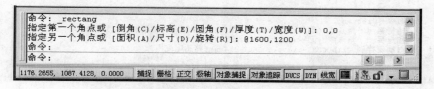

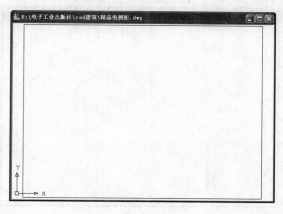

图 3-95 绘制矩形

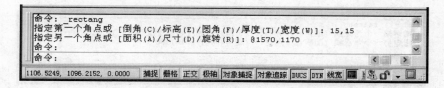

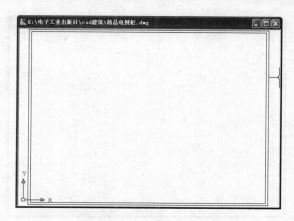

图 3-96 再次绘制矩形

（5）绘制左中侧的小柜子。单击工具箱中的"矩形"命令按钮 ▭，以（15，410）为起点绘制矩形，在命令提示之下输入另一个角点为（@310，380），具体命令设置及绘制效果如图 3-98 所示。

（6）绘制左上侧的小柜子。单击工具箱中的"矩形"命令按钮 ▭，以（15，805）为起点绘制矩形，在命令提示之下输入另一个角点为（@310，380），具体命令设置及绘制效果如图 3-99 所示。

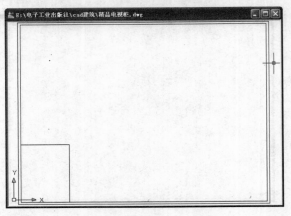

图 3-97　绘制左下角柜子

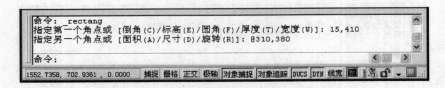

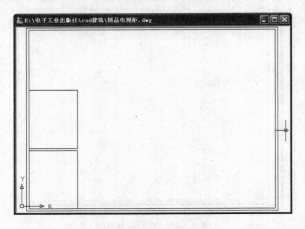

图 3-98　绘制左中侧柜子

（7）绘制右下侧的小柜子。单击工具箱中的"矩形"命令按钮，以（1585，15）为起点绘制矩形，在命令提示之下输入另一个角点为（@-310，380），具体命令设置及绘制效果如图 3-100 所示。

（8）绘制右中侧的小柜子。单击工具箱中的"矩形"命令按钮，以（1585，410）为起点绘制矩形，在命令提示之下输入另一个角点为（@-310，380），具体命令设置及绘制效果如图 3-101 所示。

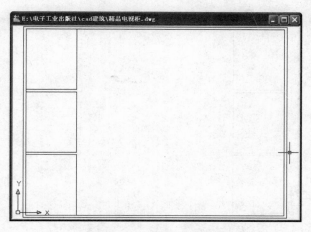

图 3-99　绘制左上侧柜子

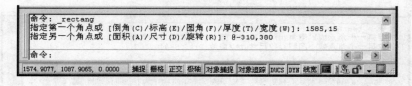

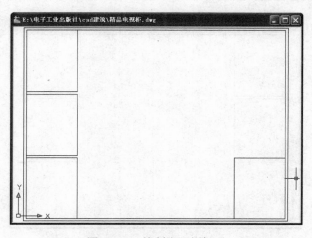

图 3-100　绘制右下侧柜子

（9）绘制右上侧的小柜子。单击工具箱中的"矩形"命令按钮□，以（1585，805）为起点绘制矩形，在命令提示之下输入另一个角点为（@-310，380），具体命令设置及绘制效果如图 3-102 所示。

（10）绘制中间下侧的小柜子。单击工具箱中的"矩形"命令按钮□，以（340，15）为起点绘制矩形，在命令提示之下输入另一个角点为（@920，700），具体命令设置及绘制效果如图 3-103 所示。

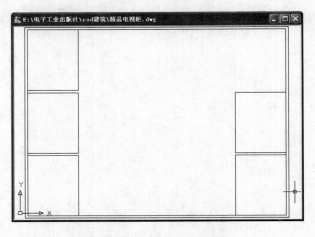

图 3-101 绘制右中侧柜子

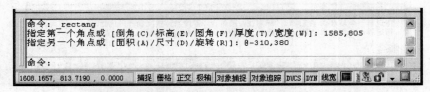

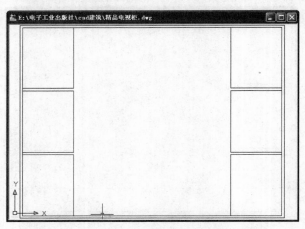

图 3-102 绘制右上侧柜子

(11) 绘制最中间的小柜子。单击工具箱中的"矩形"命令按钮 ▭，以（340，730）为起点绘制矩形，在命令提示之下输入另一个角点为（@920，220），具体命令设置及绘制效果如图 3-104 所示。

(12) 绘制中间上侧小柜子。单击工具箱中的"矩形"命令按钮 ▭，以（340，965）为起点绘制矩形，在命令提示之下输入另一个角点为（@920，220），具体命令设置及绘制效果如图 3-105 所示。

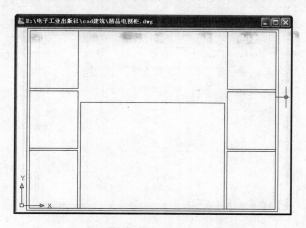

图 3-103　绘制中下侧柜子

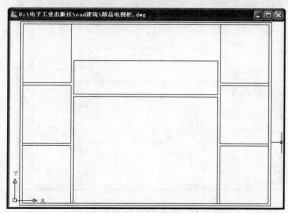

图 3-104　绘制中间柜子

（13）至此电视柜的大体轮廓已经绘制完成。接下来就要绘制电视机了，首先绘制电视机的外轮廓。仍单击工具箱中的"矩形"命令按钮，以（530，15）为起点绘制矩形，在命令提示之下输入另一个角点为（@500，380），具体命令设置及绘制效果如图 3-106 所示。

（14）绘制电视机的内轮廓。单击工具箱中的"矩形"命令按钮，以（565，50）为起点绘制矩形，在命令提示之下输入另一个角点为（@430，310），具体命令设置及绘制效果如图 3-107 所示。

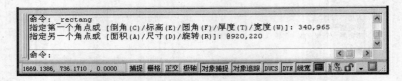

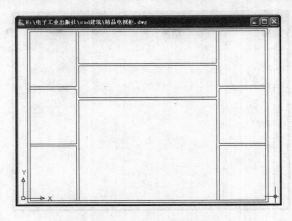

图 3-105　绘制中上侧柜子

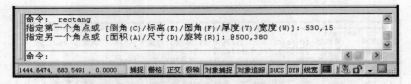

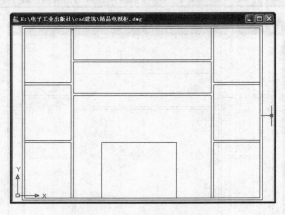

图 3-106　绘制电视机外轮廓

（15）绘制电视屏幕。单击工具箱中的"偏移"命令按钮，以电视机的内轮廓为偏移对象，设置偏移距离为 15，具体命令设置及绘制效果如图 3-108 所示。

（16）单击工具箱中的"圆角"命令按钮，将电视屏幕角圆化，设置圆角半径为 20，具体命令设置及绘制效果如图 3-109 所示。

（17）单击工具箱中的"圆"命令按钮，以（600，30）为圆心绘制半径为 10 的圆 R10，具体命令设置及绘制效果如图 3-110 所示。

（18）单击工具箱中的"复制"命令按钮，以圆为复制对象，设置位移距离为 X 轴位移 50，向右侧复制两个按钮，具体命令设置及复制效果如图 3-111 所示。

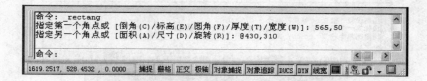

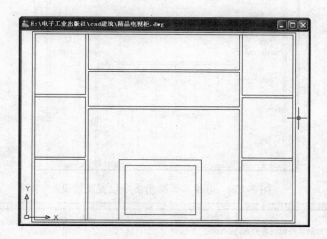

图 3-107 绘制电视机内轮廓

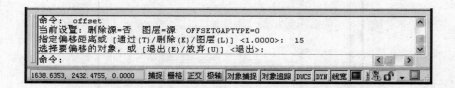

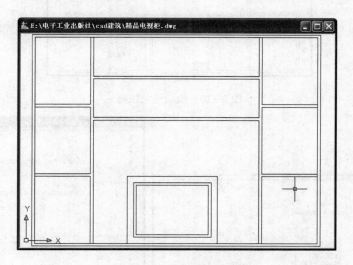

图 3-108 绘制电视屏幕

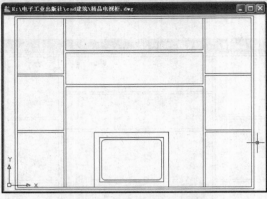

图 3-109　电视屏幕圆角命令设置及效果

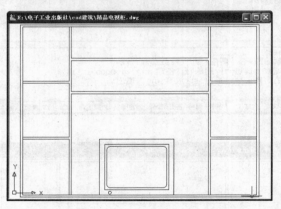

图 3-110　绘制开关按钮

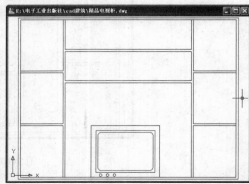

图 3-111　复制按钮

（19）单击工具箱中的"图案填充"命令按钮 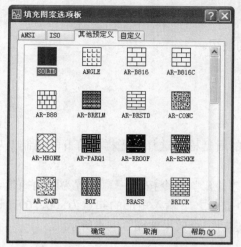，打开"图案填充和渐变色"对话框，设置填充样式为 SOLID，填充电视屏幕，具体命令设置如图 3-112 所示。整体效果如图 3-94 所示。

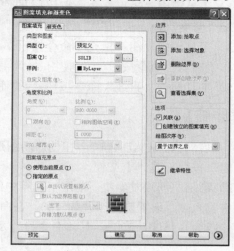

图 3-112　图案填充设置

【举一反三】

在本实例中通过 AutoCAD 2007 工具箱中的"矩形"、"偏移"、"图案填充"、"圆角"命令按钮的使用，来绘制电视柜效果。本例主要还是强化"矩形"命令的使用。在实际制作中，可以尝试不同的矩形组合来设置电视柜，如在每个小柜子上绘制自己喜欢的花瓶、书、杯子等装饰品。

第 23 例　拐角沙发

【实例说明】

本实例通过 AutoCAD 2007 工具箱中的基本绘图工具来绘制建筑基础设置拐角沙发。首先绘制沙发坐垫的基本轮廓，然后绘制沙发靠背、靠背线、扶手等，最后还要填充图案。具体绘制效果如图 3-113 所示。

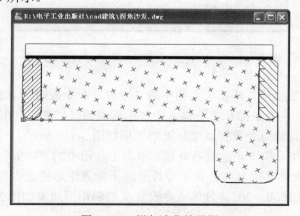

图 3-113　拐角沙发效果图

【技术要点】

（1）工具箱中"矩形"命令按钮 □ 的使用。

（2）"修剪"命令按钮 ✄ 的使用。

（3）工具箱中"图案填充"命令按钮 ▨ 的使用。

（4）"圆角"命令按钮 ◲ 的使用。

（5）工具箱中"直线"命令按钮 ╱ 的使用。

【制作步骤】

（1）启动 AutoCAD 2007，在创建新图形的对话框中选择"无样板打开—英制"项，单击"确定"按钮新建一个文件。

（2）绘制左侧沙发坐垫。单击工具箱中的"矩形"命令按钮 □，设置为圆角矩形，即在命令栏中输入 F，设置圆角半径为 100，在命令提示之下输入矩形的起点为（0，0），设置矩形的下一点为（1500，500），具体命令设置及绘制矩形效果如图 3-114 所示。

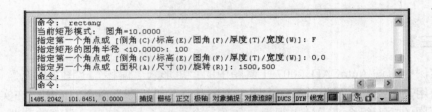

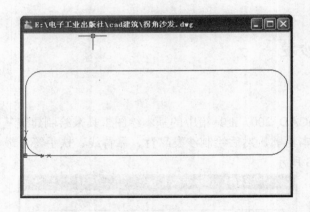

图 3-114　绘制左侧沙发坐垫矩形命令设置及效果

（3）绘制右侧沙发坐垫。单击工具箱中的"矩形"命令按钮 □，同样设置为圆角矩形，设置圆角半径为 100，在命令提示之下输入矩形的起点为（1500，500），设置矩形的下一点为（@500，-1000），具体命令设置及绘制矩形效果如图 3-115 所示。

（4）坐垫绘制完毕，接下来绘制靠背线。单击工具箱中的"矩形"命令按钮 □，同样设置为圆角矩形，设置圆角半径为 10，在命令提示之下输入矩形的起点为（10，500），设置矩形的另一个角点为（@1960，20），具体命令设置及绘制矩形效果如图 3-116 所示。

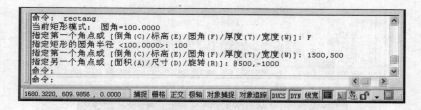

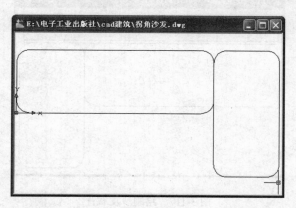

图 3-115　绘制右侧沙发坐垫矩形命令设置及效果

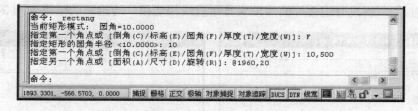

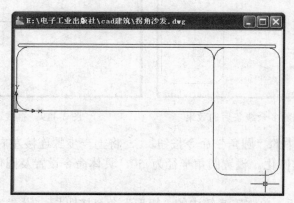

图 3-116　绘制靠背线

（5）绘制沙发靠背。单击工具箱中的"矩形"命令按钮 ，设置为圆角矩形，设置圆角半径为 10，在命令提示之下输入矩形的起点为（10，520），设置矩形的另一个角点为（@1960，100），具体命令设置及绘制矩形效果如图 3-117 所示。

（6）到这里大体轮廓已经出来了，接下来单击工具箱中的"修剪"命令按钮 ，将左右两个坐垫之间的多余线条修剪掉，形成一个完成的沙发整体。修剪后的效果如图 3-118 所示。

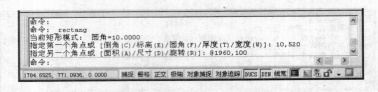

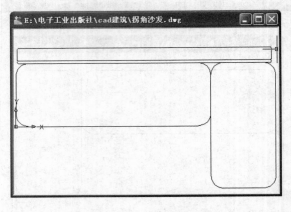

图 3-117　绘制沙发靠背

（7）修剪后的界面中存在一些瑕疵。这里通过"直线"工具修正。单击工具箱中的"直线"命令按钮 ✎，将没有连接好的沙发坐垫用直线相连接，连接后的效果如图 3-119 所示。

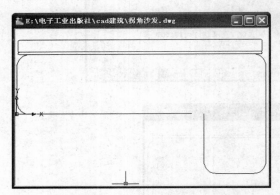

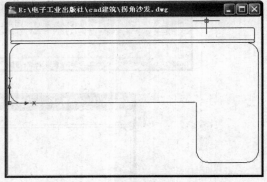

图 3-118　删除多余线条后的效果　　　　　　　　图 3-119　直线连接后的效果

（8）单击工具箱中的"圆角"命令按钮 ⌐，将上一步骤连接左右坐垫下侧的直线形成的直角用"圆角"工具圆化。设置圆角半径为 50，具体命令设置及圆化后的效果如图 3-120 所示。

（9）绘制左侧扶手。单击工具箱中的"矩形"命令按钮 ▭，设置为圆角矩形，设置圆角半径为 60，在命令提示之下输入矩形的起点为（-10，10），设置矩形的下一点为（@150，490），具体命令设置及绘制矩形效果如图 3-121 所示。

（10）绘制右侧扶手。再次单击工具箱中的"矩形"命令按钮 ▭，同样设置为圆角矩形，设置圆角半径为 60，在命令提示之下输入矩形的起点为（2010，10），设置矩形的下一点为（@-150，490），具体命令设置及绘制矩形效果如图 3-122 所示。

（11）界面中的坐垫与扶手很多地方有重叠现象，单击工具箱中的"修剪"命令按钮 ⊹，将左右两个坐垫与扶手之间的多余线条修剪掉，呈现立体感觉。线条删除后的效果如图 3-123 所示。

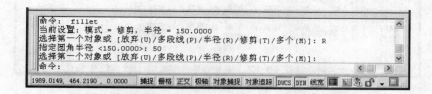

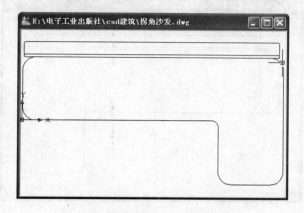

图 3-120　圆角命令设置及效果

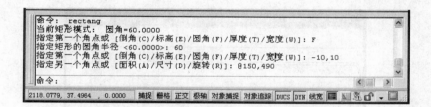

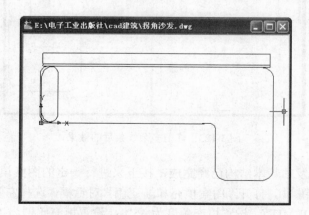

图 3-121　绘制左侧扶手

```
命令: rectang
当前矩形模式:  圆角=60.0000
指定第一个角点或 [倒角(C)/标高(E)/圆角(F)/厚度(T)/宽度(W)]: F
指定矩形的圆角半径 <60.0000>: 60
指定第一个角点或 [倒角(C)/标高(E)/圆角(F)/厚度(T)/宽度(W)]: 2010,10
指定另一个角点或 [面积(A)/尺寸(D)/旋转(R)]: @-150,490
命令:
```
```
1459.6077, -678.6606, 0.0000    捕捉 栅格 正交 极轴 对象捕捉 对象追踪 DUCS DYN 线宽
```

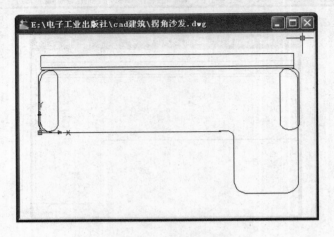

图 3-122　绘制右侧扶手

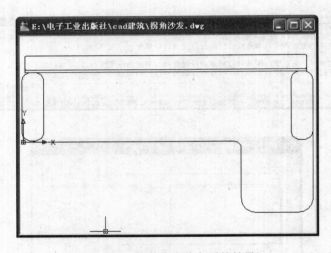

图 3-123　修剪多余线条后的效果

（12）到这里沙发的基本结构已经完成，接下来进行一定的图案填充。单击工具箱中的"图案填充"命令按钮，打开"图案填充和渐变色"对话框，选择左侧扶手作为填充对象，设置填充样式为"DOLMIT"，设置填充角度为45°，设置填充比例为100，具体命令设置如图 3-124 所示，效果如图 3-125 所示。

（13）再次单击工具箱中的"图案填充"命令按钮，打开"图案填充和渐变色"对话框，选择右侧扶手作为填充对象，同样设置填充样式为"DOLMIT"，设置填充角度为135°，设置填充比例为150，具体命令设置如图 3-126 所示，效果如图 3-127 所示。

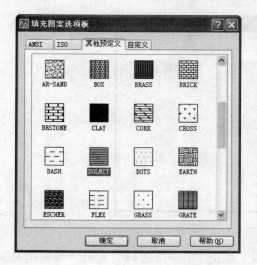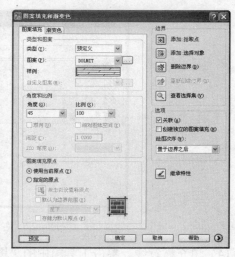

图 3-124　左侧扶手图案填充设置

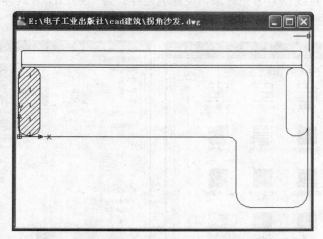

图 3-125　左侧扶手填充效果

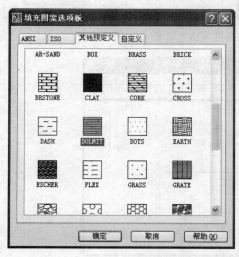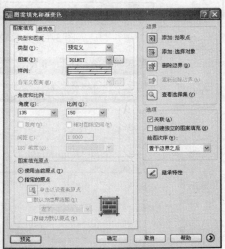

图 3-126　右侧扶手图案填充设置

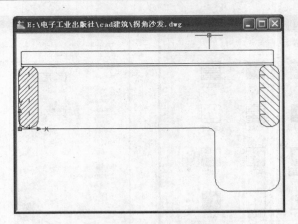

图 3-127　右侧扶手填充效果

（14）填充靠背线。单击工具箱中的"图案填充"命令按钮 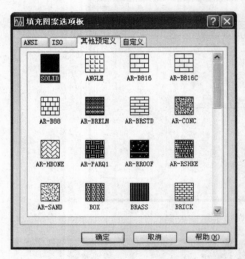（此处为小图标），打开"图案填充和渐变色"对话框，选择靠背线作为填充对象，设置填充样式为"SOLID"，具体命令设置如图 3-128 所示，效果如图 3-129 所示。

图 3-128　靠背线图案填充设置

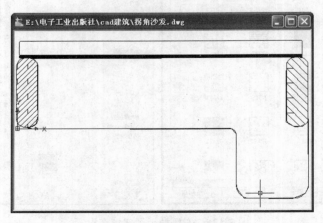

图 3-129　靠背线填充效果

（15）最后填充坐垫。再次单击工具箱中的"图案填充"命令按钮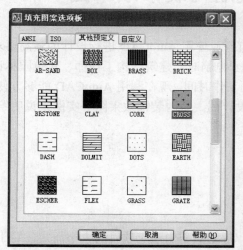，打开"图案填充和渐变色"对话框，选择坐垫作为填充对象，设置填充样式为"CROSS"，设置填充角度为210°，设置填充比例为300，具体命令设置如图3-130所示，最终效果如图3-113所示。

图 3-130　坐垫图案填充设置

【举一反三】

在本实例中通过 AutoCAD 2007 工具箱中"矩形"、"修剪"、"图案填充"、"圆角"、"直线"等基本绘图命令的使用，制作出平面拐角沙发的效果图。本例使读者了解"圆角矩形"命令的使用，并熟练掌握"图案填充"、"修剪"等命令的使用。在实际制作中，可以灵活应用工具箱中的各种工具，尝试不同风格的沙发样式，以及不同的图案填充。

第4章 建筑规划与装修效果图

建筑规划与建筑装修效果图的绘制是建筑行业使用 AutoCAD 进行设计的最高要求。早期在 AutoCAD 及天正等建筑绘图软件没有应用于电脑时，建筑结构工程师、建筑园林设计师、建筑外型设计师都是采用手绘，这需要大量的工作时间。现在利用 AutoCAD 能够方便准确地绘制出各种施工图。本章精选规划图、宿舍设计图、室内装饰效果图等实例来说明绘制建筑规划图与装修效果图的方法。

第24例 规划图实例

【实例说明】

建筑规划图是建筑学设计的基础设计图，规划面积由建筑项目的大小而定。对于一个大型的建筑项目来说，一张规划图上是有很多复杂东西需要绘制的，如建筑物、绿地、道路、停车位等。可以这么说，用 AutoCAD 2007 绘制规划图是建筑设计师的必备本领。在这一实例当中，我们以一个学校的规划图为例，教大家如何在 AutoCAD 中实现规划。规划效果如图4-1 所示。

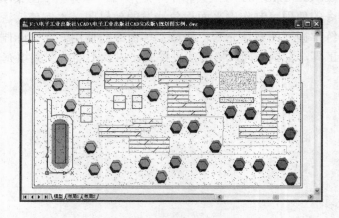

图 4-1 建筑规划效果图

【技术要点】

（1）本实例主要应用工具箱中的"矩形"命令按钮▱、"偏移"命令按钮▱、"圆角"命令按钮▱、"修剪"命令按钮⌿、"多段线"命令按钮⤴等工具，通过操作能绘制出平面规划图中所需的所有图像。

（2）本实例主要的难点在"图案填充"命令按钮▨的应用，通过填充来表现所绘制图形。

【制作步骤】

（1）启动 AutoCAD 2007，在创建新图形的对话框中选择"无样板打开—英制"项，如

图 4-2 所示，单击"确定"按钮新建一个文件。

图 4-2　"选择样板"对话框

（2）单击"图层特性管理器"命令按钮，或者在命令框中输入"Layer"命令，弹出"图层特性管理器"对话框，如图 4-3 所示。

图 4-3　"图层特性管理器"对话框

（3）接下来单击"新建图层"按钮新建一个图层，如图 4-4 所示，新建的"建筑"图层，效果如图 4-5 所示。按照同样的方法，新建"绿化"和"其他"图层，整体如图 4-6 所示。

图 4-4　新建一个图层

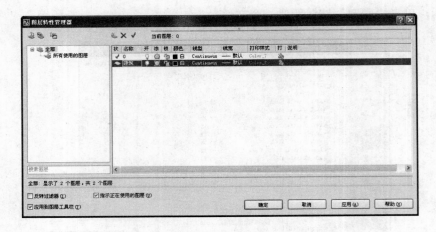

图 4-5　新建"建筑"图层

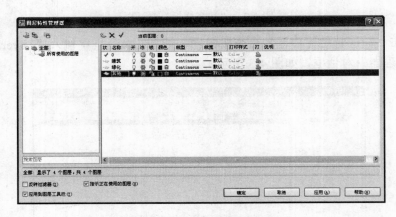

图 4-6　新建"绿化"、"其他"图层

（4）同时对这三个图层进行线型、线宽、颜色的编辑：设置"建筑"层颜色为 254，其他保持默认状态，效果如图 4-7 所示；设置"绿化"层颜色为 90，其他保持默认状态，效果如图 4-8 所示；设置"其他"层颜色为白色，效果如图 4-9 所示。

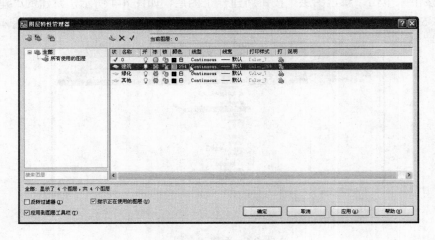

图 4-7　设置"建筑"层

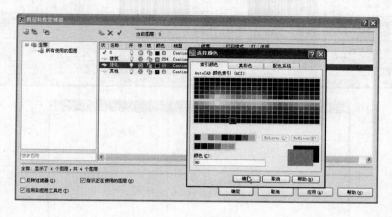

图 4-8 设置"绿化"层

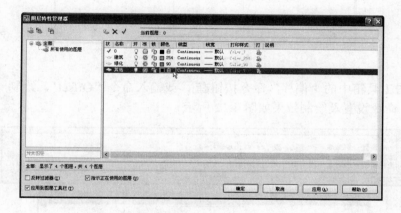

图 4-9 设置"其他"层

（5）在这里设置"其他"层为当前层，设置如图 4-10 所示。

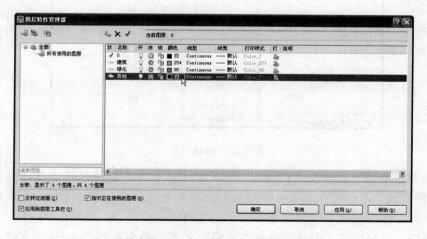

图 4-10 设置"其他"层为当前层

（6）单击工具箱中的"矩形"命令按钮 ▭，或输入命令"Rectangle"，绘制一个长为 30mm，宽为 70mm 的矩形，命令设置及绘制效果如图 4-11 所示。

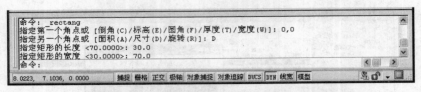

图 4-11　绘制矩形

（7）单击工具箱中的"偏移"命令按钮，或输入命令"Offset"，绘制一个向内偏移 5mm 的矩形，命令设置及绘制效果如图 4-12 所示。

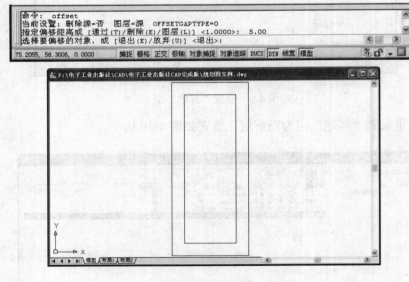

图 4-12　偏移矩形

（8）接下来单击工具箱中"直线"命令按钮，沿绘制的外矩形的左边向上绘制一条长为 20mm 的直线。具体操作是选择矩形的左上端点为第一点，第二点为（@0，20），（@为相对坐标符号）。命令设置及绘制效果如图 4-13 所示。

（9）单击工具箱中的"偏移"命令按钮，绘制一条向右偏移 5mm 的直线，命令设置及绘制效果如图 4-14 所示。

（10）再单击工具箱中"直线"命令按钮，用直线连接两顶点，操作如图 4-15 所示。

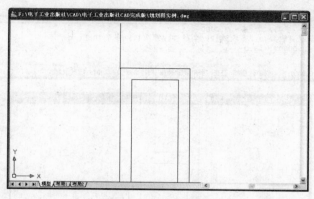

图 4-13　绘制直线

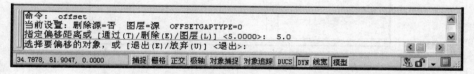

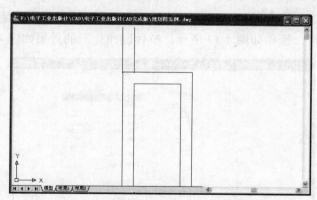

图 4-14　偏移直线

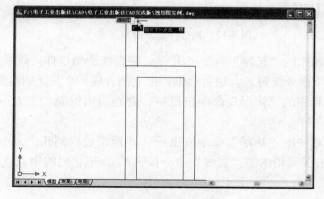

图 4-15　连接直线

（11）单击工具箱中的"圆角"命令按钮，或者输入命令"Fillet"。按 Enter 键后会出现提示："当前模式：模式 = 修剪，半径 = 0.0000"。我们要先设置圆角化的半径，输入"r"，按 Enter 键后输入 10，然后单击第一个对象或 {多段线（P）/半径（R）/修剪（T）}，选择外矩形的右边，"选择第二个对象："，选择外矩形的上边，命令设置及效果如图 4-16 所示。

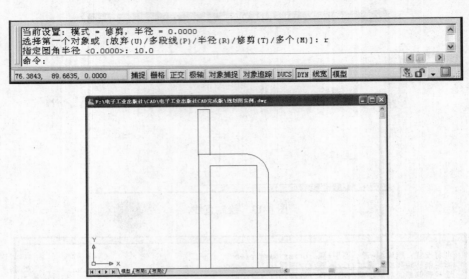

图 4-16　圆角操作

（12）重复此命令，对矩形的其他边进行修饰，具体操作是：单击右键，在快捷菜单中选择"重复圆角"命令，操作如图 4-17 所示，整体圆角化后的效果如图 4-18 所示。

图 4-17　执行"重复圆角"命令

（13）单击工具箱中的"延伸"命令按钮，将直线适当延伸，效果如图 4-19 所示。单击工具箱中的"修剪"命令按钮，进行修饰，把它围合成一个贯通的对象，如图 4-20 所示。

（14）单击工具箱中的"矩形"命令按钮，在跑道内绘制一个大小适当的矩形，效果如图 4-21 所示。

（15）单击工具箱中的"矩形"命令按钮，在跑道边构制几个大小适当的矩形，效果如图 4-22 所示。单击工具箱中的"直线"命令按钮，把它们的中点连接起来，如图 4-23 所示。

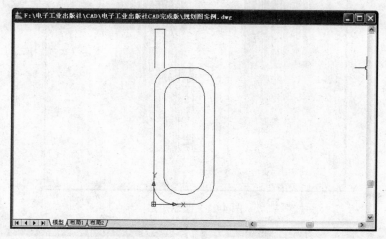

图 4-18　"圆角"化角后的整体效果

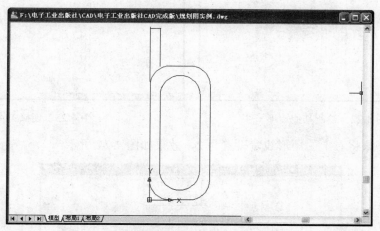

图 4-19　延长直线

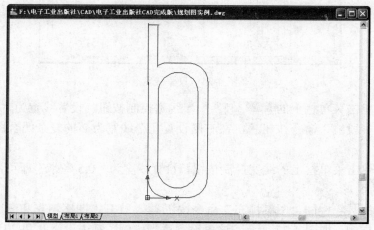

图 4-20　修剪图形

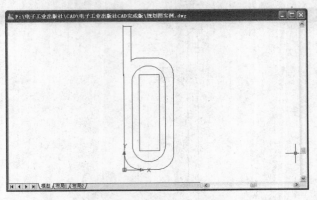

图 4-21　绘制矩形

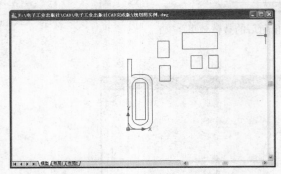

图 4-22　绘制其他矩形

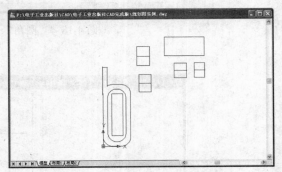

图 4-23　连接中点

（16）接下来将右上的矩形线宽设置为 2，效果如图 4-24 所示。

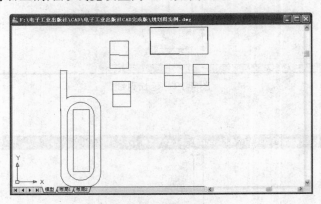

图 4-24　设置线宽

（17）然后单击菜单栏上的 ▨▨▨ 2.00 毫米 ▾ 线宽控制按钮，设置线宽为"2.00 毫米"，单击工具箱中的"多段线"命令按钮 ↵，在右侧设置几个线宽为 2 的复杂闭合图形，如图 4-25 所示。

（18）再次单击菜单栏上的线宽控制按钮，设置线宽为"0.5 毫米"即可，在界面中设置如图 4-26 所示的图形。

（19）单击工具箱中的"图案填充"命令按钮 ▨，打开"图案填充和渐变色"对话框后选择适当的图案样例，如图 4-27 所示。这里设置适当比例（例中设为 0 和 20）对线宽为 2 的图像进行填充，设置效果如图 4-28 所示。

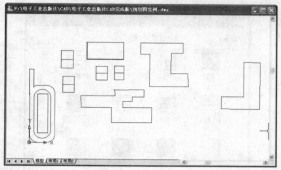

图 4-25　绘制复杂闭合图形

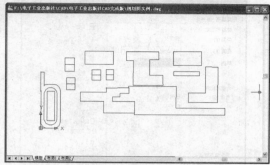

图 4-26　绘制图形

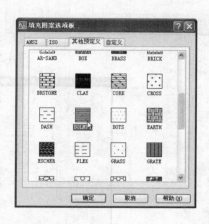

图 4-27　图案填充设置

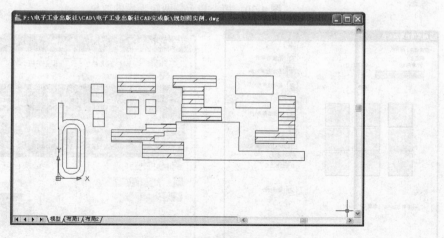

图 4-28　填充操场效果图

　　(20)按照同样的方式,对界面右上侧的两个矩形进行填充,这里选择的比例为"0.5000",设置如图 4-29 所示,填充后的效果如图 4-30 所示。

　　(21)单击工具箱中的"渐变色"命令按钮![icon],填充界面左侧图形,颜色设置为 253,设置如图 4-31 所示,效果如图 4-32 所示。

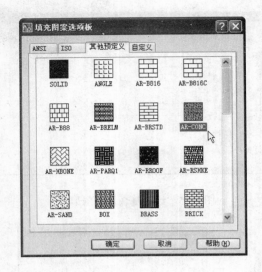

图 4-29　填充设置

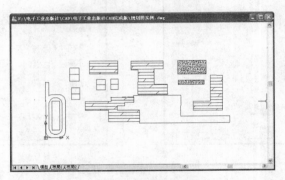

图 4-30　填充右上侧两矩形后的效果

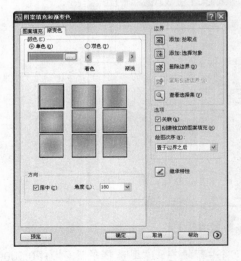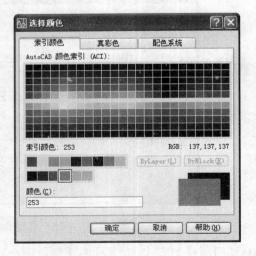

图 4-31　颜色设置

（22）在所绘制的整个图形外围绘制一个大小比较合适的矩形，命令设置及效果如图 4-33
所示。

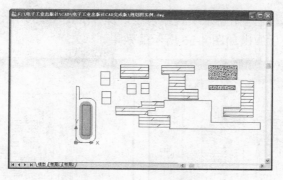

图 4-32　左侧填充效果图

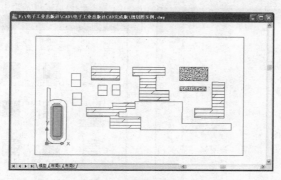

图 4-33　绘制外围矩形

（23）单击工具箱中的"偏移"命令按钮 🔲，偏移距离为 2，在矩形内侧偏移出一个矩形，命令设置与效果如图 4-34 所示。

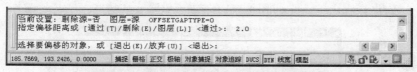

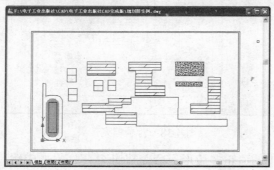

图 4-34　偏移矩形命令设置及效果

（24）在矩形右侧边上画两条水平直线，绘制操作如图 4-35 所示。单击工具箱中的"修剪"命令按钮 ，剪边后做出如图 4-36 所示的效果。

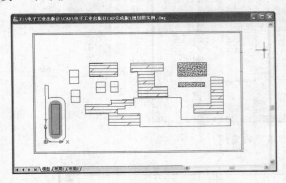

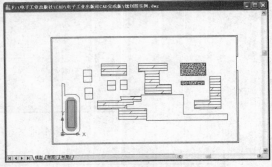

图 4-35　绘制两条水平线　　　　　　　　图 4-36　删除多余线条

（25）单击工具箱中的"图案填充"命令按钮 ，选择合适的样式对背景进行填充，设置如图 4-37 所示，效果如图 4-38 所示。

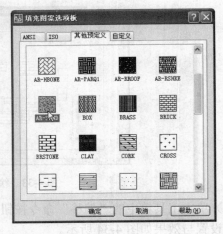

图 4-37　图案填充设置

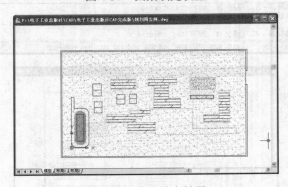

图 4-38　背景填充效果

（26）单击工具箱中的"正多边形"命令按钮 ，在界面中绘制一个正六边形，设置命令及效果如图 4-39 所示。

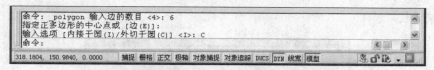

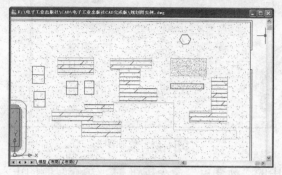

图 4-39　绘制正六边形

（27）单击工具箱中的"渐变色"命令按钮，填充正六边形为黑色，设置如图 4-40 所示，效果如图 4-41 所示。

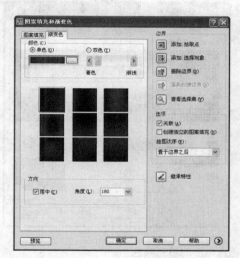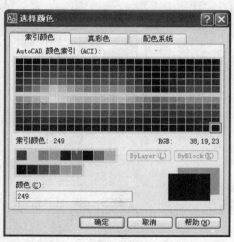

图 4-40　设置正六边形填充颜色

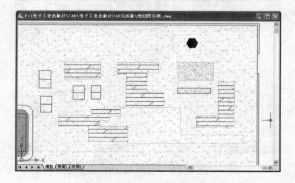

图 4-41　正六边形填充效果

（28）单击工具箱中的"复制"命令按钮，选择正六边形，向图像上侧偏移，效果如

图 4-42 所示。

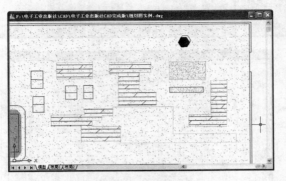

图 4-42　复制图形

（29）单击工具箱中的"渐变色"命令按钮 ，填充复制的正六边形为灰色，颜色值为
252，设置如图 4-43 所示，效果如图 4-44 所示。

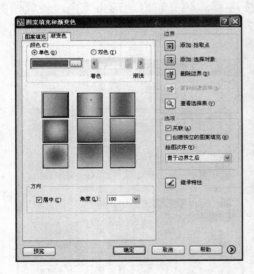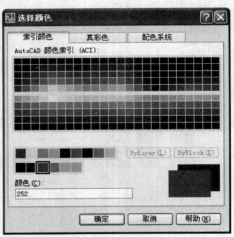

图 4-43　设置复制的正六边形的填充颜色

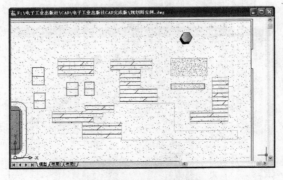

图 4-44　填充后的效果

（30）同时设置内圆为"绿化"图层，操作步骤是：单击"图层特性管理器"，设置"绿
化"为当前层，同时选择内圆，操作如图 4-45 所示，效果如图 4-46 所示。

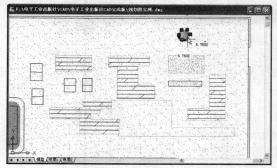
图 4-45　设置图层

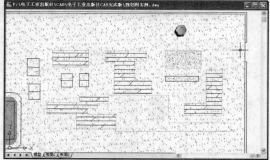
图 4-46　设置图层后的效果

（31）单击工具箱中的"复制"命令按钮，选择上一步绘制好的树木，选择基点，然后复制多个树木放在图中，效果如图 4-47 所示。

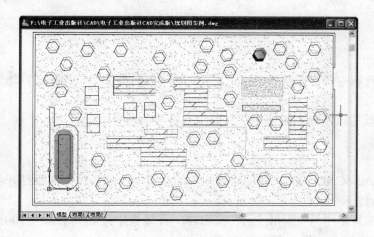
图 4-47　复制图形效果

（32）按照步骤（27）～（29）给复制图形填充颜色。这里提示一下，为了方便操作，可以一次性选择所有需要填充同种颜色的图形，然后右键单击确定来完成操作。整体效果如图 4-1 所示。

【举一反三】

在本实例中通过 AutoCAD 2007 中的 "矩形"、"偏移"、"圆角"、"修剪"、"多段线"、"图案填充"命令按钮的使用，绘制出了平面规划图中所需的所有图像。在实际设计过程中，可以根据建筑规划图的需要，来构造不同的建筑物体和植物。

第 25 例　栏杆装饰图

【实例说明】

栏杆是建筑设计中经常用到的图形，它的形体组成比较复杂，有些欧式风格的栏杆，则更是复杂。但所有复杂的平面，都是由最简单的形体组成的。本实例我们将绘制一个栏杆的平面，效果如图 4-48 所示。

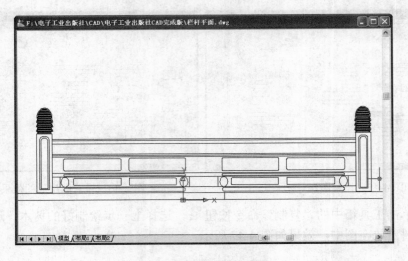

图 4-48　栏杆装饰效果图

【技术要点】

（1）用工具箱中的"椭圆" 、"直线" 、"修剪" 、"镜像" 等工具配合绘制栏杆的样式。

（2）重点掌握填充命令的使用，掌握填充符号的选择。

【制作步骤】

（1）启动 AutoCAD 2007，在创建新图形的对话框中选择"无样板打开-英制"项，单击"确定"按钮新建一个文件。

（2）单击工具箱中的"矩形工具"按钮 ，在场景中绘制一个长为 300mm，宽为 10mm 的长矩形，命令设置及效果如图 4-49 所示。

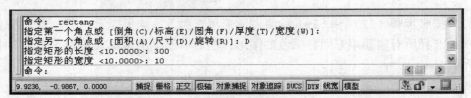

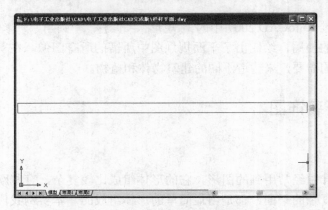

图 4-49　绘制矩形命令设置及效果

（3）然后在此矩形右上方绘制一个长为 20mm，宽为 80mm 的矩形。两矩形相互垂直。命令设置及效果如图 4-50 所示。

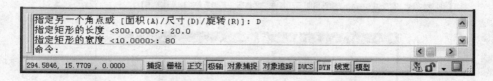

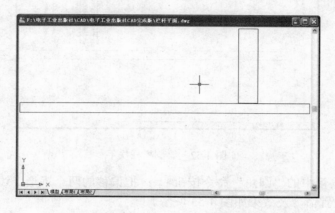

图 4-50　绘制上方矩形命令设置及效果

（4）在第二个矩形中再绘制一个矩形，单击工具箱中的"偏移"命令按钮，向矩形内部长、宽各偏移 4mm，设置命令及完成后如图 4-51 所示。

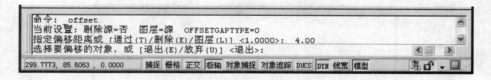

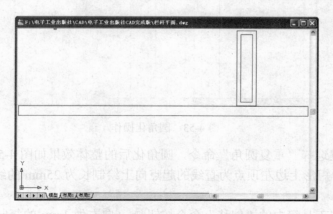

图 4-51　偏移矩形命令设置及效果

（5）接下来在第二个矩形中再绘制一个矩形作为栏杆扶手，单击工具箱中的"偏移"命令按钮，向矩形内部长、宽各偏移 1.7mm，设置命令及完成后如图 4-52 所示。

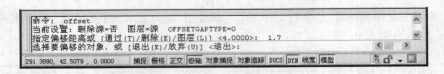

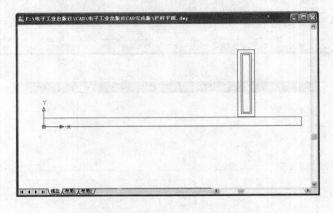

图 4-52 绘制栏杆扶手

（6）单击工具箱中的"圆角"命令按钮 ，把偏移的两个矩形上边角设置成圆角，圆角半径为 4mm，设置命令及效果如图 4-53 所示。

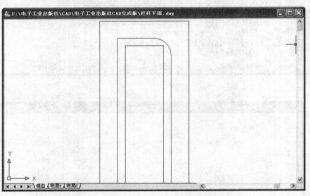

图 4-53 圆角化操作

（7）单击右键选择"重复圆角"命令，圆角化后的整体效果如图 4-54 所示。

（8）以第二个矩形上边左顶点为直线的起点向上绘制长为 25mm 的线段，命令设置及效果如图 4-55 所示。

（9）然后单击工具箱中的"偏移"命令按钮 ，向右做 1mm 的复制偏移，命令设置及效果如图 4-56 所示。

（10）执行菜单栏"格式"｜"点样式"命令，操作如图 4-57 所示。弹出"点样式"对话框，在里面选择相交的"×"样式，点大小及尺寸设置保持默认值，如图 4-58 所示。

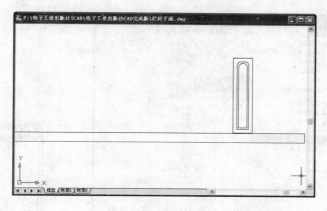

图 4-54 圆角化效果

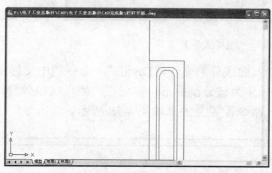

图 4-55 绘制直线

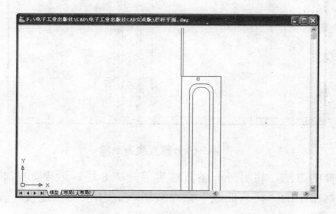

图 4-56 偏移直线

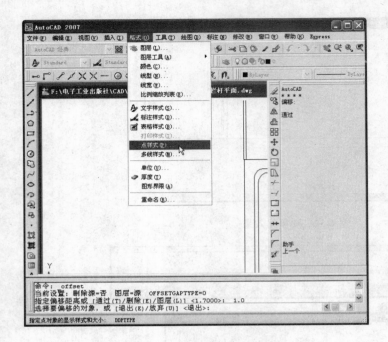

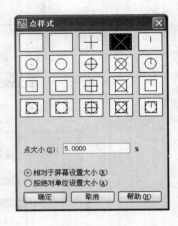

图 4-57　执行"点样式"命令　　　　　　　　　　　　图 4-58　选择点样式

（11）在命令框里输入曲线分割命令"Divide"，命令的中文提示：第一栏"选择要定数等分的对象"，选择圆曲线作为被分割图形；第二栏"输入线段数目或 ［块（B）］"，输入 8，把这条直线等分为 8 段，命令设置及效果如图 4-58 所示。

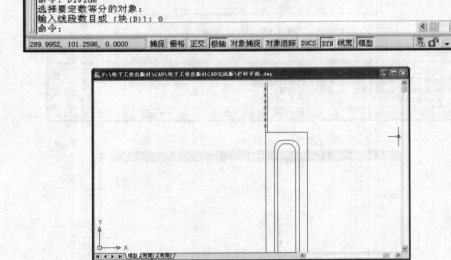

图 4-59　分割直线为 8 段

（12）按照同样的方法，将另外一条直线也等分成 8 段，效果如图 4-60 所示。

（13）单击工具箱中的"样条曲线"命令按钮 ，依次交错连接，操作如图 4-61 所示，效果如图 4-62 所示。

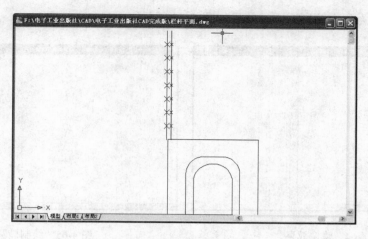

图 4-60　分割第二条直线

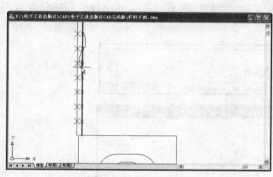

图 4-61　绘制曲线　　　　　　　　　　　　图 4-62　绘制好的曲线

（14）接下来单击工具箱中的"删除"命令按钮，把辅助线删除，效果如图 4-63 所示。

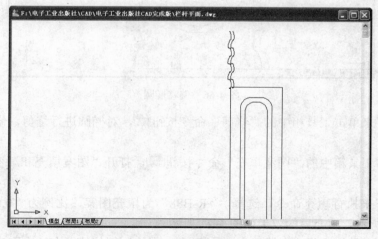

图 4-63　删除多余线条

（15）单击工具箱中的"镜像"命令按钮，偏移绘制好的图形，镜像后的效果如图 4-64 所示。

（16）单击工具箱中的"椭圆"命令按钮，或输入命令"Ellipse"，分别以两个曲线两个外侧的端点为焦点绘制椭圆，效果如图 4-65 所示。

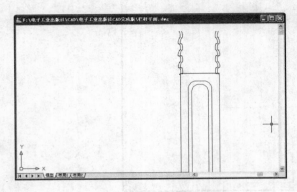

图 4-64　镜像效果

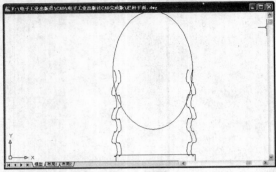

图 4-65　绘制椭圆

（17）单击工具箱中的"偏移"命令按钮 ，向内做距离为 2mm 的偏移，命令设置及效果如图 4-66 所示。

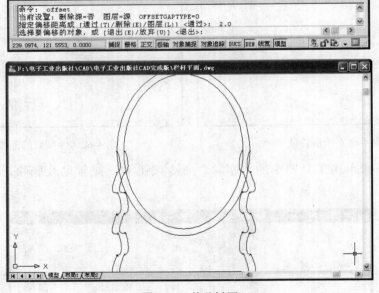

图 4-66　偏移椭圆

（18）接下来单击工具箱中的"修剪"命令按钮 ，对椭圆进行修剪，修剪后的效果如图 4-67 所示。

（19）单击工具箱中的"图案填充"命令按钮 ，打开"图案填充和渐变色"对话框，如图 4-68 所示。

（20）接下来执行填充命令，选择"AR-B88"为填充图案，比例为"0.02"，设置如图 4-69 和图 4-70 所示。填充后的效果如图 4-71 所示。

（21）单击工具箱中的"直线"命令按钮 ，在绘制好的柱子左边上取一点绘制一条长度为 200mm 的水平线段，命令设置及效果如图 4-72 所示。

（22）单击工具箱中的"偏移"命令按钮 ，偏移距离为 2mm，命令设置及效果如图 4-73 所示。

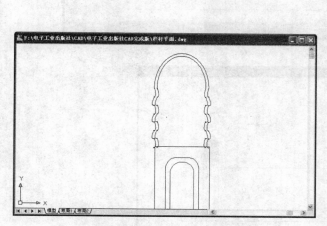

图 4-67　修剪出的栏杆扶手外形

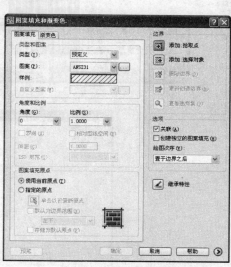

图 4-68　"图案填充和渐变色"对话框

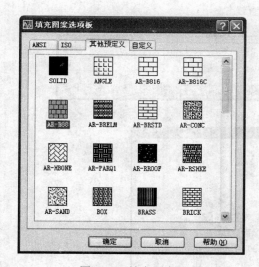

图 4-69　填充图案设置

图 4-70　颜色设置

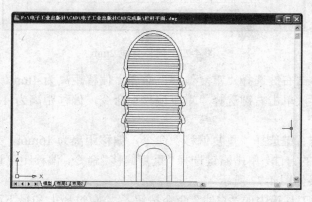

图 4-71　填充效果

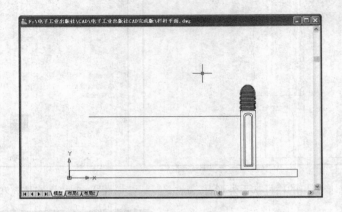

图 4-72　绘制直线

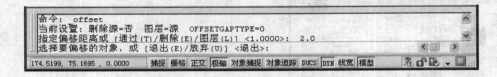

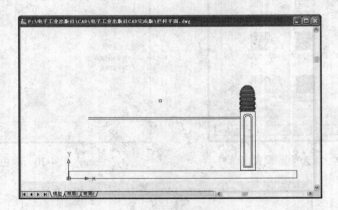

图 4-73　偏移直线 2mm

（23）接下来单击右键选择"重复偏移"命令，偏移距离为 4mm，效果如图 4-74 所示。

（24）接下来再次单击右键选择"重复偏移"命令，偏移距离为 14mm，效果如图 4-75 所示。

（25）再次单击右键选择"重复偏移"命令，偏移距离为 16mm，效果如图 4-76 所示。

（26）按照同样的方法，单击右键选择"重复偏移"命令，偏移距离设置为 18mm、40mm、45mm、65mm，效果如图 4-77 所示。

（27）接着单击工具箱中的"直线"命令按钮 ，穿过最上和最下两条水平线段的中点。命令设置及效果如图 4-78 所示。

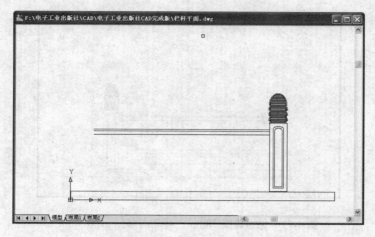

图 4-74　偏移直线 4mm

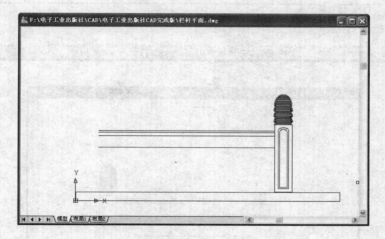

图 4-75　偏移直线 14mm

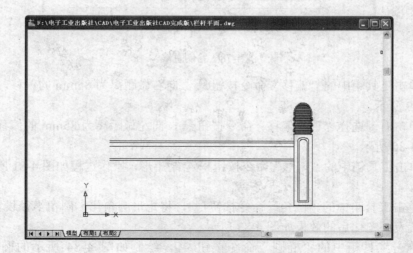

图 4-76　偏移直线 16mm

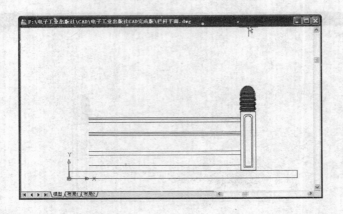

图 4-77　偏移直线 18mm、40mm、45mm、65mm

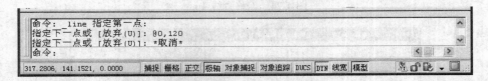

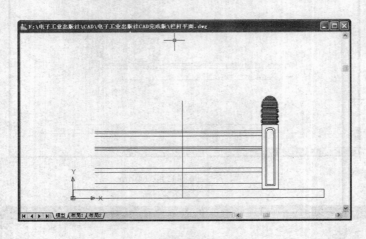

图 4-78　绘制直线

（28）单击工具箱中的"偏移"命令按钮 ，向右做距离为 85mm 的偏移，命令设置及效果如图 4-79 所示。

（29）单击右键选择"重复偏移"命令按钮 ，向左做距离为 85mm 的偏移，命令设置及效果如图 4-80 所示。

（30）单击工具箱中的"矩形"命令按钮 绘制矩形，操作过程如图 4-81 所示，效果如图 4-82 所示。

（31）单击工具箱中的"圆角"命令按钮 ，将矩形圆角化，圆角半径设置为 2mm，具体命令设置及圆角化后的效果如图 4-83 所示。

（32）单击工具箱中的"椭圆"命令按钮 ，绘制如图 4-84 所示的椭圆，为了左右对称，选择工具箱中的"复制"命令按钮 ，在相应的位置复制椭圆，效果如图 4-85 所示。

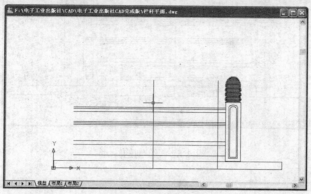

图 4-79　向右偏移直线 85mm

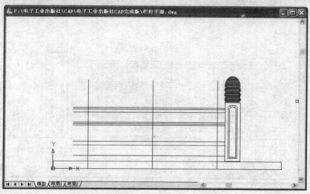

图 4-80　向左偏移直线 85mm

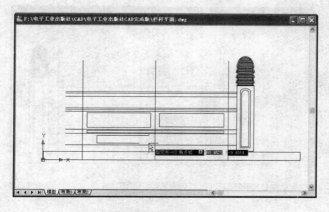

图 4-81　绘制矩形操作

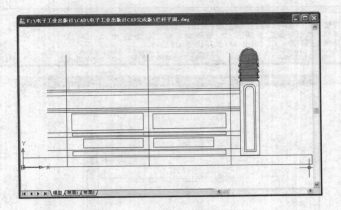

图 4-82　绘制的矩形

图 4-83　矩形圆角化命令设置及效果

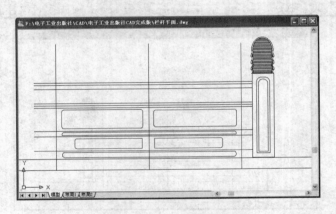

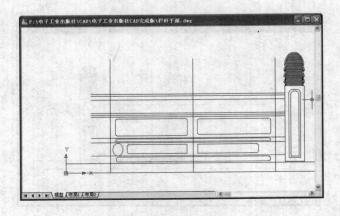

图 4-84　绘制椭圆

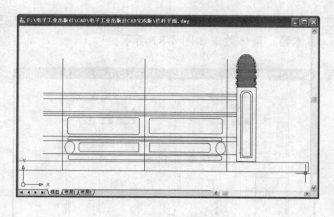

图 4-85　复制椭圆

（33）接下来单击工具箱中的"修剪"命令按钮，将多余线条删除，删除后的效果如图 4-86 所示。

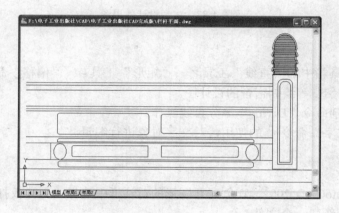

图 4-86　删除多余线条

（34）单击工具箱中的"镜像"命令按钮，在左边复制栏杆，整体效果如图 4-48 所示。

【举一反三】

在本实例中通过 AutoCAD 2007 中的"椭圆"、"直线"、"修剪"、"镜像"等工具的配合使用，绘制出复杂的栏杆平面图。在实际操作中，可以根据设计的需要，绘制不同的栏杆平面图和各种物品的平面图，还可以根据需要上不同的颜色。

第 26 例　宿舍设计图

【实例说明】

在建筑平面图的设计中经常使用到 Auto CAD。早期的建筑工程师们都是用板及钢笔绘制建筑平面图，工作量大并且非常的辛苦，使用 AutoCAD 绘制会达到事半功倍的效果，而且便于修改。本实例通过一个学生的宿舍平面图，来说明如何在平面图设计中应用 AutoCAD 2007 来绘制门、窗、凳、墙体等，整体效果如图 4-87 所示。

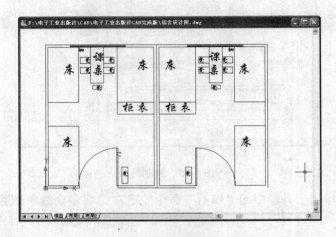

图 4-87   宿舍设计效果图

【技术要点】

（1）使用工具箱中的"直线"工具 ✐ 、"矩形"工具 ▭、"偏移"命令 ◻、"删除"命令 ✐、"旋转"命令 ↻ 等绘制宿舍的设计图。

（2）曲线分割命令"Divide"等分直线操作。

（3）"多行文字"命令 **A** 的使用，对文字对象进行编辑。

【制作步骤】

（1）启动 AutoCAD 2007，在创建新图形的对话框中选择"无样板打开—英制"项，单击"确定"按钮，新建一个文件。

（2）单击工具箱中的"对象捕捉设置"命令按钮 ⌂₄，打开"草图设置"对话框，开启对象捕捉功能，设置如图 4-88 所示。

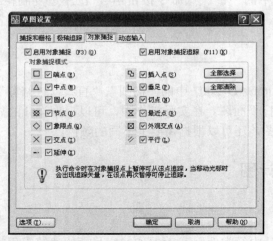

图 4-88   草图设置

（3）单击工具箱中的"矩形"命令按钮口，绘制建筑物，完成图中墙的线条绘制。这里绘制的是建筑物，因此在尺寸上要注意建筑模数的概念。正常情况下，房子的长、宽及门、窗的宽度都必须是 3 的倍数，绘制的墙体厚度也是有规定的，如 36 墙、24 墙等等。绘制矩形命令设置及效果如图 4-89 所示。

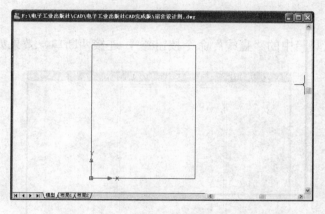

图 4-89　绘制矩形命令设置及效果

（4）接下来再次单击工具箱中的"矩形"命令按钮口，绘制建筑物内墙，设置命令及效果如图 4-90 所示。

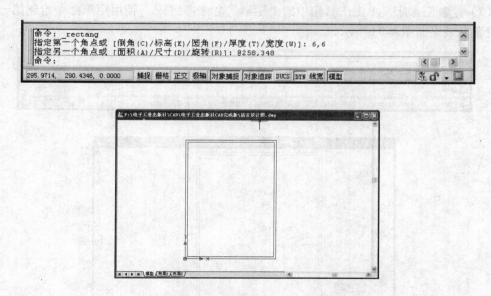

图 4-90　绘制内墙矩形命令设置及效果

（5）接下来绘制宿舍的门口。单击工具箱中的"打断"命令按钮口，打断外墙与内墙的交界处，删除多余线条，效果如图 4-91 所示。

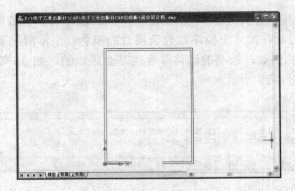

图 4-91　打断线条

（6）单击工具箱中的"直线"命令按钮 ，连接两断口，效果如图 4-92 所示。

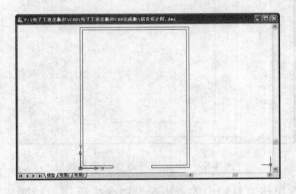

图 4-92　绘制外墙体

（7）绘制三张床，单击工具箱中的"矩形"命令按钮 ，使用矩形命令绘制第一张床，命令设置及效果如图 4-93 所示。

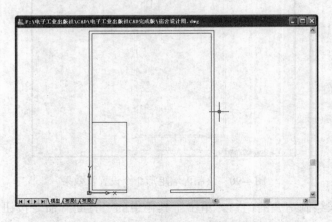

图 4-93　绘制第一张床的命令设置及效果图

（8）然后绘制第二张床。再次单击工具箱中的"矩形"命令按钮 ⬜，绘制第二张床。命令设置及效果如图 4-94 所示。

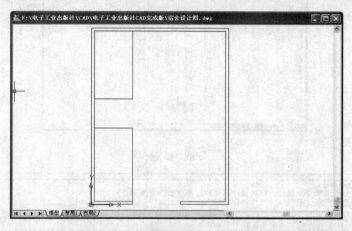

图 4-94　绘制第二张床的命令设置及效果图

（9）绘制第三张床，单击工具箱中的"矩形"命令按钮 ⬜，命令设置及效果如图 4-95 所示。

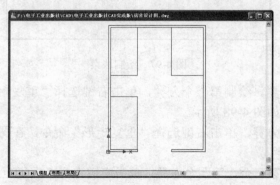

图 4-95　绘制第三张床的命令设置及效果图

（10）在靠右侧的床头边绘制一个衣柜。单击工具箱中的"矩形"命令按钮 ⬜，命令设置及效果如图 4-96 所示。

（11）接下来绘制一张课桌和六个方凳。首先绘制课桌，单击工具箱中的"矩形"命令按钮 ⬜，在图中绘制矩形。命令设置及效果如图 4-97 所示。

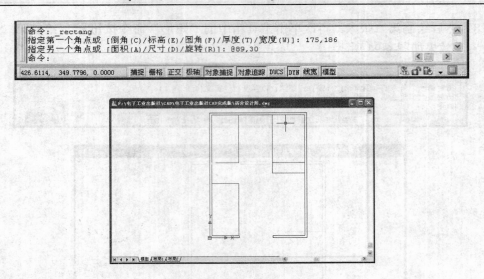

图 4-96　绘制衣柜

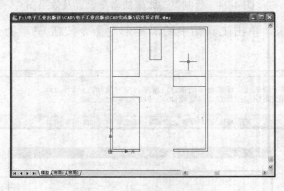

图 4-97　绘制课桌

（12）绘制六个方凳。绘制第一个方凳，单击右键选择"重复矩形"命令，在图中绘制矩形。命令设置及效果如图 4-98 所示。

（13）绘制第二个方凳，单击右键选择"重复矩形"命令，在图中绘制矩形。命令设置及效果如图 4-99 所示。

（14）接下来绘制第三个、第四个方凳，单击右键选择"重复矩形"命令，在图中绘制。命令设置及效果分别如图 4-100、图 4-101 和图 4-102 所示。

（15）在课桌的前方再设置一个大一点的方凳。单击右键选择"重复矩形"命令，在图中绘制。命令设置及效果如图 4-103 所示。

（16）在门口绘制第六个方凳。单击右键选择"重复矩形"命令，在图中绘制。命令设置及效果如图 4-104 所示。

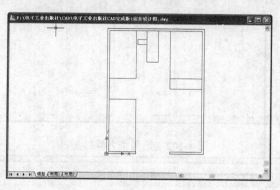

图 4-98　绘制的第一个方凳

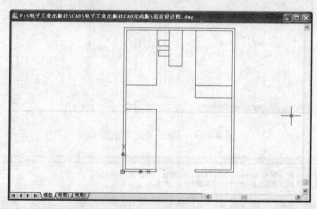

图 4-99　绘制的第二个方凳

图 4-100　第三个方凳的命令设置

图 4-101　第四个方凳的命令设置

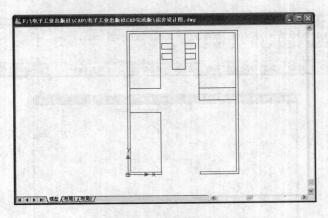

图 4-102　第四个方凳效果

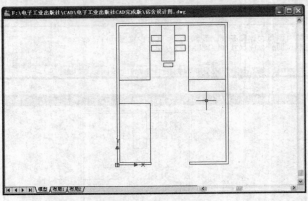

图 4-103　第五个方凳的绘制

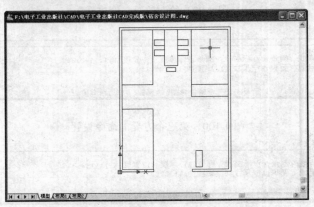

图 4-104　完成所有课桌及方凳的绘制

（17）再次单击工具箱中的"矩形"命令按钮 ⊏，在墙上绘制一个矩形，代表窗户。命令设置及效果如图 4-105 所示。

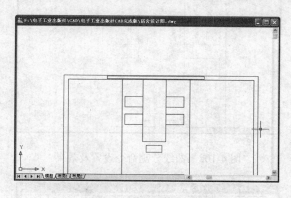

图 4-105　绘制窗户

（18）接下来要等分矩形，由于矩形不能直接被等分，所以首先单击工具箱中的"直线"命令按钮 ✎，先把矩形的短边描一下，为了醒目，设置"颜色控制按钮" ■ ByLayer 为红色。操作如图 4-106 所示。

（19）执行菜单栏"格式" | "点样式"命令，弹出"点样式"对话框，选择相交的"×"样式，点大小设置为 5，其他设置保持默认值，如图 4-107 所示。

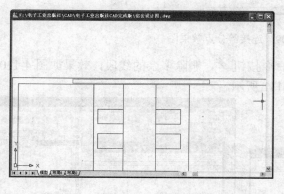

图 4-106　直线描边

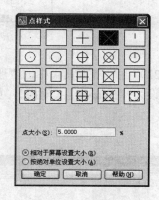

图 4-107　点样式设置

（20）在命令框里输入曲线分割命令"Divide"，命令的中文提示：第一栏"选择要定数等分的对象"，选择矩形短边，即刚才绘制的红直线作为被分割图形。第二栏"输入线段数目或 ［块（B）]"，输入 3，命令设置及效果如图 4-108 所示。

（21）再次单击工具箱中的"直线"命令按钮 ✎，把等分点连接起来，效果如图 4-109 所示。

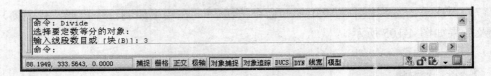

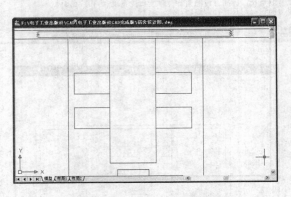

图 4-108　曲线分割命令设置及效果

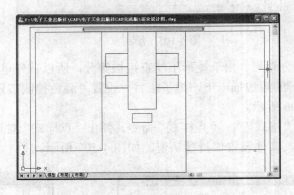

图 4-109　连接等分点效果图

（22）再单击工具箱中的"删除"命令按钮 ，删除多余的线段，效果如图 4-110 所示，把颜色设为"Bylayer"（随层），如图 4-111 所示。

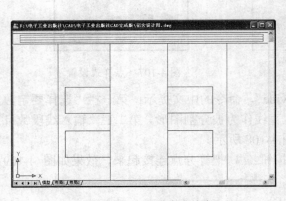

图 4-110　删除多余线条

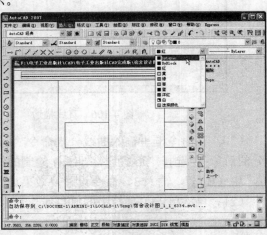

图 4-111　颜色设置

（23）单击工具箱中的"矩形"命令按钮 ▭，绘制一个门，矩形长度应与图中预留门框的宽度一致。先在门口绘制矩形，矩形厚度设置为墙的一半即可，效果如图 4-112 所示。

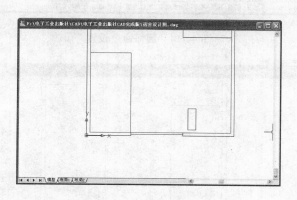

图 4-112　绘制门

（24）再单击工具箱中的"旋转"命令按钮 ⟳，将绘制的门旋转 90°。操作方法为：单击"旋转"命令后，用鼠标选择矩形，单击右键确认，选择矩形右上角为旋转中心，在命令框里输入"-90"完成操作，命令设置及效果如图 4-113 所示。

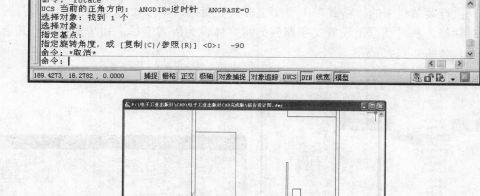

图 4-113　旋转门命令设置及效果

（25）单击工具箱中的"圆弧"命令按钮 ⌒，执行圆弧命令"Arc"，出现提示时，输入"C"，表示从圆（弧）的中心开始画圆弧；之后依次绘制圆弧的 O、A、B 点。O 点表示圆弧的中心，这里为矩形左上角；A 点表示圆弧起始点，这里为矩形的右上角；B 点表示圆弧终点，这里为门的左边角，命令设置如图 4-114 所示，绘制完成的宿舍样式如图 4-115 所示。

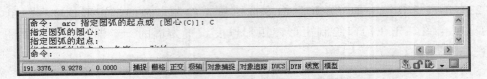

图 4-114　圆弧命令设置

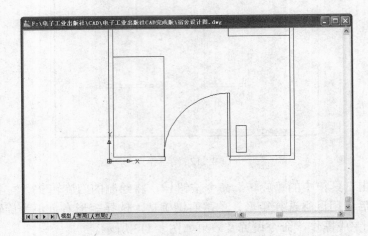

图 4-115　绘制好的宿舍

（26）执行菜单栏中的"格式"｜"文字样式"命令，操作如图 4-116 所示，打开"文字样式"对话框，在对话框上设置文字属性，将字体设为所需字体，如华文行楷，其余保持默认值，设置如图 4-117 所示。

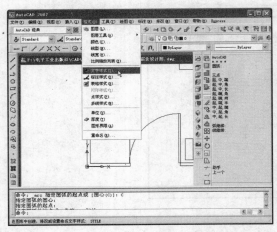

图 4-116　执行"文字样式"命令

图 4-117　设置文字样式

（27）输入"Layer"命令，弹出"图层特性管理器"对话框。

（28）单击"新建"按钮，新建"文字"图层，把所有的文字放置在同一个层上便于以后的修改，如图 4-118 所示。将"文字"图层设为当前层，设置如图 4-119 所示。

（29）单击工具箱中的"多行文字"命令按钮 **A**，使用多行文字命令输入文字，设置文字的字号为"20"，设置如图 4-120 所示。输入文字"床"，效果如图 4-121 所示。

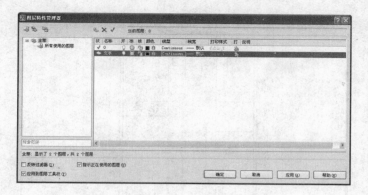

图 4-118　新建"文字"图层

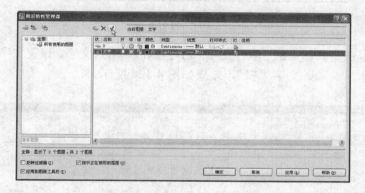

图 4-119　将"文字图层"设置当前层

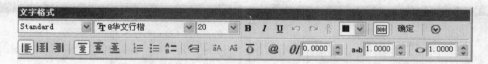

图 4-120　设置文字字号

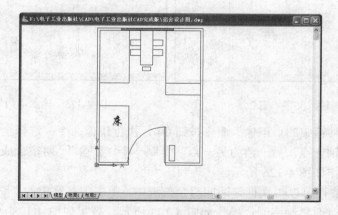

图 4-121　输入"床"字

（30）按照同样的设置方法，分别输入"课桌"、"床"、"柜衣"等文字，效果如图 4-122 所示。

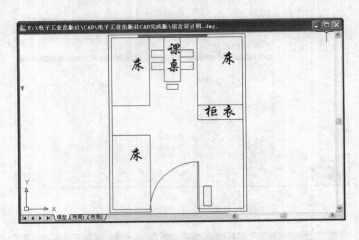

图 4-122　设置文字

（31）再次单击工具箱中的"多行文字"命令按钮 **A** 输入文字，设置文字的字号为"10"，设置如图 4-123 所示。输入文字"窗"，效果如图 4-124 所示。

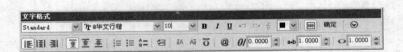

图 4-123　文字样式设置

（32）按照同样的设置方法，分别输入"门"、"凳"等文字，效果如图 4-125 所示。

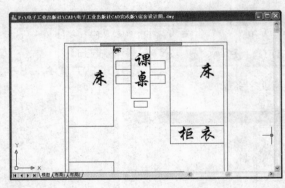

图 4-124　输入文字"窗"

图 4-125　输入"门"、"凳"

（33）单击工具箱中的"镜像"命令按钮 ⚑，执行镜像命令。选择全部对象，以图中右墙最右上角为镜像轴一点，另一角为另一点，复制一个"宿舍"，两宿舍成排排列，从而完成本实例的设计，操作如图 4-126 所示。

（34）如果需要还可以再次把这两间房全部选中，单击工具箱中的"镜像"命令按钮 ⚑，执行镜像命令，向对面复制房间，操作如图 4-127 所示，效果如图 4-128 所示。

（35）最后整体效果如图 4-87 所示，在这里同样可以选择"阵列"来复制房间，不过一定要注意尺寸的控制。

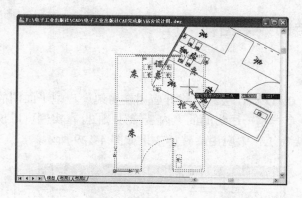

图 4-126　复制图形

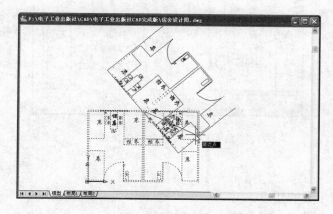

图 4-127　镜像图形

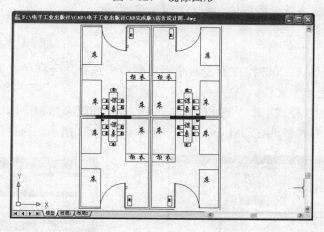

图 4-128　镜像效果

【举一反三】

在本实例中通过 AutoCAD 2007 的"直线"工具、"矩形"工具、"偏移"命令、"删除"命令、"旋转"命令、"曲线分割"命令、多行文字命令等的使用，绘制出复杂的宿舍整体效果图。在实际制作中，可以根据需要，应用"镜像"、"阵列"等工具来完成房间的复制。在尺寸上要注意建筑模数的概念，正常情况下，房子的长、宽及门、窗的宽度都必须是 3 的倍数。

第 27 例　室内装饰效果图

【实例说明】

在学会使用 Auto CAD 后，会经常将其应用在房地产户型平面图的绘制上。本实例应用 AutoCAD 2007 绘制一个一室一厅房间的室内装饰效果图。本实例可以说是一个比较实用的平面设计实例，可以直接在工作中应用，整体效果如图 4-129 所示。

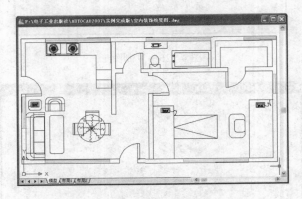

图 4-129　室内装饰效果图

【技术要点】

（1）多线编辑工具的使用。

（2）工具箱中各式工具配合使用，绘制复杂的物体。

（3）掌握室内装饰效果图中的一些装饰素材的绘制。

【制作步骤】

（1）启动 AutoCAD 2007，在创建新图形对话框中选择"无样板打开—英制"项，单击"确定"按钮，新建一个文件。

（2）执行菜单栏"格式"｜"多线样式"命令，操作如图 4-130 所示。在"创建新的多线样式"对话框中输入新样式名"ROOM_WALL"，设置如图 4-131 所示。保存后单击"继续"按钮。

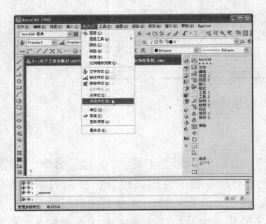

图 4-130　执行"多线样式"命令

图 4-131　新建多线样式

（3）单击"图元"按钮，删除系统的默认设置，在偏移栏右侧文本框中输入"3"，单击"添加"按钮，再输入"−3"，设置如图 4-132 所示。

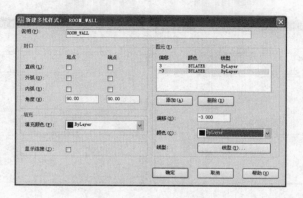

图 4-132 元素特性设置

（4）单击"线型"按钮，可以根据自己的需要对多线属性进行设置，最后还要对"封口"和"填充"选项进行设置，具体的设置如图 4-133 所示。

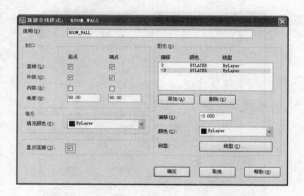

图 4-133 多线特性设置

（5）执行菜单栏上的"绘图"｜"多线"命令，操作如图 4-134 所示。在适当位置绘制两条相互垂直的基线，效果如图 4-135 所示。

图 4-134 执行"多线"命令

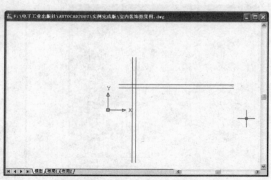

图 4-135 绘制多线效果

（6）接下来分别复制基线。单击工具箱中的"复制"命令按钮，操作如图 4-136 所示，完成效果如图 4-137 所示，总长度比宽度要多一倍左右。

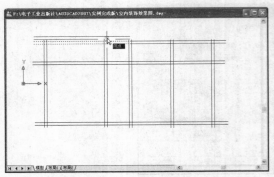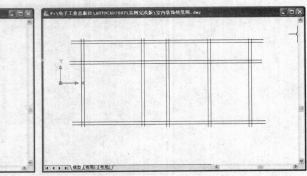

图 4-136　复制操作过程　　　　　　　　图 4-137　用"复制"命令绘制墙体

（7）执行菜单栏中的"修改"｜"对象"｜"多线"命令，弹出"多线编辑工具"对话框，根据需要选择工具。这里选择 "角点结合"按钮，设置如图 4-138 所示。

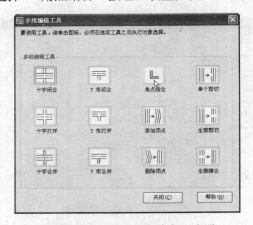

图 4-138　选择"角点结合"选项

（8）然后系统自动回到设计窗口中，接下来修改图中的多线，在这里如果碰到"T"型结合，就要重新设置"多线"命令，操作如图 4-139 所示，编辑后整体效果如图 4-140 所示。

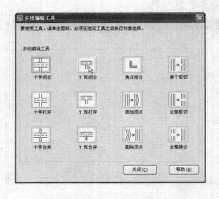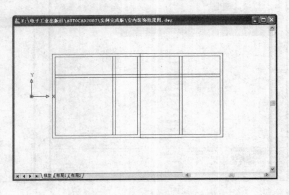

图 4-139　选择"T 型闭合"按钮　　　　　　图 4-140　编辑后的样式

（9）单击工具箱中的"打断"命令按钮，进行如图 4-141 所示的设置，然后删除多余线条，单击工具箱中的"修剪"命令按钮，进行如图 4-142 所示的修剪。

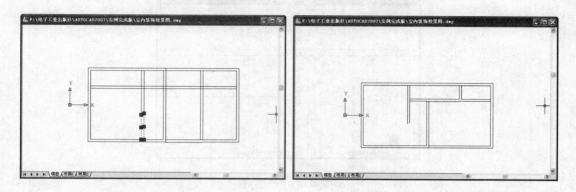

图 4-141　打断线条　　　　　　　　　　　图 4-142　修剪多余线条

（10）单击工具箱中的"直线"命令按钮，将建筑墙体填充，即在断面上绘制封闭直线，如图 4-143 所示。

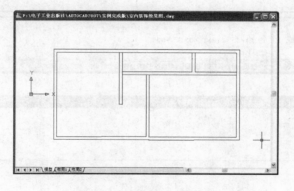

图 4-143　绘制直线

（11）接下来绘制房间的门。单击工具箱中的"打断"命令按钮，进行如图 4-144 所示的操作。

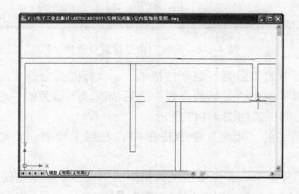

图 4-144　绘制门打断线条

（12）单击工具箱中的"矩形"命令按钮绘制一个门，矩形长度应与图中预留门框宽度一致，效果如图 4-145 所示。

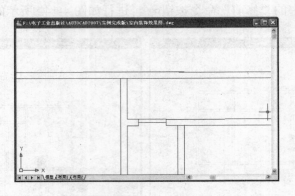

图 4-145　绘制门

（13）再单击工具箱中的"旋转"命令按钮 ，将绘制的门旋转 90°。操作方法为：单击"旋转"命令后，用鼠标选择矩形，单击右键确认，选择矩形右上角为旋转中心，在命令框里输入"−90"完成旋转的操作，命令设置及效果如图 4-146 所示。

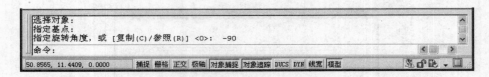

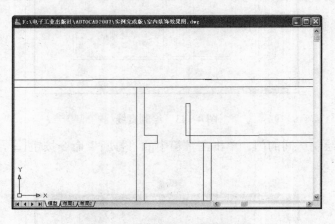

图 4-146　旋转门命令设置及效果

（14）单击工具箱中的"圆弧"命令按钮 ，执行圆弧命令"Arc"，出现提示时，输入"C"，表示从圆（弧）的中心开始画圆弧；之后依次输入圆弧的中心、圆弧起始点以及圆弧终点，绘制完成的房间样式如图 4-147 所示。

（15）单击工具箱中的"矩形"命令按钮 ，在墙上绘制一个矩形，效果如图 4-148 所示。

（16）接下来要等分矩形。首先单击工具箱中的"直线"命令按钮 ，用直线命令把矩形的短边描一下，为了醒目设置"颜色控制按钮" ■ ByLayer 为绿色，效果如图 4-149 所示。

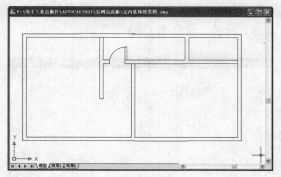

图 4-147　绘制门的效果图

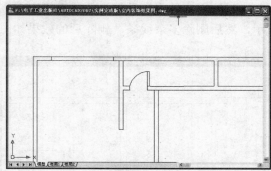

图 4-148　绘制的矩形

（17）执行菜单栏"格式"｜"点样式"命令，在弹出"点样式"对话框中选择"×"样式，"点大小"设置为 3%，其他设置保持默认值，设置效果如图 4-150 所示。

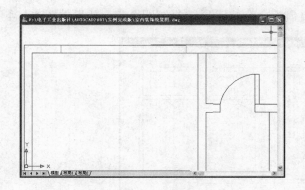

图 4-149　直线描边

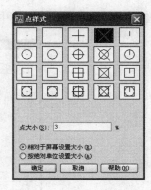

图 4-150　点样式设置

（18）在命令框里输入曲线分割命令"Divide"，线段数目设置为 3，操作及效果如图 4-151 所示。

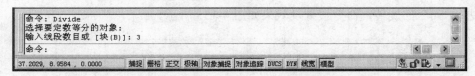

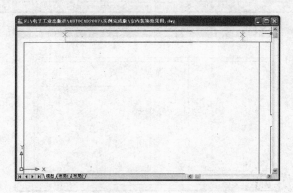

图 4-151　曲线分割效果

（19）再次单击工具箱中的"直线"命令按钮，把等分点连接起来，效果如图 4-152 所示，然后删除多余线条，删除后的效果如图 4-153 所示。至此窗户绘制完毕。

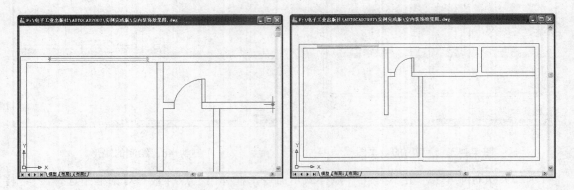

图 4-152　等分效果图　　　　　　　　　　　图 4-153　删除多余线条

（20）接下来单击工具箱中的"复制"命令按钮，复制四个门，效果如图 4-154 所示。

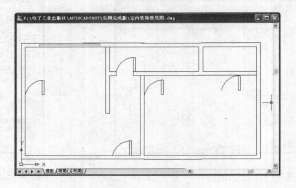

图 4-154　复制门效果

（21）单击工具箱中的"旋转"命令按钮，对门进行适当的旋转，先将左边和中间第二个门进行-90°的旋转，命令设置及效果如图 4-155 所示。

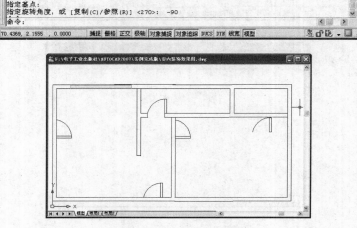

图 4-155　旋转-90°命令设置及效果

（22）再次单击工具箱中的"旋转"命令按钮 🔄，对其他的门进行适当的旋转，最终效果如图 4-156 所示。

（23）将复制的门进行修剪，单击工具箱中的"打断"命令按钮 🔲，将多余线条打断并删除，同时用直线填充断面，效果如图 4-157 所示。

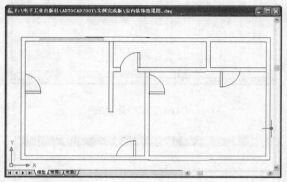
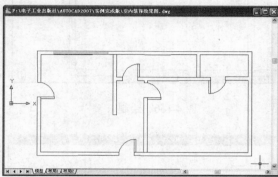

　　　　图 4-156　旋转所有的门后　　　　　　　　　　图 4-157　整体门效果

（24）单击工具箱中的"复制"命令按钮 ✂，复制窗户，同时单击工具箱中的"旋转"命令按钮 🔄 旋转部分窗户，操作同前面的门的制作过程，效果如图 4-158 所示。

（25）单击工具箱中的"拉伸"命令按钮 📐，将界面中的部门窗户拉伸，效果如图 4-159 所示。

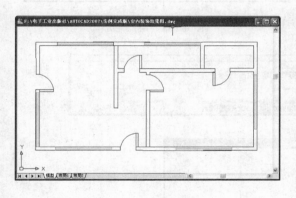

　　　　图 4-158　复制窗户　　　　　　　　　　　　图 4-159　拉伸窗户

（26）使用"Zoom"命令放大右下侧的房间。接下来单击工具箱中的"矩形"命令按钮 ▭，绘制如图 4-160 所示的矩形，表示床。

（27）然后绘制床头柜，床头柜用与墙平行的直线表示。具体操作是单击工具箱中的"直线"命令按钮 ✏，绘制如图 4-161 所示。

（28）单击工具箱中的"直线"命令按钮 ✏，要注意的是，表示床的矩形中的连接线是两个端点与对边的中点的连线，效果如图 4-162 所示。

（29）绘制桌子、沙发。单击工具箱中的"矩形"命令按钮 ▭，绘制如图 4-163 所示的矩形。为了美观，单击工具箱中的"圆角"命令按钮 ⌒，将部分角圆角化，圆角半径设置为 2，具体的设置及效果如图 4-164 所示。

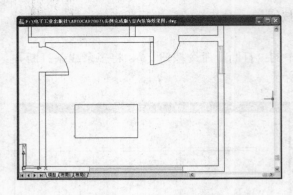

图 4-160　绘制床

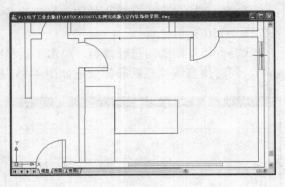

图 4-161　绘制床头柜

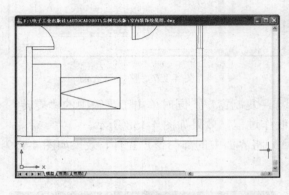

图 4-162　绘制床的矩形中的连接线

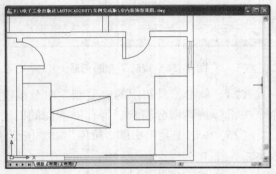

图 4-163　绘制矩形

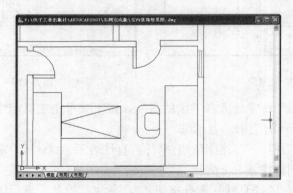

图 4-164　绘制桌子和沙发

（30）之后绘制电话，前面的实例已经介绍过，这里再简单地介绍一下，具体操作是：单击工具箱中的"矩形"命令按钮 ⬜，绘制效果如图 4-165 所示。然后单击工具箱中的"椭圆"命令按钮 ⬭，绘制电话按钮，效果如图 4-166 所示。最后再绘制出电话线，单击工具箱中的"样条曲线"命令按钮 〜，绘制如图 4-167 所示的曲线。

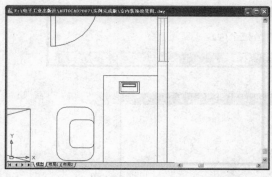

图 4-165　绘制电话模型

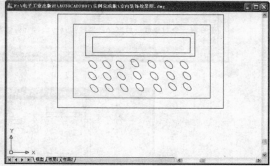

图 4-166　绘制按钮

（31）接下来单击工具箱中的"复制"命令按钮 ，将电话选中，在床头柜上复制一部电话，效果如图 4-167 所示。到这里右下角的房间基本上就设置好了。

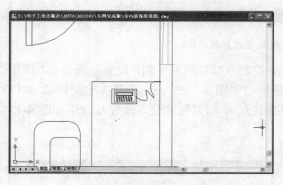

图 4-167　绘制电话线

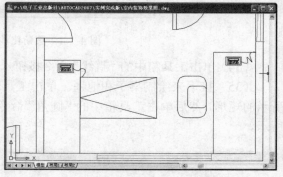

图 4-168　复制电话

（32）在命令框中输入"Zoom"命令，把窗口移到左侧最大房间的左下角，效果如图 4-169 所示。

（33）首先来绘制沙发。具体操作是：单击工具箱中的"矩形"命令按钮 ，绘制如图 4-170 所示的矩形。同样为了美观，单击工具箱中的"圆角"命令按钮 ，将沙发部分角圆角化，命令设置及效果如图 4-171 所示。

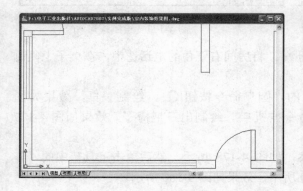

图 4-169　放大的效果图

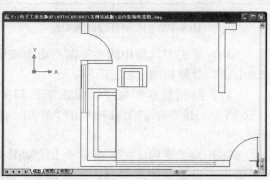

图 4-170　绘制矩形

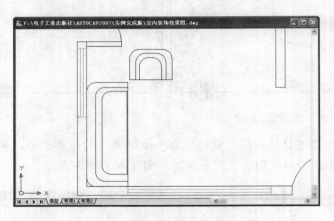

图 4-171　圆角化沙发命令设置及效果

（34）单击工具箱中的"直线"命令按钮，绘制直线将矩形分割，效果如图 4-172 所示。

（35）接下来绘制桌子和地毯。单击工具箱中的"矩形"命令按钮，绘制如图 4-173 所示的矩形，然后单击工具箱中的"圆角"命令按钮，将其圆角化，设置及效果如图 4-174 所示。

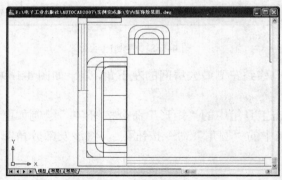

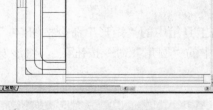

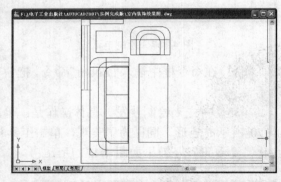

图 4-172　绘制直线分割矩形　　　　　　　　　　图 4-173　绘制矩形

（36）单击工具箱中的"复制"命令按钮，将房间右下角的电话选中，在桌子上复制一部电话，效果如图 4-175 所示。

（37）绘制餐桌和椅子。单击工具箱中的"圆"命令按钮，绘制餐桌，效果如图 4-176 所示。接着单击工具箱中的"矩形"命令按钮，绘制出三把椅子，效果如图 4-177 所示。

（38）为了美观，可以在桌子上绘制图案，如图 4-178 所示，然后单击工具箱中的"阵列"命令按钮，将其阵列，设置如图 4-179 所示，效果如图 4-180 所示。

（39）接下来绘制厨房。用"Zoom"命令把界面左上角放大，效果如图 4-181 所示，然后单击工具箱中的"矩形"命令按钮，绘制如图 4-182 所示的矩形。

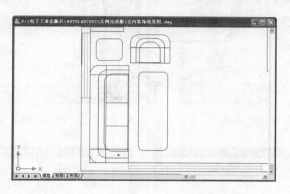

图 4-174　圆角化命令设置及效果

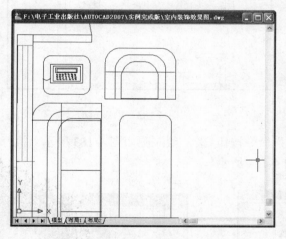

图 4-175　复制电话

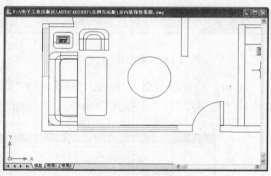

图 4-176　绘制餐桌

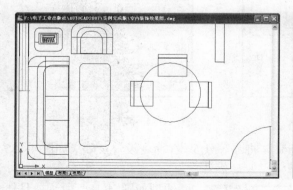

图 4-177　绘制椅子

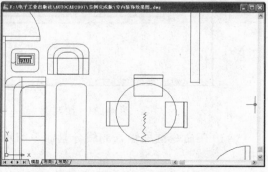

图 4-178　绘制图案

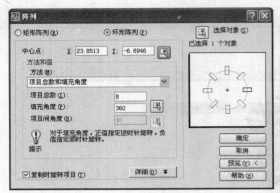

图 4-179　阵列设置

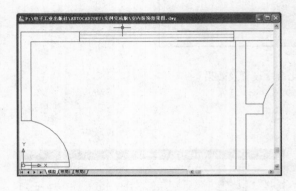

图 4-181　放大左上角效果

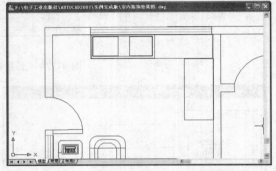

图 4-182　绘制矩形

（40）绘制燃气灶。单击工具箱中的"圆"命令按钮 ⊘ ，绘制圆如图 4-183 所示。执行菜单栏"格式"｜"点样式"命令，设置如图 4-184 所示。

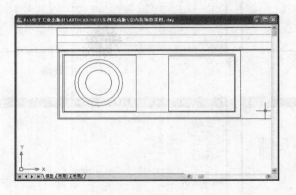

图 4-183　绘制圆

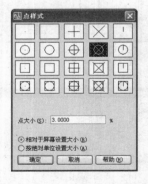

图 4-184　点样式设置

（41）在命令框里输入曲线分割命令"Divide"，将圆等分 5 段，命令设置及效果如图 4-185 所示。

（42）连接各圆，为了效果明显，设置 ———— ByLayer 线型如图 4-186 所示，具体操作是：单击工具箱中的"直线"命令按钮 ／ ，将最外圆与最内圆相同点连接，同时删除多余节点，设置后的效果如图 4-187 所示。

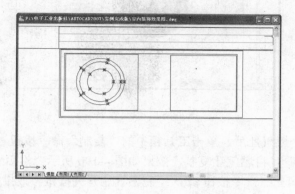

图 4-185　曲线分割

图 4-186　设置线形控制

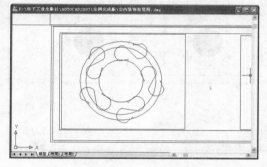

图 4-187　绘制燃气灶

（43）单击工具箱中的"图案填充"命令按钮 ，将内圆填充，设置如图 4-188 所示，效果如图 4-189 所示。

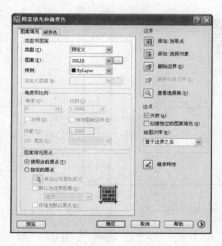

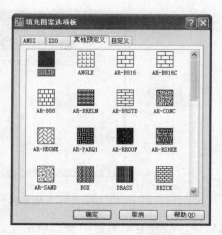

图 4-188　图案填充设置

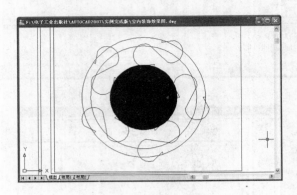

图 4-189　填充效果

（44）设置好一个燃气灶后，单击工具箱中的"复制"命令按钮 ，或者单击工具箱中的"镜像"命令按钮 ，将燃气灶复制，效果如图 4-190 所示。然后选择工具箱中的"圆"命令按钮 、"图案填充"命令按钮 ，绘制燃气灶开关按钮，效果如图 4-191 所示。

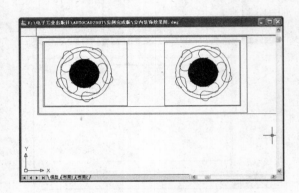

图 4-190　复制燃气灶

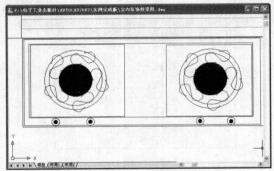

图 4-191　绘制开关按钮

（45）单击工具箱中的"直线"命令按钮 ，绘制如图 4-192 所示的直线，至此左上角房间的设置已经完成。

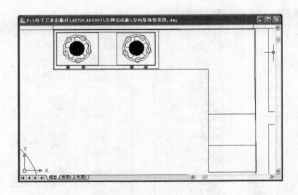

图 4-192　绘制直线

（46）最后绘制卫生间及阳台。单击工具箱中的"矩形"命令按钮 ，绘制如图 4-193 所示的矩形。然后单击工具箱中的"打断"命令按钮 ，将阳台的矩形打断，效果如图 4-194

所示。

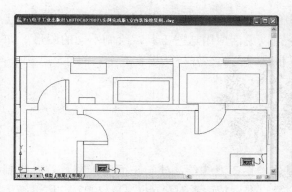

图 4-193 绘制矩形

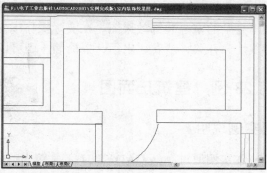

图 4-194 打断的矩形

（47）绘制便桶。单击工具箱中的"椭圆"命令按钮 ⬭ ，绘制如图 4-195 所示的椭圆。为了美观，可以在桌子上绘制一盆花，具体操作在这里不介绍了，效果如图 4-196 所示。

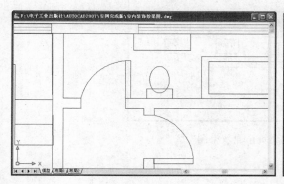

图 4-195 绘制椭圆

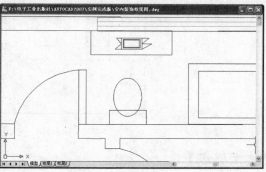

图 4-196 绘制花

（48）最后绘制浴缸的开关，设置如图 4-197 所示，至此室内装饰全部完成，整体效果如图 4-129 所示。

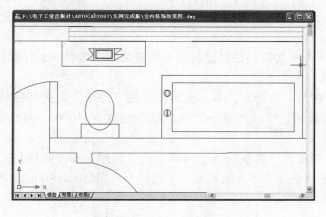

图 4-197 绘制浴缸开关

【举一反三】

　　在本实例中通过 AutoCAD 2007 工具箱中的各式工具以及多线编辑工具的配合使用，绘制出复杂的室内装饰效果图。在实际操作中，可以灵活应用这些工具，绘制不同的图形，如燃气灶、开关、沙发、电话、桌椅等，还可以根据自己的喜好将其设置成不同的样式。

第28例　建筑正面图

【实例说明】

　　本实例通过 AutoCAD 2007 工具箱中的基本绘图工具来绘制建筑正面施工图。首先绘制建筑的轮廓、窗户，然后阵列窗户、绘制台阶等。本例使读者对 AutoCAD 2007 中建筑施工图这一大类有所了解。其最终效果如图 4-198 所示。

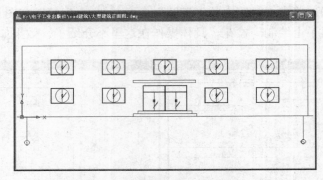

图 4-198　大型建筑正面效果图

【技术要点】

　　（1）"矩形"命令按钮 ▭ 的使用。
　　（2）"阵列"命令按钮 ▦、"镜像"命令按钮 ◣◢ 的使用。
　　（3）工具箱中的"偏移" ⬚、"删除" ✐、"复制" ⬚ 命令按钮的使用。
　　（4）工具箱中的"圆" ⊘　、"圆弧" ⌒、"直线" ✐ 命令按钮的使用。

【制作步骤】

　　（1）启动 AutoCAD 2007，在创建新图形的对话框中选择"无样板打开—英制"项，单击"确定"按钮新建一个文件。

　　（2）首先绘制建筑大体轮廓。单击工具箱中的"矩形"命令按钮 ▭，以（0，0）为起点绘制矩形，在命令设置之下输入另一个角点为（58500，15000），具体命令设置及绘制效果如图 4-199 所示。

　　（3）接下来绘制窗户。再次单击工具箱中的"矩形"命令按钮 ▭，以（6000，3000）为起点绘制矩形，在命令设置之下输入另一个角点为（@4500，3000），具体命令设置及绘制效果如图 4-200 所示。

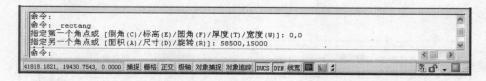

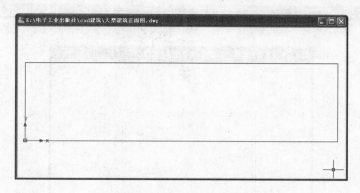

图 4-199　绘制建筑轮廓

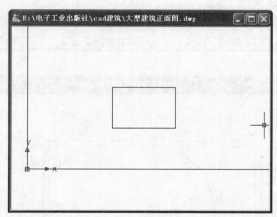

图 4-200　绘制窗户

（4）绘制窗户内框。单击工具箱中的"偏移"命令按钮，以窗户矩形为偏移对象，设置偏移距离为 100，具体命令设置及偏移效果如图 4-201 所示。

（5）单击工具箱中的"圆弧"命令按钮，以（8250，3000）为起点绘制圆弧，在命令提示之下输入第二个点为（@-50，6），然后设置圆弧的端点为（@0，3000），具体命令设置及绘制效果如图 4-200 所示。

（6）单击工具箱中的"镜像"命令按钮，设置镜像对象为圆弧，指定镜像线的第一点为（8250，3000），指定镜像线的第二点为（@0，3000），在命令提示之下输入非删除镜像源对象"N"，具体命令设置及镜像效果如图 4-203 所示。

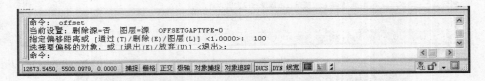

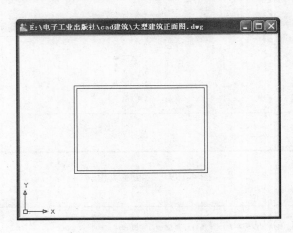

图 4-201　绘制窗户内框

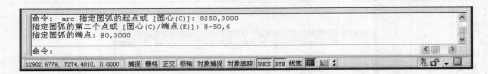

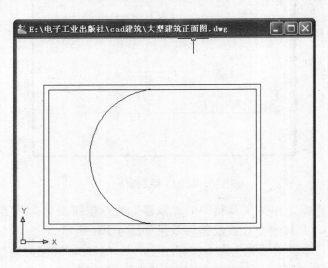

图 4-202　绘制圆弧命令设置及效果

（7）设置好窗户内框后，接下来设置把手。单击工具箱中的"偏移"命令按钮，以左边圆弧为偏移对象，设置偏移距离为 1200，向右侧偏移。具体命令设置及偏移效果如图 4-204 所示。

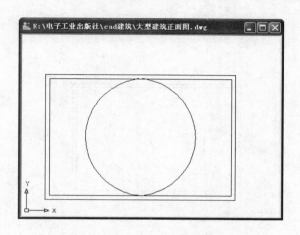

图 4-203　镜像命令设置及效果

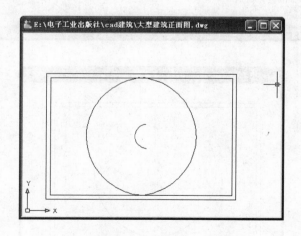

图 4-204　偏移左边圆弧命令设置及效果

（8）设置好左侧窗户外框后，接下来设置右侧把手。再次单击工具箱中的"偏移"命令按钮，以右边圆弧为偏移对象，同样设置偏移距离为 1200，向内侧偏移。具体命令设置及偏移效果如图 4-205 所示。

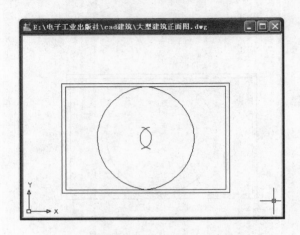

图 4-205　偏移右边圆弧命令设置及效果

（9）至此窗户基本上绘制完成，最后还要绘制窗棂。单击工具箱中的"直线"命令按钮 ，以（8250，3000）为起点绘制直线，在命令提示之下输入下一点为（@0，3000），具体命令设置及绘制效果如图 4-206 所示。

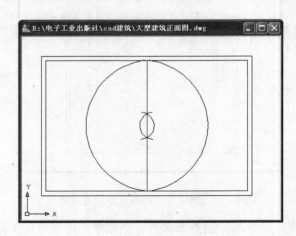

图 4-206　绘制窗棂

（10）绘制玻璃特效。再次单击工具箱中的"直线"命令按钮 ，以（8100，3900）为起点绘制直线，在命令提示之下输入下一点为（@900，1200），具体命令设置及绘制效果如

图 4-207 所示。

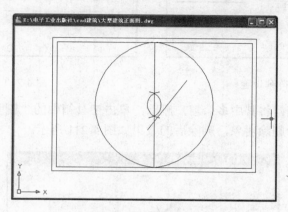

图 4-207　绘制玻璃特效

（11）再次单击工具箱中的"直线"命令按钮，以（8200，4000）为起点绘制直线，在命令提示之下输入下一点为（@900，1200），具体命令设置及绘制效果如图 4-208 所示。

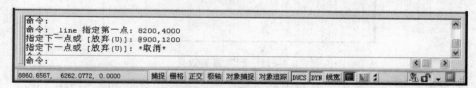

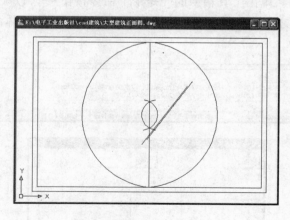

图 4-208　绘制直线

（12）到这里窗户绘制完毕。接下来阵列窗户，单击工具箱中的"阵列"命令按钮，设置窗户为阵列对象，选择矩形阵列，设置行为 2，列为 5，设置行偏移为 6000，设置列偏移为 10500，具体命令设置如图 4-209 所示。此时效果如图 4-210 所示。

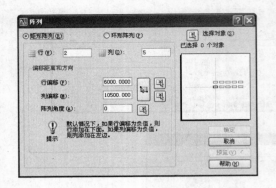

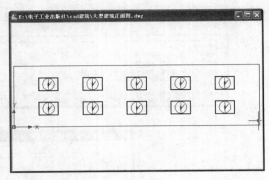

图 4-209　阵列设置　　　　　　　　　　　　图 4-210　阵列效果

（13）为了绘制门，将其中多余窗户删除。单击工具箱中的"删除"命令按钮，选择第一列最中间的窗户为删除对象，删除后的效果如图 4-211 所示。

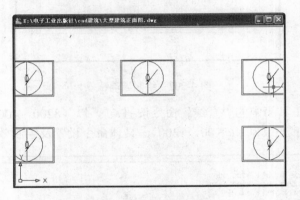

图 4-211　删除后的效果

（14）绘制左侧门。单击工具箱中的"矩形"命令按钮，以（24750，1200）为起点绘制矩形，在命令提示之下输入另一个角点为（@4500，5400），具体命令设置及绘制矩形效果如图 4-212 所示。

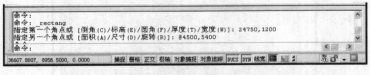

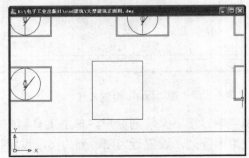

图 4-212　绘制左侧门

（15）再次单击工具箱中的"矩形"命令按钮 ▭，以（24850，1300）为起点绘制矩形，在命令提示之下输入另一个角点为（@2150，3900），具体命令设置及绘制矩形效果如图 4-213 所示。

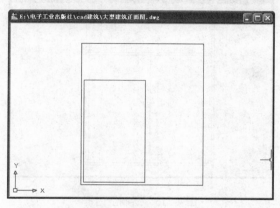

图 4-213　绘制门内左侧矩形

（16）接下来再次单击工具箱中的"矩形"命令按钮 ▭，以（27000，1300）为起点绘制矩形，在命令提示之下输入另一个角点为（@2150，3900），具体命令设置及绘制矩形效果如图 4-214 所示。

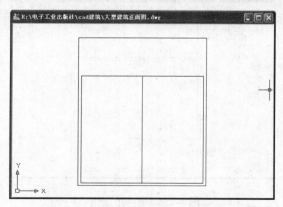

图 4-214　绘制门内右侧矩形

（17）绘制上门框。单击工具箱中的"矩形"命令按钮 ▭，以（24850，5300）为起点绘制矩形，在命令提示之下输入另一个角点为（@4300，1200），具体命令设置及绘制矩形效果如图 4-215 所示。

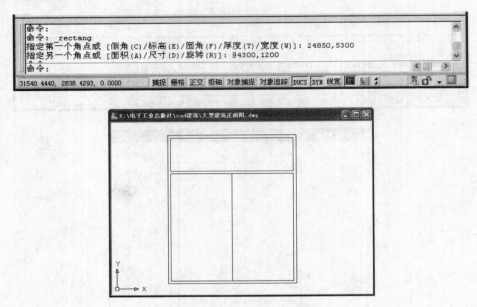

图 4-215　绘制上门框

（18）门的大体轮廓已经绘制完毕，接下来绘制门把手。单击工具箱中的"矩形"命令按钮 ⊡ ，以（26800，3150）为起点绘制矩形，在命令提示之下输入另一个角点为（@100，500），具体命令设置及绘制矩形效果如图 4-216 所示。

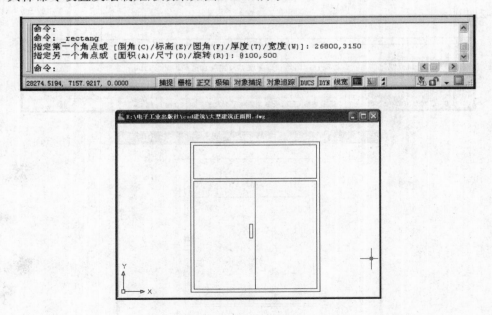

图 4-216　绘制门把手

（19）单击工具箱中的"镜像"命令按钮 ◬ ，选择左侧门把手为镜像对象，设置镜像线的第一点为（27000，1300），设置镜像线的第二个点为（27000，4000），在命令提示之下输入非删除镜像源对象：N，具体命令设置及镜像效果如图 4-217 所示。

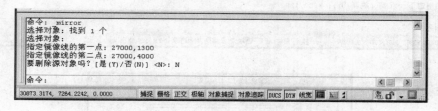

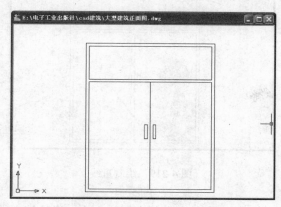

图 4-217 镜像绘制右侧门把手

（20）再次绘制玻璃特效。单击工具箱中的"直线"命令按钮，以（26800，1800）为起点，在命令提示之下输入另一个点为（@900，1200），具体命令设置及绘制效果如图 4-218 所示。

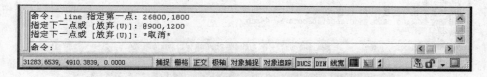

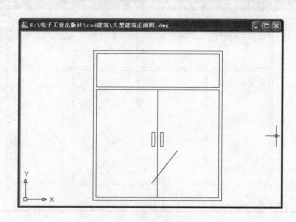

图 4-218 绘制玻璃特效

（21）再次单击工具箱中的"直线"命令按钮，以（26900，2000）为起点，在命令提示之下输入另一个点为（@900，1200），具体命令设置及绘制效果如图 4-219 所示。

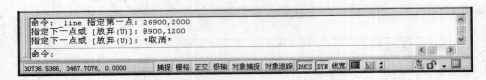

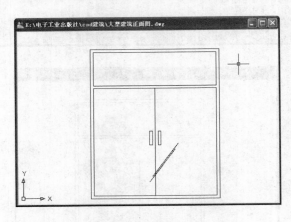

图 4-219　绘制直线

（22）至此左扇门绘制完毕。接下来复制右侧门，单击工具箱中的"复制"命令按钮 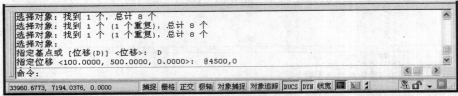，选择左侧门为复制对象，设置位移距离为（@4500，0），具体命令设置及复制效果如图 4-220 所示。

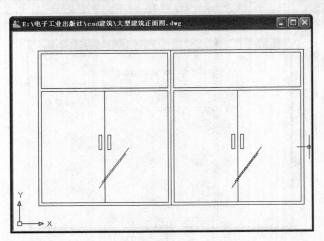

图 4-220　复制门

（23）门已经绘制完毕，接下来绘制台阶。单击工具箱中的"矩形"命令按钮 ▭，以（23750，600）为起点绘制矩形，在命令提示之下输入另一个角点为（@11000，600），具体命令设置及绘制矩形效果如图 4-221 所示。

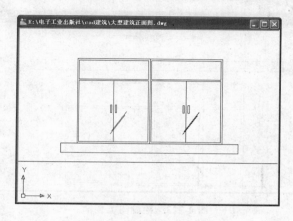

图 4-221 绘制台阶

（24）绘制第二个台阶，再次单击工具箱中的"矩形"命令按钮 □，以（22750，0）为起点绘制矩形，在命令提示之下输入另一个角点为（@13000，600），具体命令设置及绘制矩形效果如图 4-222 所示。

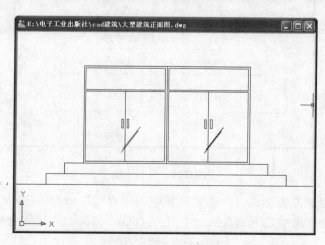

图 4-222 绘制第二个台阶

（25）台阶绘制完毕，接下来绘制门上装饰。单击工具箱中的"矩形"命令按钮 □，以（22750，7200）为起点绘制矩形，在命令提示之下输入另一个角点为（@12800，510），具体命令设置及绘制矩形效果如图 4-223 所示。

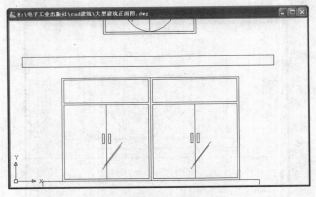

图 4-223　绘制门上装饰

（26）接下来绘制地线。单击工具箱中的"直线"命令按钮，以（-1000，0）为起点绘制直线，在命令提示之下输入另一点为（@60500，0），具体命令设置及绘制直线效果如图 4-224 所示。

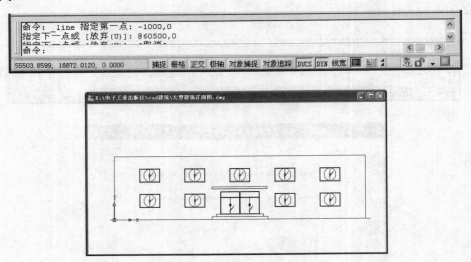

图 4-224　绘制地线

（27）接下来绘制左侧轴线。单击工具箱中的"直线"命令按钮，以（1000，0）为起点绘制直线，在命令提示之下输入另一个点为（@0，-5000），具体命令设置及绘制直线效果如图 4-225 所示。

（28）单击工具箱中的"圆"命令按钮，以（1000，-5500）为圆心绘制半径为 500mm的圆 R500，具体命令设置及绘制圆效果如图 4-226 所示。

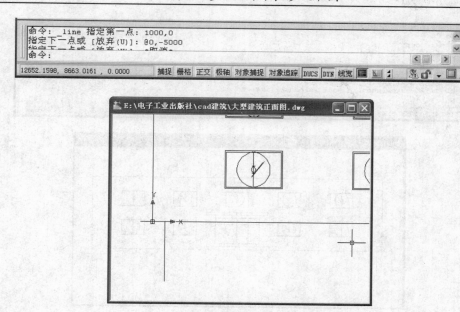

图 4-225　绘制左侧轴线

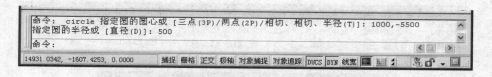

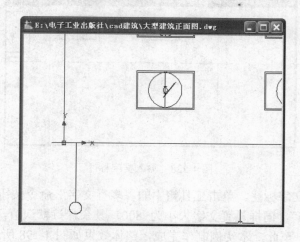

图 4-226　绘制圆

（29）复制右侧轴线。单击工具箱中的"复制"命令按钮 ，以左侧轴线为复制对象，设置位移距离为（@56500，0），具体命令设置及复制效果如图 4-227 所示。

（30）输入文字标注。单击工具箱中的"多行文字"命令按钮 **A**，选择左侧圆为绘制部位，输入数字"1"，设置文字大小为 800，其余保持默认值，具体命令设置及绘制效果如图4-228 所示。

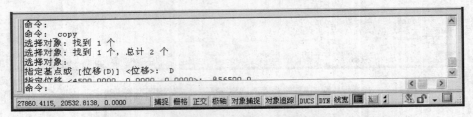

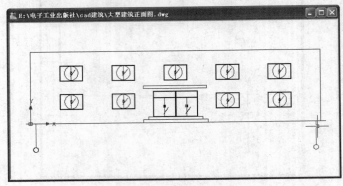

图 4-227　复制右侧轴线

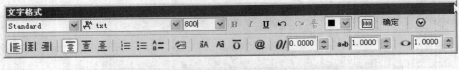

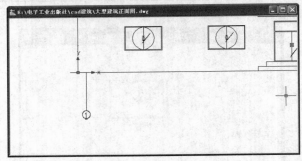

图 4-228　输入文字标注

（31）输入右侧文字标注。单击工具箱中的"多行文字"命令按钮 **A**，选择右侧圆为绘制部位，输入数字"6"，同样设置文字大小为 800，其余保持默认值，具体命令设置及绘制效果如图 4-229 所示。至此，本实例制作完成，整体效果如图 4-198 所示。

【举一反三】

本实例通过 AutoCAD 2007 工具箱中的基本绘图工具"矩形"、"阵列"、"镜像"、"偏移"、"删除"、"复制"、"圆"、"圆弧"、"直线"等的使用，制作出大型建筑的正面效果图。本例主要使读者熟练掌握"矩形"、"镜像"、"阵列"命令的使用，掌握建筑施工图中尺寸的控制。在实际制作中，可以尝试应用标注来表明此建筑，如标注 1~6 表示一共有六根承重柱。

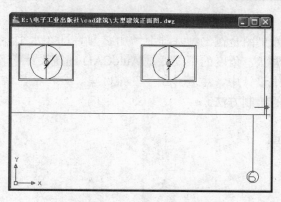

图 4-229　设置文字效果

第5章　建筑家具电器三维效果

建筑家具电器三维效果图是在二维基础上增加 Z 轴，即在水平界面增加纵轴的效果图，它能够反映三维界面中形状、角度的不同，是 AutoCAD 建筑设计学习中极为重要的一部分。在本章建筑家具电器三维设计中，主要介绍了三维圆桌、立体柜、装饰灯、旋转门、支架、电子体重秤等建筑模型的绘制方法。

第 29 例　三维圆桌

【实例说明】

本实例通过 AutoCAD 2007 工具箱中的基本绘图工具来绘制三维建筑模型圆桌，首先绘制支架、桌面，然后绘制装饰底板。本例使读者对 AutoCAD 2007 中的三维基础工具有所了解。其最终效果如图 5-1 所示。

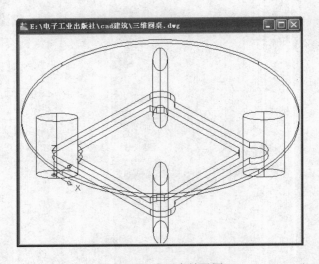

图 5-1　三维圆桌效果图

【技术要点】

（1）"建模"工具箱中"圆柱体"命令按钮■的使用。
（2）"阵列"命令按钮▦的使用。
（3）工具箱中的"矩形"命令按钮▢的使用。
（4）工具箱中的"圆"命令按钮⊘、"修剪"命令按钮⊹的使用。

【制作步骤】

（1）启动 AutoCAD 2007，在创建新图形的对话框中选择"无样板打开—英制"项，单击"确定"按钮新建一个文件。

（2）鼠标右键单击菜单栏的空白处，在弹出的下拉菜单中选择"建模"命令，操作如图 5-2 所示，打开如图 5-3 所示的"建模"对话框。

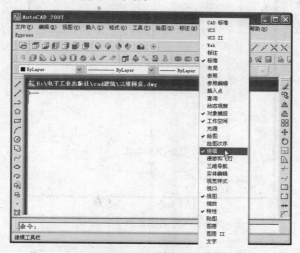

图 5-2　执行"建模"命令

图 5-3　打开"建模"对话框

（3）单击"建模"工具栏中的"圆柱体"命令按钮，绘制圆柱体。在命令提示之下依次输入椭圆命令"E"、设置中心点"C"、指定中心点（0，0，0）、第一轴距离"50"、第二个轴端点（100，100，0）、高度"500"等命令，具体命令设置及绘制效果如图 5-4 所示。

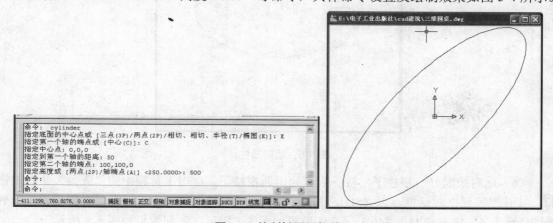

图 5-4　绘制椭圆圆柱体

（4）此时界面中看不出三维效果，单击"视图"工具箱的"东南等轴测"命令按钮，将界面切换到东南角度，此时界面的效果如图 5-5 所示。

（5）单击"建模"工具栏中的"圆柱体"命令按钮，以（500，500，500）为中心点绘制圆柱体，设置圆柱体底面半径为 950mm，高度为 30mm，具体命令设置及绘制效果如图 5-6 所示。

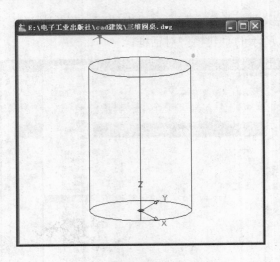

图 5-5　绘制圆柱体东南角度

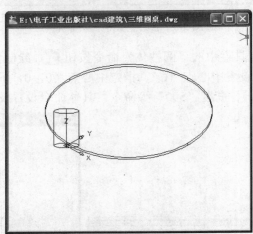

图 5-6　绘制圆柱体

（6）此时绘制好一根柱子，接下来阵列出四根柱子。单击工具箱中的"阵列"命令按钮 ，打开"阵列"对话框，以（500，500）为中心点阵列，选择柱子为阵列对象，设置阵列项目总数为 4，填充角度为 360°，具体设置如图 5-7 所示，阵列效果如图 5-8 所示。

（7）绘制装饰底板。单击工具箱中的"矩形"命令按钮 ，以（50，50，150）为起点绘制矩形，在命令提示之下输入（@850，850），具体命令设置及绘制效果如图 5-9 所示。

（8）单击工具箱中的"偏移"命令按钮 ，以底部矩形为偏移对象，设置偏移距离为100mm，向外偏移，偏移效果如图 5-10 所示。

（9）单击工具箱中的"圆"命令按钮 ，以（50，50，150）为圆心绘制半径为 100mm 的圆 R100，具体命令设置及绘制效果如图 5-11 所示。

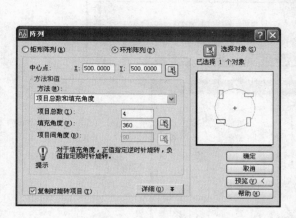

图 5-7　阵列设置

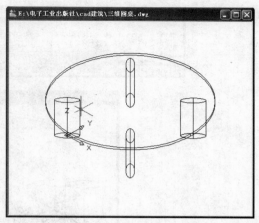

图 5-8　阵列效果

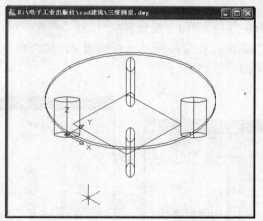

图 5-9　绘制矩形

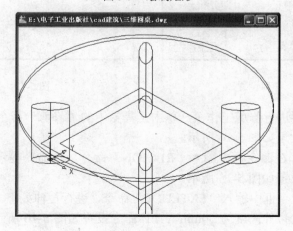

图 5-10　偏移效果

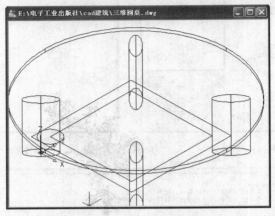

图 5-11　绘制圆 R100

（10）单击工具箱中的"阵列"命令按钮 ，打开"阵列"对话框，勾选上"环形阵列"选项，选择阵列对象为圆 R100，设置阵列项目总数为 4，填充角度为 360°，具体阵列设置如图 5-12 所示，阵列效果如图 5-13 所示。

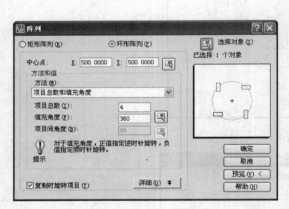

图 5-12　阵列设置

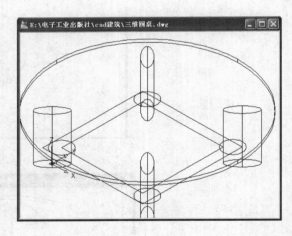

图 5-13　阵列效果

（11）接下来就要进行修剪工作了。单击工具箱中的"修剪"命令按钮，将圆与两个矩形融合，修剪后的效果如图 5-14 所示。

（12）定义面域。在命令框中输入"REGION"命令，在命令提示之下选择修剪后的底板为对象，具体命令设置如图 5-15 所示。

（13）接下来在命令框中输入"EXTEUDE"命令，进行拉伸处理。在命令提示之下选择底板为拉伸对象，设置拉伸高度为 50mm，具体命令设置如图 5-16 所示。绘制完毕，整体效果如图 5-1 所示。

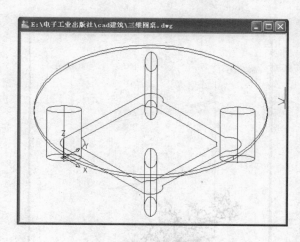

图 5-14　修剪后的效果

```
命令: REGION
选择对象: 找到 1 个
选择对象: 找到 1 个, 总计 2 个
选择对象: 找到 1 个, 总计 3 个
选择对象: 找到 1 个, 总计 4 个
命令:
```
722.7719, 519.6419, 0.0000　捕捉　栅格　正交　极轴　对象捕捉　对象追踪　DUCS　DYN　线宽

图 5-15　定义面域命令设置

```
命令: EXTRUDE
当前线框密度:  ISOLINES=4
选择要拉伸的对象: 找到 1 个
选择要拉伸的对象: 找到 1 个, 总计 2 个
选择要拉伸的对象:
指定拉伸的高度或 [方向(D)/路径(P)/倾斜角(T)]: 50
命令:
```
-512.5479, 2126.4158, 0.0000　捕捉　栅格　正交　极轴　对象捕捉　对象追踪　DUCS　DYN　线宽

图 5-16　拉伸设置

【举一反三】

　　本实例通过 AutoCAD 工具箱中的"圆柱体"、"阵列"、"矩形"、"圆"、"修剪"等命令按钮的使用，制作出圆桌的三维立体效果。此小节主要使读者了解三维"建模"工具箱中的"圆柱体"命令的使用，以及"阵列"命令的广泛应用。在实际制作中，可以尝试应用不同的材质，渲染出更加真实的效果。

第 30 例　立体柜

【实例说明】

　　本实例通过 AutoCAD 2007 工具箱中的基本绘图工具绘制三维立体柜，首先绘制立体柜主体，然后绘制凹槽、顶层面板等。其最终效果如图 5-17 所示。

【技术要点】

　　（1）"建模"工具箱中"圆柱体"命令按钮 的使用。

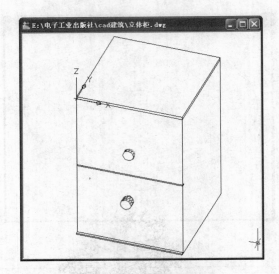

图 5-17　三维立体柜效果图

（2）"长方体"命令按钮  的使用。

（3）工具箱中的"直线"命令按钮 的使用。

（4）工具箱中的"复制"命令按钮 的使用。

【制作步骤】

（1）启动 AutoCAD 2007，在创建新图形的对话框中选择"无样板打开-英制"项，单击"确定"按钮新建一个文件。

（2）鼠标右键单击菜单栏的空白处，弹出下拉菜单，选择"ACAD" ｜ "建模"命令，打开如图 5-18 所示的"建模"对话框。

图 5-18　建模对话框

（3）单击"建模"工具栏中的"长方体"命令按钮 ，以（0，0，0）为起点绘制长方体，在命令提示之下输入"L"、"400"、"400"、"600"等命令，具体命令设置及绘制效果如图 5-19 所示。

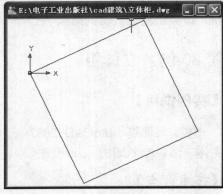

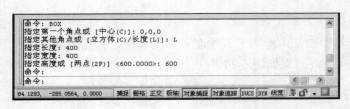

图 5-19　绘制长方体命令设置及效果

（4）单击"视图"工具箱的"西南等轴测"命令按钮，将界面切换到西南角度，此时界面的效果如图 5-20 所示。

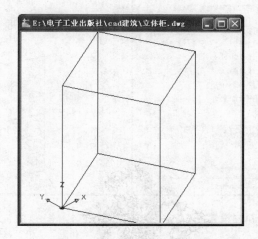

图 5-20　界面处于西南角度

（5）接下来设置用户坐标，在命令框中输入"UCS"命令，在命令提示之下输入"F"，选择长方体最前一面为坐标面，具体命令设置及此时界面的效果如图 5-21 所示。

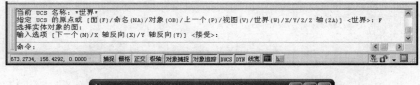

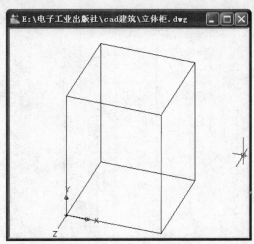

图 5-21　新坐标的设置

（6）单击"对象捕捉"工具箱中的"对象捕捉设置"命令按钮，打开"草图设置"对话框，选择"对象捕捉"选项卡，勾选上"启用对象捕捉"和"启用对象捕捉追踪"选项，然后选择"端点"、"中点"、"垂足"、"圆心"等复选框，具体操作如图 5-22 所示。

（7）单击工具箱中的"直线"命令按钮，连接长方体最前一面左右边的中点，效果如图 5-23 所示。

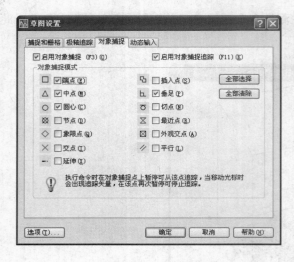

图 5-22　草图设置

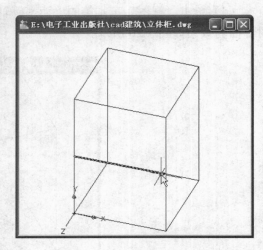

图 5-23　连接中点

（8）单击"建模"工具栏中的"圆柱体"命令按钮，以（200，200，0）为圆柱体底面的中心点绘制圆柱体，在命令提示之下输入圆柱体底面的半径为 10mm，设置圆柱体高度为 15mm，具体命令设置及绘制效果如图 5-24 所示。

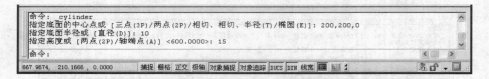

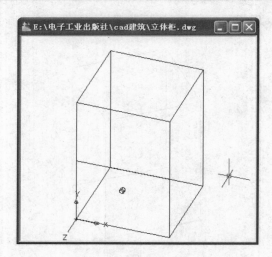

图 5-24　绘制圆柱体

（9）再次单击"建模"工具栏中的"圆柱体"命令按钮，以（200，200，15）为圆柱体底面的中心点绘制圆柱体，在命令提示之下输入圆柱体底面的半径为 20，设置圆柱体高度为 30，具体命令设置及绘制效果如图 5-25 所示。

（10）单击工具箱中的"复制"命令按钮，以两个圆柱体为复制对象，设置长方体最前一面的中线的中点为基点进行复制，复制效果如图 5-26 所示。

```
命令: cylinder
指定底面的中心点或 [三点(3P)/两点(2P)/相切、相切、半径(T)/椭圆(E)]: 200,200,15
指定底面半径或 [直径(D)] <10.0000>: 20
指定高度或 [两点(2P)/轴端点(A)] <15.0000>: 30
命令:
```
227.2809, 221.6562, 0.0000　　捕捉　栅格　正交　极轴　对象捕捉　对象追踪　DUCS　DYN　线宽

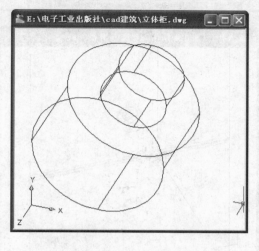

图 5-25　绘制圆柱体

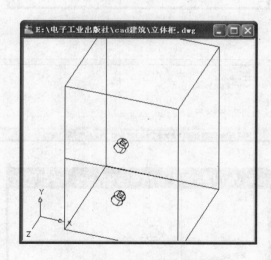

图 5-26　复制效果

（11）单击"建模"工具栏中的"长方体"命令按钮，以（0，300，0）为起点绘制长方体，在命令提示之下依次输入"L"、"400"、"5"、"−10"等命令，具体命令设置及绘制效果如图 5-27 所示。

（12）再次单击"建模"工具栏中的"长方体"命令按钮，以（0，0，0）为起点绘制长方体，在命令提示之下依次输入"L"、"400"、"5"、"−10"等命令，具体命令设置及绘制效果如图 5-28 所示。

（13）至此，立体柜的正前方已经设置完毕，接下来再次设置用户坐标。在命令框中输入"UCS"命令，然后根据命令提示输入面"F"，选择长方体的顶面为坐标面，具体命令设置及界面此时的效果如图 5-29 所示。

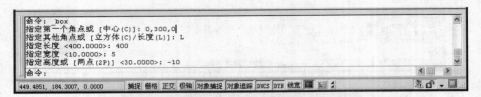

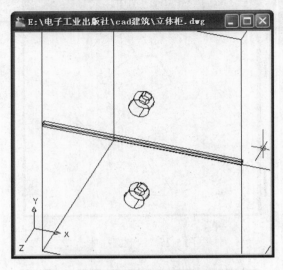

图 5-27　绘制长方体

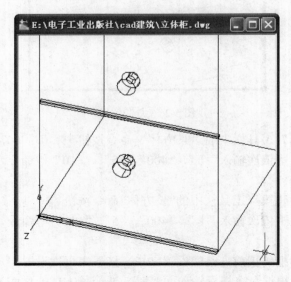

图 5-28　再次绘制长方体

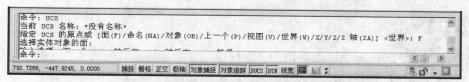

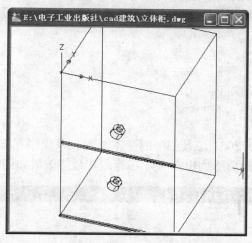

图 5-29　界面坐标设置及效果

（14）单击"建模"工具栏中的"长方体"命令按钮 ，以（0，0，0）为起点绘制长方体，在命令提示下输入下一个角点为（@400，400，0），具体命令设置及绘制效果如图 5-30 所示。

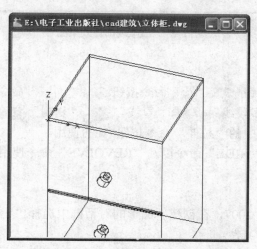

图 5-30　绘制长方体

（15）最后在命令框中输入消隐命令"HIDE"，完成本实例的制作。整体效果如图 5-17 所示。

【举一反三】

在本实例中通过 AutoCAD 工具箱中"圆柱体"、"长方体"、"直线"、"复制"等命令的使用，制作出立体柜的三维效果。本实例主要使用"长方体"命令，在实际制作中，可灵活应用"建模"工具箱中的"圆柱体"、"长方体"命令，尝试不同的设置，制作出不同样式的立体柜。

第 31 例　装饰灯

【实例说明】

本实例通过 AutoCAD 2007 工具箱中的基本绘图工具绘制三维立体装饰灯，首先绘制单个吊杆，然后绘制灯芯，最后阵列出多个灯芯等。其最终效果如图 5-31 所示。

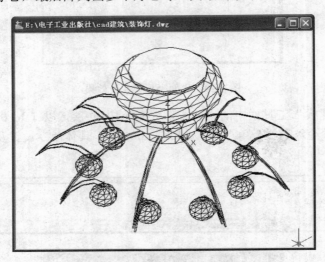

图 5-31　三维装饰灯效果图

【技术要点】

（1）"圆弧"命令按钮 、"圆"命令按钮 、"面域"命令按钮 的使用。

（2）工具箱中的"多段线" 、"直线" 、"复制" 命令按钮的使用。

（3）"建模"工具栏中的"拉伸"命令按钮 的使用。

（4）"UCS"命令、"HIDE"命令以及"REVOLVE"命令使用。

【制作步骤】

（1）启动 AutoCAD 2007，在创建新图形的对话框中选择"无样板打开—英制"项，单击"确定"按钮新建一个文件。

（2）单击"视图"工具箱的"东南等轴测"命令按钮 ，将界面切换到东南角度，此时界面如图 5-32 所示。

（3）设置新坐标。在命令框中输入"UCS"命令，然后在命令提示之下依次输入"X"、"90"等命令，具体命令设置及此时界面的效果如图 5-33 所示。

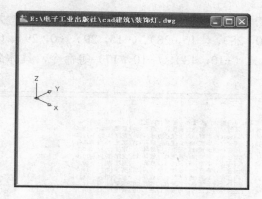

图 5-32　界面处于东南角度

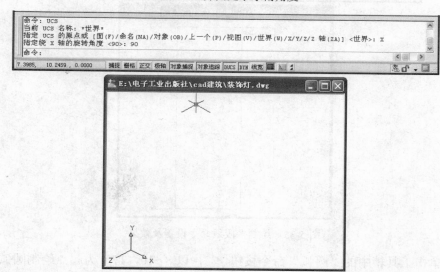

图 5-33　改变坐标命令设置及效果

（4）执行菜单栏上的"视图" | "三维视图" | "平面视图" | "当前 UCS"命令，操作如图 5-34 所示。

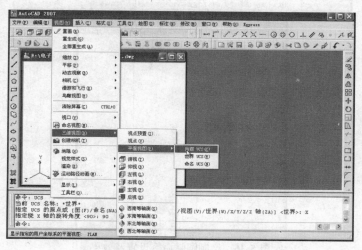

图 5-34　执行"当前 UCS"命令

（5）单击工具箱中的"多段线"命令按钮 ，以（-10，25）为起点绘制多段线，在命令提示之下依次输入（-10，28）、（-15，28）、（-15，29）、（0，29）、（0，0）、（-10，0）、（-10，5）、（-15，7）、（-15，11）、（-10，13）、（-10，17）等命令，具体命令设置及绘制效果如图5-35所示。

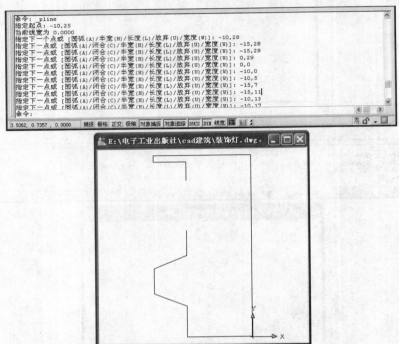

图 5-35　绘制多段线命令设置及效果

（6）单击工具箱中的"圆弧"命令按钮 ，以（-10，17）为起点绘制圆弧，在命令提示之下依次输入（-13，15）、（-10，25）等命令，具体命令设置及绘制效果如图5-36所示。

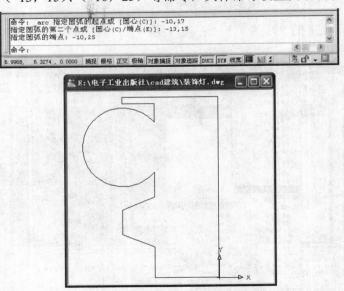

图 5-36　绘制圆弧命令设置及效果

（7）执行菜单栏上的"修改"｜"对象"｜"多段线"命令，操作如图 5-37 所示。根据提示选择圆弧与之前绘制的多段线，在命令框中依次输入多条线段命令"M"、转换为多段线命令"Y"、合并命令"J"，具体命令设置如图 5-38 所示。

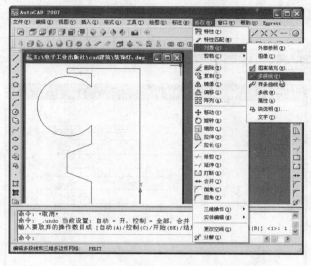

图 5-37　执行"多段线"命令

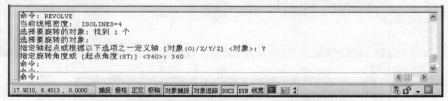

图 5-38　多段线命令设置

（8）在命令框中输入"REVOLVE"命令，设置界面中的多段线图形为旋转对象，以 Y 轴为旋转轴，设置旋转角度为 360°，具体命令设置及旋转效果如图 5-39 所示。

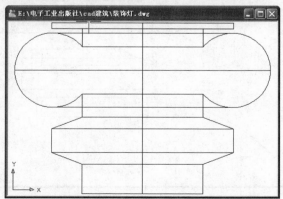

图 5-39　旋转角度设置及旋转效果

（9）单击工具箱中的"圆弧"命令按钮 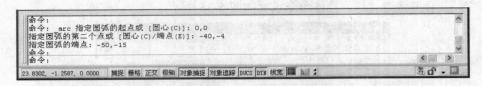，以（0，0）为起点绘制圆弧，在命令提示之下依次输入（-40，-4）、（-50，-15）等命令，具体命令设置及绘制效果如图 5-40 所示。

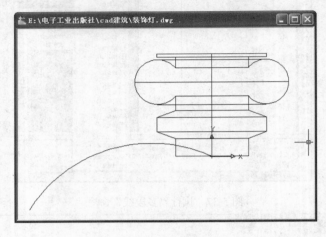

图 5-40　绘制圆弧

（10）再次单击工具箱中的"圆弧"命令按钮 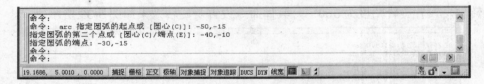，以（-50，-15）为起点绘制圆弧，在命令提示之下依次输入（-40，-10）、（-30，-15）等命令，具体命令设置及绘制效果如图 5-41 所示。

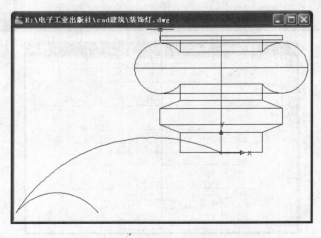

图 5-41　再次绘制圆弧

（11）再次执行菜单栏上的"修改"｜"对象"｜"多段线"命令，操作如图 5-42 所示。根据提示选择圆弧与之前绘制的多段线，在命令框中依次输入多条线段命令"M"、转换为多段线命令"Y"、合并命令"J"，具体命令设置如图 5-43 所示。

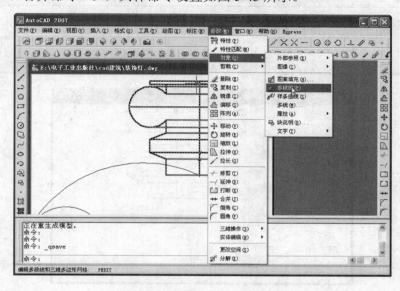

图 5-42　执行"多段线"命令

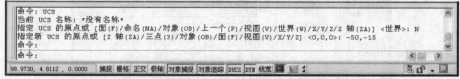

图 5-43　合并多段线命令设置

（12）修改坐标。在命令框中输入"UCS"命令，在命令提示之下输入命名新坐标"N"、新坐标（−50，−15），具体命令操作及修改坐标效果如图 5-44 所示。

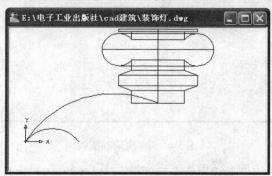

图 5-44　修改坐标命令调置及效果

（13）单击工具箱中的"圆弧"命令按钮 ，以（20，0）为起点绘制圆弧，在命令提示之下依次输入（25，-5）、（20，-8）等命令，具体命令设置及绘制效果如图 5-45 所示。

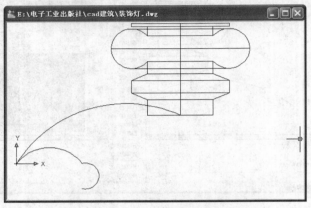

图 5-45　绘制圆弧

（14）再次单击工具箱中的"圆弧"命令按钮，以（20，0）为起点绘制圆弧，在命令提示之下依次输入（21，-6）、（20，-10）等命令，具体命令设置及绘制效果如图 5-46 所示。

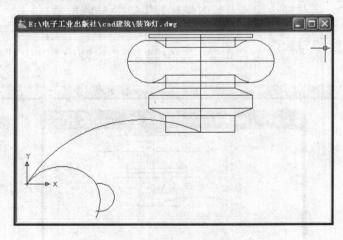

图 5-46　再次绘制圆弧

（15）单击工具箱中的"直线"命令按钮，以（20，0）为起点，以（20，-10）为终点绘制直线，命令设置及绘制效果如图 5-47 所示。

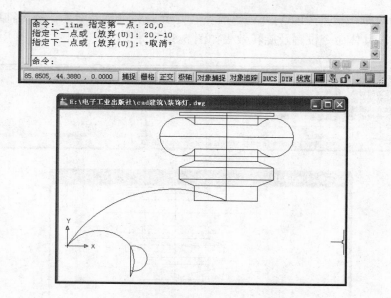

图 5-47　绘制直线

（16）执行菜单栏上的"修改"｜"对象"｜"多段线"命令，在命令提示之下依次输入"M"、"Y"、"J"命令，具体命令设置如图 5-48 所示，将直线、与之相连接的圆弧连接成一个整体，作为灯芯。

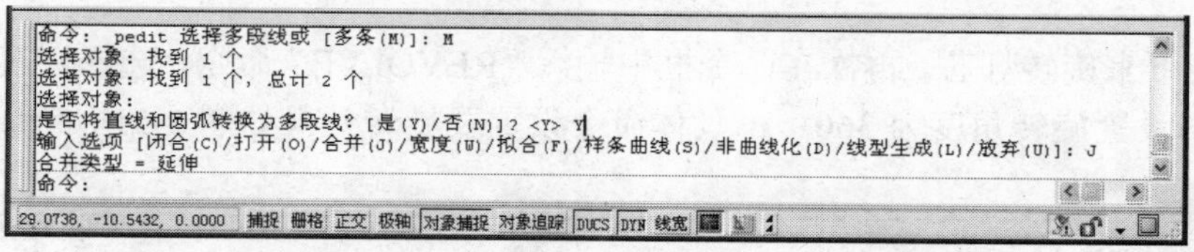

图 5-48　修改多段线命令设置

（17）修改坐标。在命令框中输入"UCS"命令，在命令提示之下输入设置新坐标"N"，然后输入坐标（20，0），命令设置及此时界面如图 5-49 所示。

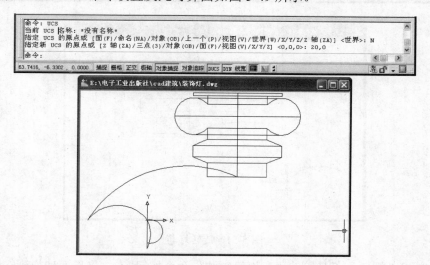

图 5-49　设置新坐标

（18）在命令框中输入"REVOLVE"命令，选择圆弧为旋转对象，绕 Y 轴旋转，设置旋转角度为 360°，具体命令设置及旋转效果如图 5-50 所示。

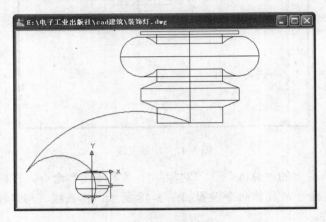

图 5-50　旋转圆弧

（19）接下来旋转灯芯。再次在命令框中输入"REVOLVE"命令，选择灯芯为旋转对象，绕 Y 轴旋转，设置旋转角度为 360°，具体命令设置及旋转效果如图 5-51 所示。

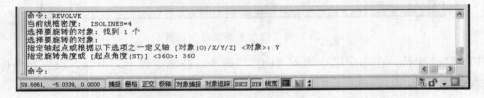

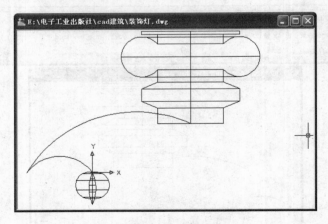

图 5-51　旋转灯芯

（20）单击"视图"工具箱的"东南等轴测"命令按钮 ，将界面切换到东南角度，此时界面的效果如图 5-52 所示。

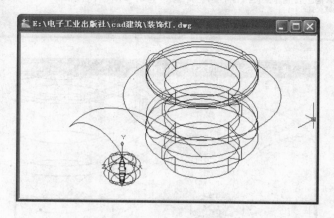

图 5-52　界面处于东南角度

（21）接下来再次修改坐标。提示一下，修改坐标是为了方便以下数据的操作。在命令框中输入 "UCS" 命令，在命令提示之下输入 "X"，表示绕 X 轴旋转，设置旋转角度为-90°，具体命令设置及坐标修改后的效果如图 5-53 所示。

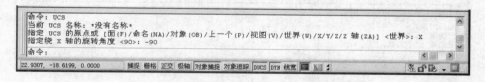

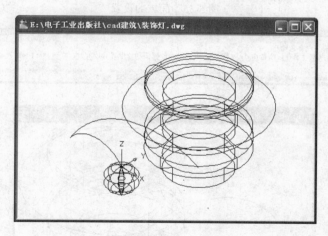

图 5-53　修改坐标命令设置及效果

（22）单击工具箱中的 "圆" 命令按钮，以（0，0，0）为圆心绘制半径为 2 的圆 R2，具体命令设置及绘制效果如图 5-54 所示。

（23）单击工具箱中的 "面域" 命令按钮，将圆设置为面域，具体命令设置如图 5-55 所示。

（24）为了方便操作，将坐标改为世界坐标，具体命令设置及界面效果如图 5-56 所示。

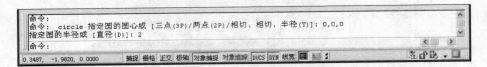

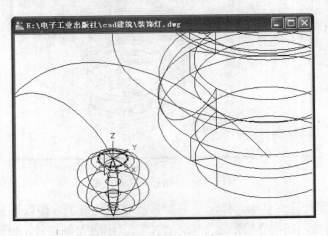

图 5-54　绘制圆 R2

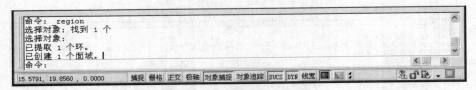

图 5-55　面域的设置

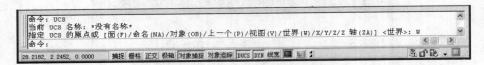

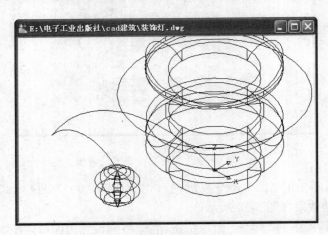

图 5-56　将坐标改变为世界坐标

（25）　单击工具箱中的"复制"命令按钮，将连接小灯的多段线段复制，设置位移距离为（@1，1，1），具体命令设置及复制效果如图 5-57 所示。

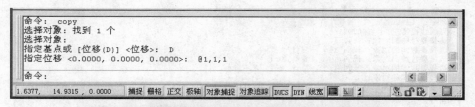

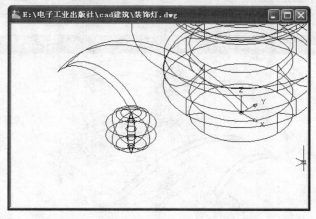

图 5-57　复制命令设置及效果

（26）　单击工具箱中的"直线"命令按钮 ，将复制后的线段与原来的线段连接，效果如图 5-58 所示。

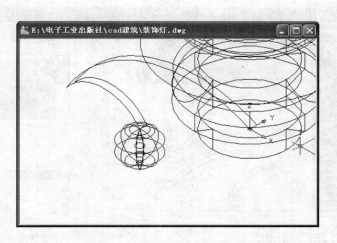

图 5-58　连接线段效果

（27）　单击"建模"工具栏中的"拉伸"命令按钮 ，将多段线及两端的直线拉伸，设置拉伸高度为 0.5mm，具体命令设置及拉伸效果如图 5-59 所示。

（28）接下来执行菜单栏上的"修改"｜"三维操作"｜"三维阵列"命令，具体操作如图 5-60 所示。

（29）设置小灯与连接灯的支架为阵列对象，选择环形阵列，设置阵列项目数目为 9，阵列角度为 360°，设置阵列中心点为（0，0，0），设置旋转轴上的第二点为（@0，0，80），具体命令设置及效果如图 5-61 所示。

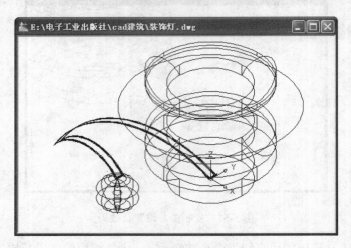

图 5-59　拉伸命令设置效果

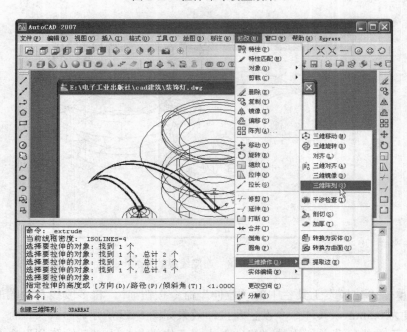

图 5-60　执行"三维阵列"命令

（30）最后在命令框中输入消隐命令"HIDE"。具体操作如图 5-62 所示，整体效果如图 5-31 所示。

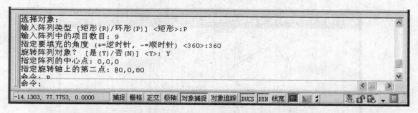

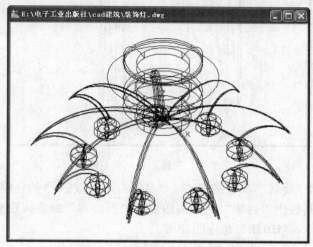

图 5-61　阵列命令设置及效果

图 5-62　消隐命令设置

【举一反三】

在本实例中通过 AutoCAD 2007 工具箱中的 "圆弧"、"圆"、"面域"、"多段线"、"直线"、"复制"、"拉伸" 以及 "UCS"、"HIDE"、"REVOLVE" 等多种命令的使用，制作出三维立体装饰灯的效果图。本实例主要使读者掌握 "UCS"、"HIDE" 等编辑命令与 "拉伸"、"面域" 等基本绘图工具结合使用的方法，熟练 "圆弧" 命令的操作。在实际制作中，可应用本例绘制装饰灯的方法与技巧，去尝试制作不同装饰灯的三维立体效果。

第 32 例　旋转门

【实例说明】

本实例通过 AutoCAD 2007 工具箱中的基本绘图工具绘制三维立体旋转门的效果，首先绘制自动旋转门的大体轮廓，然后应用消隐命令完善。其最终效果如图 5-63 所示。

【技术要点】

（1）"建模" 工具栏中的 "长方体" 命令按钮 的使用。

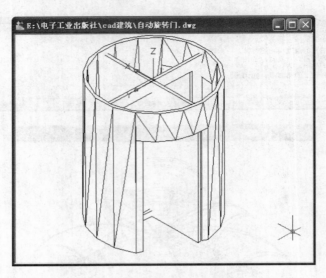

图 5-63　三维旋转门效果图

（2）工具箱中的"旋转"命令按钮 ，、"复制"命令按钮 的使用。

（3）"建模"工具栏中"差集"命令按钮 、"圆柱体"命令按钮 的使用。

（4）"UCS"命令、"HIDE"命令的使用。

【制作步骤】

（1）启动 AutoCAD 2007，在创建新图形的对话框中选择"无样板打开—英制"项，单击"确定"按钮新建一个文件。

（2）单击"建模"工具栏中的"圆柱体"命令按钮 ，以（0，0，0）为起点绘制圆柱体，在命令提示之下输入圆柱体的底面半径为 200mm，圆柱体的高度为 500mm，具体命令设置及绘制效果如图 5-64 所示。

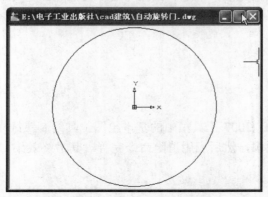

图 5-64　绘制圆柱体

（3）此时界面中看不出效果，单击"视图"工具箱的"西南等轴测"命令按钮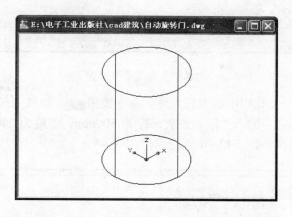，将界面切换到西南角度，此时界面的效果如图 5-65 所示。

图 5-65　界面处于西南角度

（4）再次单击"建模"工具栏中的"圆柱体"命令按钮 ，以（0，0，0）为起点绘制圆柱体，在命令提示之下输入圆柱体的底面半径为 190mm，圆柱体的高度为 480mm，在原先的圆柱体内嵌一个圆柱体，具体命令设置及绘制效果如图 5-66 所示。

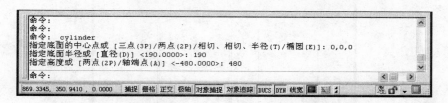

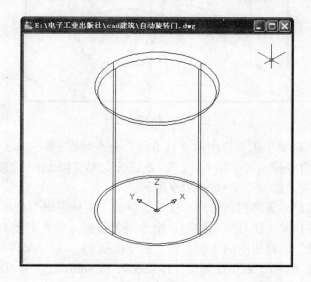

图 5-66　绘制圆柱体

（5）单击"实体编辑"菜单栏上的"差集"命令按钮 ，将小圆柱体从大圆柱体内删除，命令设置如图 5-67 所示。

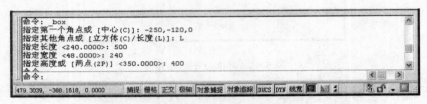

图 5-67　差集命令设置

（6）单击"建模"工具栏中的"长方体"命令按钮 ⬛，以（-250，-120，0）为起点绘制长方体，在命令提示之下输入"L"，设置长度为 500mm，宽度为 240mm，高度为 400mm，具体命令设置及绘制效果如图 5-68 所示。

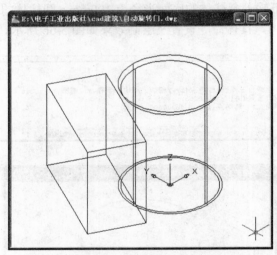

图 5-68　绘制长方体

（7）再次单击"建模"工具栏中的"长方体"命令按钮 ⬛，以（-120，-250，50）为起点绘制长方体，在命令提示之下输入"L"，设置长度为 240mm，宽度为 500mm，高度为 350mm，具体命令设置及绘制效果如图 5-69 所示。

（8）此时看不出自动旋转门的轮廓，接下来单击"实体编辑"菜单栏上的"差集"命令按钮 ⬤，将两个长方体从大圆柱体内删除，命令设置及删除效果如图 5-70 所示。

（9）单击"建模"工具栏中的"长方体"命令按钮 ⬛，以（-5，-190，0）为起点绘制长方体，在命令设置之下输入"L"，设置长方体长度为 380mm，宽度为 10mm，高度为 480mm，具体命令设置及绘制效果如图 5-71 所示。

（10）再次单击"建模"工具栏中的"长方体"命令按钮 ⬛，以（-5，-150，20）为起点绘制长方体，在命令设置之下输入"L"，设置长方体长度为 300mm，宽度为 10mm，高度为 420mm，具体命令设置及绘制效果如图 5-72 所示。

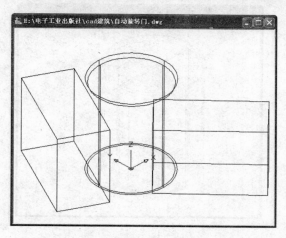

图 5-69　再次绘制长方体

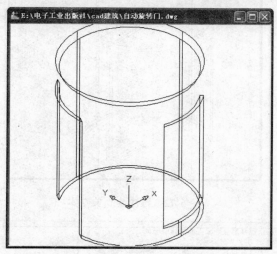

图 5-70　差集命令设置及效果

（11）接下来单击"实体编辑"菜单栏上的"差集"命令按钮 ，将后绘制的长方体从原绘制长方体体内删除，命令设置如图 5-73 所示。

```
命令: box
指定第一个角点或 [中心(C)]: -5,-190,0
指定其他角点或 [立方体(C)/长度(L)]: L
指定长度 <1.0000>: 380
指定宽度 <38.0000>: 10
指定高度或 [两点(2P)] <48.0000>: 480
命令:
```

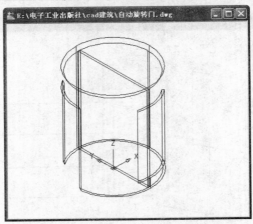

图 5-71　绘制长方体

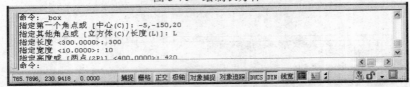

```
命令: box
指定第一个角点或 [中心(C)]: -5,-150,20
指定其他角点或 [立方体(C)/长度(L)]: L
指定长度 <300.0000>: 300
指定宽度 <10.0000>: 10
指定高度或 [两点(2P)] <400.0000>: 420
命令:
```

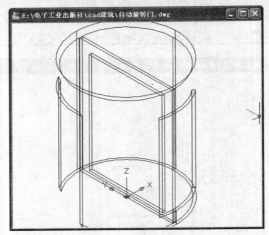

图 5-72　再次绘制长方体

```
命令: subtract 选择要从中减去的实体或面域...
选择对象: 找到 1 个
选择对象:
选择要减去的实体或面域 ..
选择对象: 找到 1 个
选择对象:
命令:
```

图 5-73　差集命令设置

（12）单击工具箱中的"复制"命令按钮 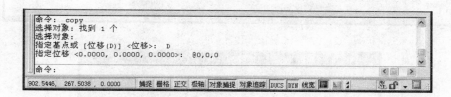，将差集后的图形在原位置上再复制一个，即设置位移距离为（@0，0，0），具体命令设置如图 5-74 所示。

图 5-74　复制命令设置

（13）接下来设置旋转门的另一扇门，单击工具箱中的"旋转"命令按钮 ，设置旋转角度为 90°，具体命令设置及旋转后的效果如图 5-75 所示。

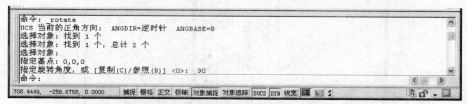

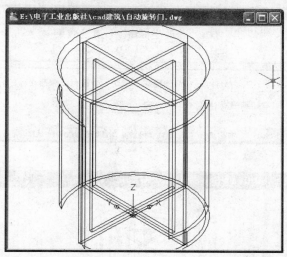

图 5-75　旋转命令设置及效果

（14）修改坐标。在命令框中输入"UCS"命令，在命令提示之下输入"N"，然后输入新的坐标（0，0，480），具体命令设置及修改坐标后的效果如图 5-76 所示。

（15）单击"建模"工具栏中的"圆柱体"命令按钮 ，以（0，0，0）为起点绘制圆柱体，在命令提示之下输入圆柱体的底面半径为 190mm，高度为-50mm，具体命令设置及绘制效果如图 5-77 所示。

（16）单击"实体编辑"菜单栏上的"差集"命令按钮 ，将上一步绘制的圆柱体从原先绘制的大圆柱体内删除，命令设置及删除后的效果如图 5-78 所示。

（17）单击"视图"工具箱的"西北等轴测"命令按钮 ，将界面切换到西北角度，此时界面的效果如图 5-79 所示。最后在命令栏中输入消隐命令"HIDE"，整体效果如图 5-63 所示。

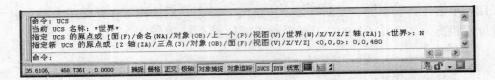

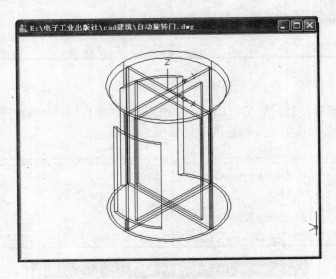

图 5-76　修改坐标命令设置及效果

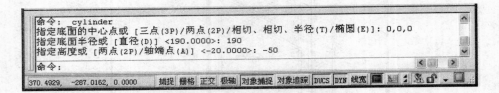

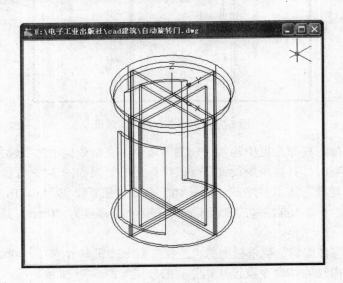

图 5-77　绘制圆柱体

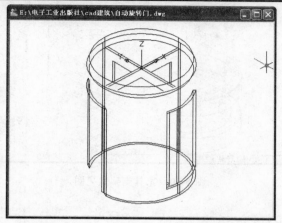

图 5-78　差集命令设置及效果

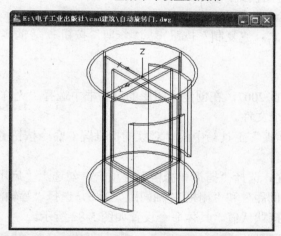

图 5-79　界面处于西北角度

【举一反三】

在本实例中通过 AutoCAD 2007 基本绘图工具箱中"旋转"、"复制"以及"建模"工具箱中的"长方体"、"差集"、"圆柱体"，坐标"UCS"命令、"HIDE"消隐命令等的使用，制作出三维自动旋转门的效果图。本例使读者了解"差集"命令的使用，主要掌握"长方体"、"圆柱体"以及坐标"UCS"命令的使用。在实际制作中，可尝试应用渲染来实现更加立体的自动旋转门效果。

第 33 例　家具支架

【实例说明】

在建筑工程设计过程中也涉及到支架的设计，操作并不是很复杂。通过本实例的操作，读者可以掌握"LINE"、"ELLIPSE"、"COPY"等命令的使用。整体效果如图 5-80 所示。

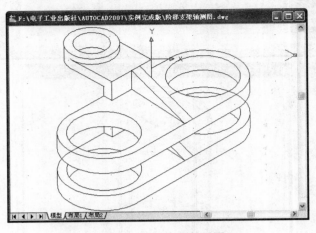

图 5-80　家具支架效果图

【技术要点】

（1）设定轴测面绘图模式。
（2）用基本工具绘制阶梯支架轴测的模型。
（3）"直线"按钮 、"复制"按钮 、"修剪"按钮 等的多次应用。

【制作步骤】

（1）启动 AutoCAD 2007，在创建新图形的对话框中选择"无样板打开—英制"项，单击"确定"按钮新建一个文件。

（2）单击"对象捕捉"工具箱中的"对象捕捉设置"命令按钮 ，打开如图 5-81 所示的"草图设置"对话框。

（3）进行草图设置。选择"捕捉和栅格"选项卡，勾选上"启用捕捉"和"启用栅格"选项，设置"捕捉 Y 轴间距"和"栅格 Y 轴间距"为 5，选择"等轴测捕捉"和"栅格捕捉"单选按钮，其余选项保持默认值，具体命令设置如图 5-82 所示。

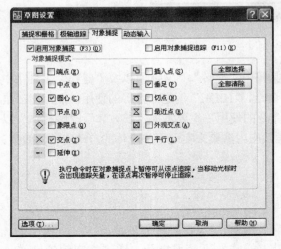

图 5-81　打开的"草图设置"对话框

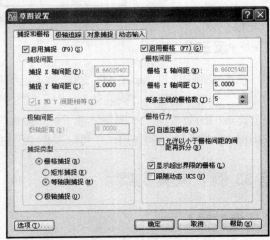

图 5-82　"捕捉和栅格"设置

（4）接下来选择"草图设置"中的"极轴追踪"选项卡，勾选上"启用极轴追踪"选项，设置增量角为"30"，选择"用所有极轴角设置追踪"复选框，其他命令设置保持默认值，具体设置如图 5-83 所示。

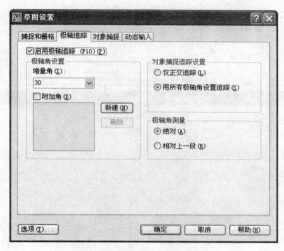

图 5-83 "极轴追踪"设置

（5）设置好后，按下快捷键 F5，将界面切换到"等轴测平面 上"，具体命令操作如图 5-84 所示。

图 5-84 等轴测命令设置

（6）打开状态栏上的"捕捉"、"栅格"、"极轴"、"对象捕捉"以及"对象捕捉追踪"命令，操作及命令设置如图 5-85 所示。

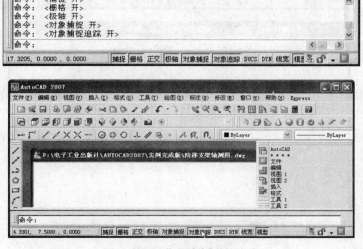

图 5-85 操作状态栏上的命令

（7）单击工具箱中的"直线"命令按钮 ／ ，以（0，0）为起点绘制直线，在命令提示之下依次输入（@24<330）、（@24<30）、（@24<150）等命令，具体命令设置及绘制效果如图 5-86 所示。

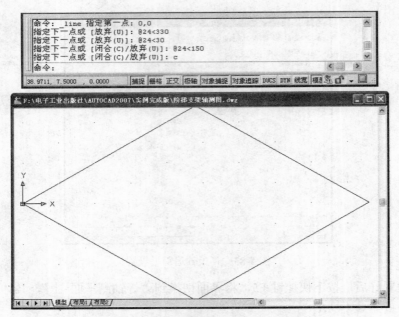

图 5-86　绘制直线命令设置及效果

（8）单击工具箱中的"椭圆"命令按钮 ○ ，在命令提示之下输入等轴测圆"I"，设置圆心为绘制直线右上边的中点，设置半径为 12mm。提醒一下：在按下快捷键 F5 题切换到"等轴测平面上"后绘制椭圆。具体命令设置及绘制椭圆效果如图 5-87 所示。

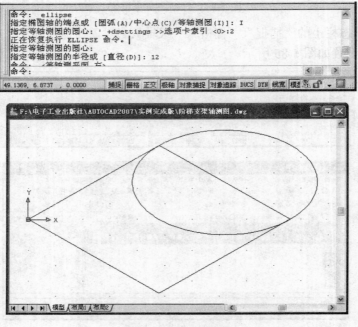

图 5-87　绘制椭圆

（9）单击工具箱中的"复制"命令按钮 ，将椭圆复制，以椭圆中心为基点，设置位移距离为（@3<90）和（@5<270），具体命令设置及复制效果如图 5-88 所示。

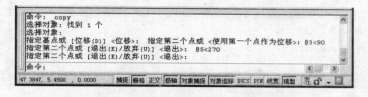

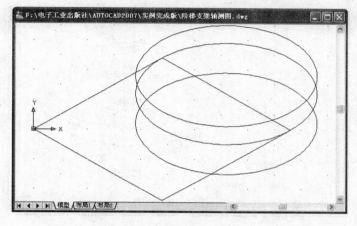

图 5-88　复制椭圆的命令设置及效果

（10）绘制等轴测圆。单击工具箱中的"椭圆"命令按钮 ，在命令提示之下输入等轴测圆"I"，以界面中最上面的圆的圆心为等轴测圆的圆心，半径设置为 8mm，绘制圆 R8，具体命令设置及绘制圆效果如图 5-89 所示。

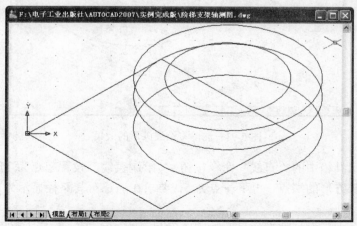

图 5-89　绘制等轴测圆的命令设置及效果

（11）再次单击工具箱中的"复制"命令按钮，将圆 R8 复制，以圆心为基点，设置位移距离为@8<270，具体命令设置及复制效果如图 5-90 所示。

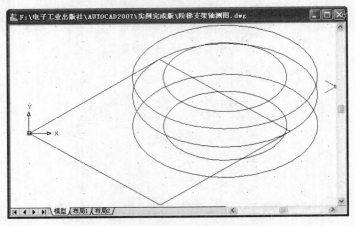

图 5-90　复制圆 R8

（12）单击工具箱中的"修剪"命令按钮 ，将界面中多余的线条删除，呈现立体效果，删除后的效果如图 5-91 所示。

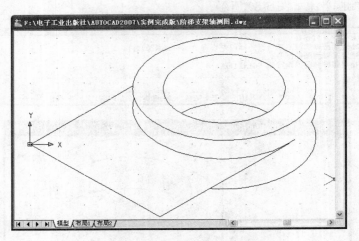

图 5-91　删除多余线条后的效果

（13）单击工具箱中的"直线"命令按钮 绘制直线，设置起点为 TK，第一个追踪点为界面中最下方长方形的端点，再下一点为 5，要求在追踪对其路径显示为 270°时输入，操作如图 5-92 所示。

（14）然后向右后方拉伸直线，在对其路径显示为 30°时，与后方椭圆结合，具体命令设置及绘制效果如图 5-93 所示。

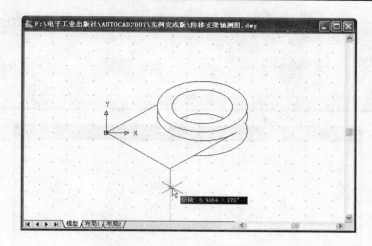

图 5-92　操作绘制直线命令

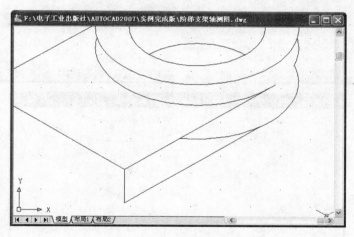

图 5-93　绘制直线命令设置及效果

（15）再次单击工具箱中的"直线"命令按钮 绘制直线，以界面中最左下方的端点为起点，在命令提示下输入（@10<270）、（@24<330）、（@10<90）等命令，具体命令设置及绘制效果如图 5-94 所示。

（16）仍单击工具箱中的"直线"命令按钮 绘制直线，以界面中右下侧端点为起点，在命令提示之下输入（@5<30）、（@5<90）等命令，具体命令设置及绘制效果如图 5-95 所示。

（17）单击工具箱中的"直线"命令按钮 ，将界面中最上面的椭圆与中间的圆左右侧交点连接，绘制效果如图 5-96 所示。

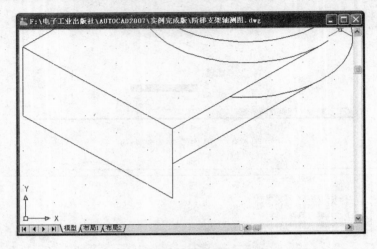

图 5-94　再次绘制直线命令设制及效果

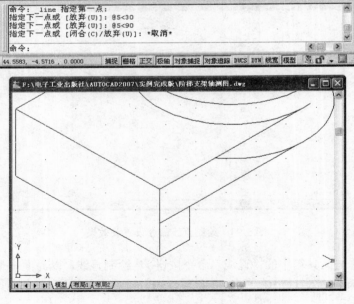

图 5-95　绘制直线

（18）单击工具箱中的"修剪"命令按钮 ，将图形中多余线段进行修剪处理，修剪后的效果如图 5-97 所示。

（19）单击工具箱中的"直线"命令按钮 ，以最右下侧的端点为起点，在命令提示之下输入（@20<330）、（@40<210）、（@60<150）、（@40<30）、（@10<330）等命令，具体命令设置及绘制效果如图 5-98 所示。

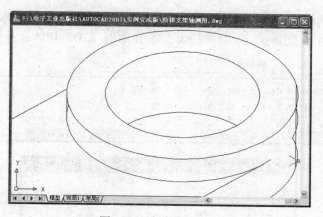

图 5-96　直线连接两侧

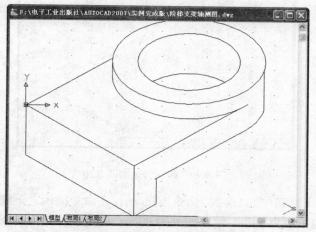

图 5-97　删除多余线段后的效果

```
命令: _line 指定第一点:
指定下一点或 [放弃(U)]: @20<330
指定下一点或 [放弃(U)]: @40<210
指定下一点或 [闭合(C)/放弃(U)]: @60<150
指定下一点或 [闭合(C)/放弃(U)]: @40<30
指定下一点或 [闭合(C)/放弃(U)]: @10<330
指定下一点或 [闭合(C)/放弃(U)]: *取消*

命令:
```

108.6815, 20.1717 , 0.0000　　捕捉　栅格　正交　极轴　对象捕捉　对象追踪　DUCS　DYN　线宽　模型

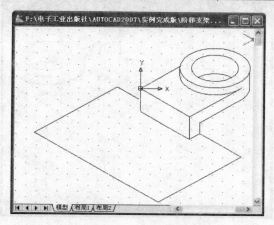

图 5-98　绘制直线

（20）单击工具箱中的"椭圆"命令按钮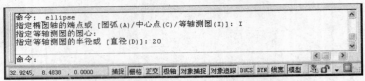，在命令提示之下输入等轴测圆命令"I"，以左侧长方形斜边中点为圆心，绘制半径为 20mm 的圆 R20，具体命令设置及绘制圆效果如图 5-99 所示。

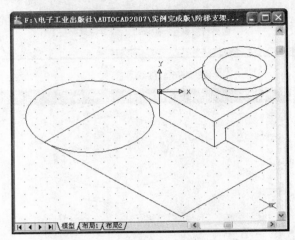

图 5-99　绘制等轴测圆 R20

（21）再次单击工具箱中的"椭圆"命令按钮，在命令提示之下输入等轴测圆命令"I"，仍以左侧长方形斜边中点为圆心，绘制圆 R20 的同心圆 R16，具体命令设置及绘制圆效果如图 5-100 所示。

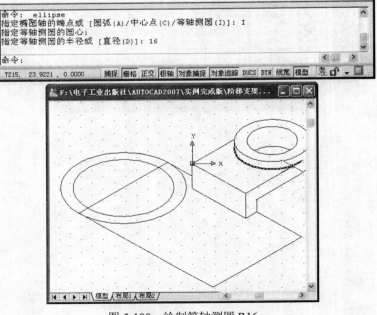

图 5-100　绘制等轴测圆 R16

（22）单击工具箱中的"椭圆"命令按钮 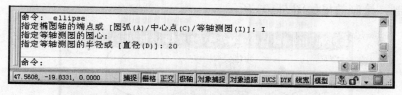，在命令提示之下输入等轴测圆命令"I"，以长方形右下侧斜边中点为圆心，绘制圆 R20，具体命令设置及绘制圆效果如图 5-101 所示。

图 5-101　绘制等轴测圆 R20

（23）按照同样的方法，再次单击工具箱中的"椭圆"命令按钮 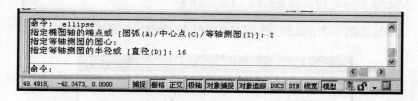，绘制右侧圆 R20 的同心圆 R16，具体命令设置及绘制效果如图 5-102 所示。

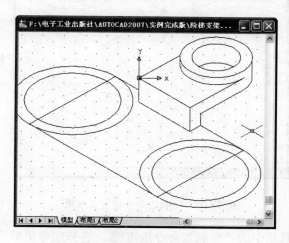

图 5-102　绘制同心圆 R16

（24）单击工具箱中的"直线"命令按钮 ，绘制直线。以长方形左侧中点为起点向上拉伸，下一点设置为台阶下边的中点，再下一点设置为台阶上侧的中点，按下闭合命令"C"，完成图形的绘制，绘制效果如图 5-103 所示。

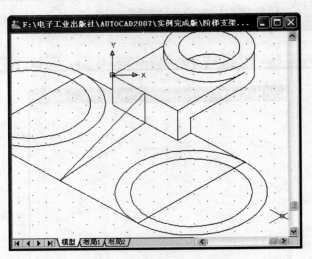

图 5-103　绘制图形效果

（25）单击工具箱中的"复制"命令按钮 ，选择图形上侧的边为复制对象，位移距离设置为@5<150，具体命令设置及复制效果如图 5-104 所示。

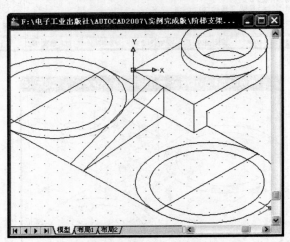

图 5-104　复制边命令设置及效果

（26）再次单击工具箱中的"复制"命令按钮 ，选择底座图形为复制对象，位移距离设置为@8<270，具体命令设置及复制效果如图 5-105 所示。

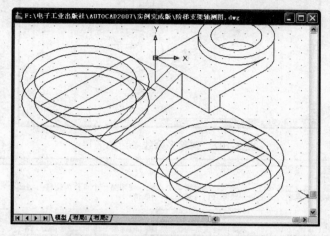

图 5-105　复制底座图形命令设置及效果

（27）单击工具箱中的"直线"命令按钮 ，绘制直线。将上下复制的图形左右两侧用直线连接起来，营造立体感觉，效果如图 5-106 所示。

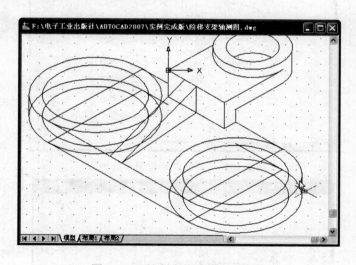

图 5-106　绘制直线连接上下底座

（28）单击工具箱中的"修剪"命令按钮 ，将界面中多余线条删除，删除后的效果如图 5-107 所示。

（29）单击工具箱中的"复制"命令按钮 ，选择底座以及台阶图形为复制对象，位移距离设置为@20<270，具体命令设置及复制效果如图 5-108 所示。

（30）为了整体看起来更加立体，单击工具箱中的"修剪"命令按钮 ，将界面中多余线条删除，删除后的效果如图 5-109 所示。

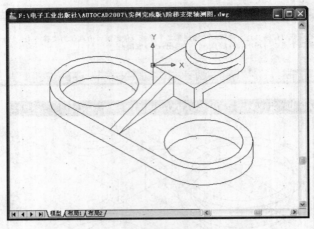

图 5-107　删除多余线条后的效果

图 5-108　复制命令设置及效果

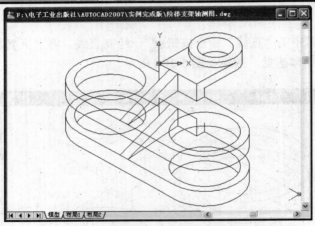

图 5-109　修剪命令设置及效果

（31）单击"视图"工具箱的"俯视"命令按钮 ，此时界面的效果如图 5-80 所示。

【举一反三】

本实例通过 AutoCAD 中的"直线"、"复制"、"椭圆"和"修剪"等基本命令的使用，以及设定轴测面绘图模式，绘制出家具支架轴测的模型。在实际应用中，可活跃思维，应用 AutoCAD 2007 中的基本制图工具，制作出形态复杂而且实用的支架轴测图。

第 34 例　电子体重秤

【实例说明】

本实例绘制一个电子体重秤的轴测图。轴测图外观上类似于三维效果，但并非真正的三维图形，而是二维图形。整体效果如图 5-110 所示。

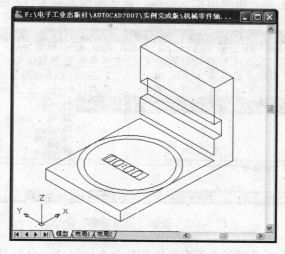

图 5-110　电子体重秤

【技术要点】

（1）"直线"命令按钮 的使用。
（2）工具箱中的"矩形"、"圆"命令按钮的使用。
（3）工具箱中的"修剪"命令按钮 的使用。

【制作步骤】

（1）启动 AutoCAD 2007，在创建新图形的对话框中选择"无样板打开—英制（英尺和英寸）"项，单击"确定"按钮新建一个文件。

（2）单击"对象捕捉"工具箱中的"对象捕捉设置"命令按钮 ，打开 "草图设置"对话框。

（3）接下来进行草图设置。选择"捕捉和栅格"选项卡，勾选上"启用捕捉"和"启用栅格"选项，选择"极轴捕捉"和"等轴测捕捉"单选按钮，设置 "栅格 Y 轴间距"为 8，具体设置如图 5-111 所示。

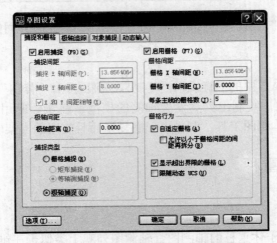

图 5-111　"捕捉和栅格"命令设置

（4）打开状态栏上的"极轴追踪"命令，具体操作如图 5-112 所示。

图 5-112　设置"极轴追踪"命令

（5）单击"视图"工具箱的"西南等轴测"命令按钮 ，此时界面处于西南角度，如图 5-113 所示。

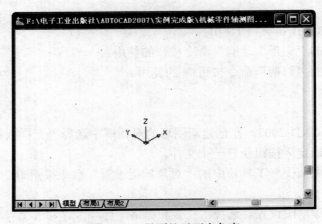

图 5-113　界面处于西南角度

（6）单击工具箱中的"直线"命令按钮 ，绘制直线。设置第一点为（200，200），在命令提示下输入（@120，0）、（@0，80）、（@-120，0）坐标，具体命令设置及绘制效果如图 5-114 所示。

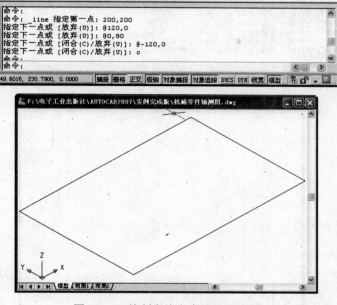

图 5-114　绘制直线命令设置及效果

（7）再次单击工具箱中的"直线"命令按钮 ，绘制直线。设置第一点为（200，280），在命令提示下输入（@0，-80）、（@0，0，-80）、（@0，80）坐标，具体命令设置及绘制效果如图 5-115 所示。

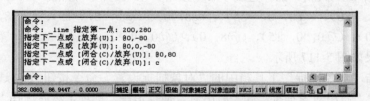

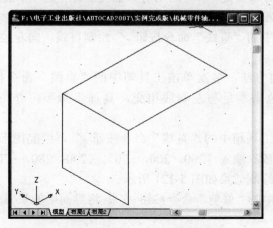

图 5-115　再次绘制直线命令设置及效果

（8）按照同样的方法，再次单击工具箱中的"直线"命令按钮 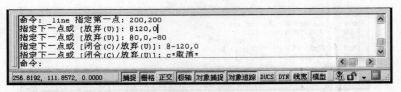，设置第一点点为（200，200），在命令提示下输入（@120，0）、（@0，0，-80）、（@-120，0）坐标，具体命令设置及绘制效果如图 5-116 所示。

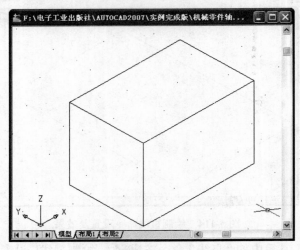

图 5-116　绘制直线命令设置及效果

（9）再次单击工具箱中的"直线"命令按钮 ，设置第一点为（300，280），在命令提示下输入（@0，-80）、（@0，0，-35）、（@8，0）、（@0，0，-15）、（@-8，0）、（@0，0，-15）、（@0，80）、（@0，0，15）、（@8，0）、（@0，0，15）、（@-8，0）等坐标，具体命令设置及绘制效果如图 5-117 所示。

（10）单击"对象捕捉"工具箱中的"对象捕捉设置"命令按钮 ，选择"对象捕捉"选项卡，勾选上"启用对象捕捉"和"启用对象捕捉追踪"选项，然后选择"圆心"、"交点"、"垂足"、"中点"复选框，具体设置如图 5-118 所示。

（11）单击工具箱中的"直线"命令按钮 绘制直线，向左拉伸垂足至与左侧线相交，效果如图 5-119 所示。

（12）按照同样的方法，多次单击工具箱中的"直线"命令按钮 ，将图形中右侧的其他三个端点同样拉出垂足与左侧线相交，具体步骤不再介绍，整体效果如图 5-120 所示。

（13）接下来单击工具箱中的"直线"命令按钮 ，绘制图形。以（300，200，-70）为起点，在命令提示下依次输入（200，200，-70）、（200，280，-70）、（300，280，-70）等坐标，具体命令设置及绘制效果如图 5-121 所示。

（14）单击工具箱中的"修剪"命令按钮 ，将界面中的长方体修剪成如图 5-122 所示的平台。

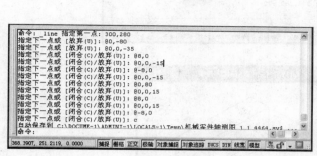

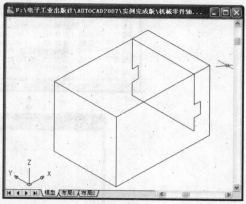

图 5-117　再次绘制直线命令设置及效果

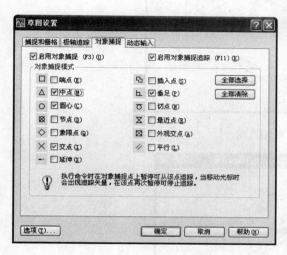

图 5-118　草图设置操作

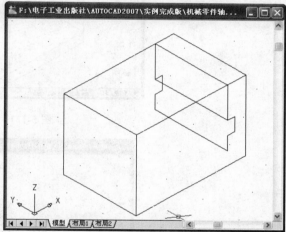

图 5-119　绘制直线效果

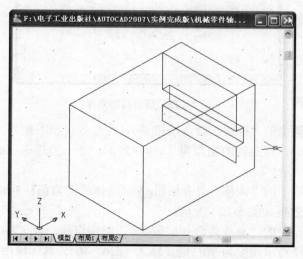

图 5-120　整体绘制效果

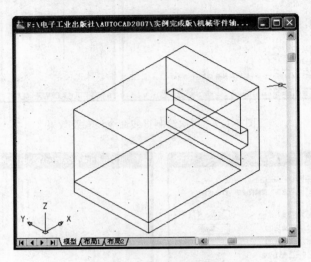

图 5-121　绘制直线

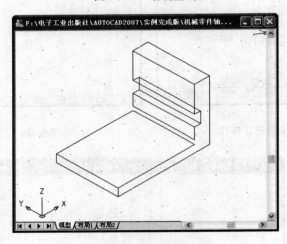

图 5-122　修剪后的效果

（15）单击工具箱中的"椭圆"命令按钮 ，在命令提示下输入"C"，设置椭圆的中心点为（250，240，-70），指定轴的端点为（@40<270），下一点输入（@40，0）。具体命令设置及效果如图 5-123 所示。

（16）单击工具箱中的"偏移"命令按钮 ，选择椭圆为偏移对象，设置偏移距离为 5，具体命令设置及偏移效果如图 5-124 所示。

（17）单击工具箱中的"直线"命令按钮 ，绘制直线，以（250，220，-70）为起点，向左拉伸，在对其路径显示角度为 90°时，输入（@0，40），具体操作及命令设置如图 5-125 所示。

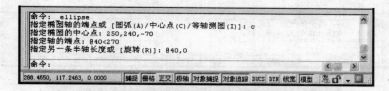

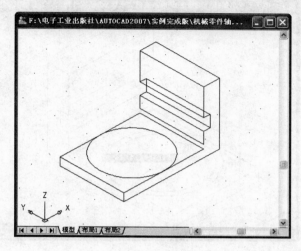

图 5-123　绘制椭圆

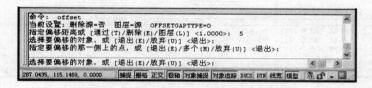

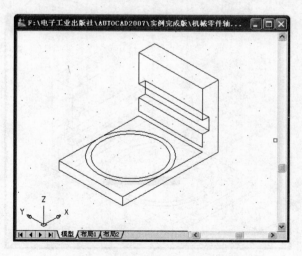

图 5-124　偏移椭圆命令设置及效果

　　（18）接着向下拉伸，在对其路径显示角度为 180° 时，输入"10"，具体操作及命令设置如图 5-126 所示。

　　（19）接着向右侧拉伸，在对其路径显示角度为 270° 时，输入（@0，-40），具体操作及命令设置如图 5-127 所示。

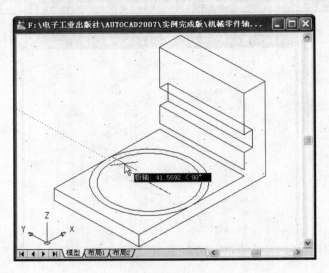

图 5-125　绘制直线

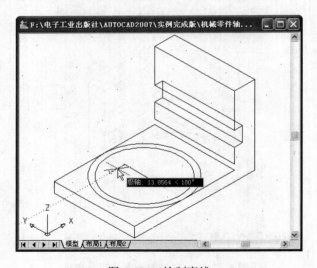

图 5-126　绘制直线

（20）最后输入闭合命令"C"，整体效果如图 5-128 所示。

（21）单击工具箱中的"多行文字"命令按钮 **A** ，设置文字格式。关于多行文字的输入，前面几章已经多次介绍，这里不再介绍，具体设置如图 5-129 所示，整体效果如图 5-110 所示。

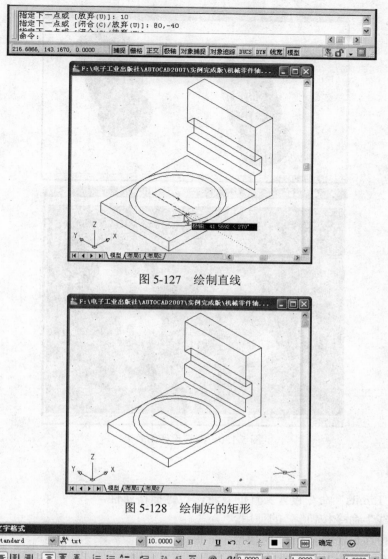

图 5-127 绘制直线

图 5-128 绘制好的矩形

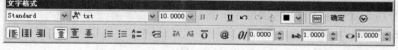

图 5-129 文字格式设置

【举一反三】

本实例通过 AutoCAD 2007 中的 "直线"、"矩形"、"圆"、"修剪" 等命令按钮的使用，制作出电子体重秤的二维效果图。在实际制作中，可以根据不同需求，应用工具箱中的不同工具，来完成不同的机械轴测图的绘制。

第 35 例 酒杯的设计

【实例说明】

本实例绘制两个三维的酒杯效果，酒杯的整体效果如图 5-130 所示。

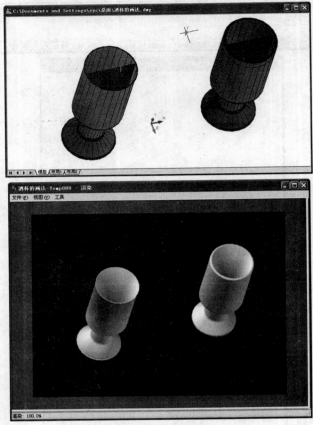

图 5-130　酒杯设计的效果

【技术要点】

（1）用"Limits"命令设置文件的背景，设置栅格属性。

（2）"直线"命令按钮 ∕ 的使用。

（3）"多段线"命令按钮 ⤴ 的使用。

（4）"圆角"命令按钮 ⬜ 的使用。

（5）用"Revsurf"命令把二维面绘制成三维体。

【制作步骤】

（1）启动 AutoCAD 2007，在创建新图形的对话框中选择"无样板打开—英制"项，单击"确定"按钮新建一个文件。

（2）在命令框里输入"Limits"命令，定义大小为（0，0）、（420，300），命令设置如图 5-131 所示。

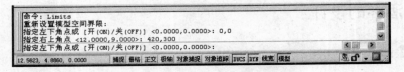

图 5-131　命令设置

（3）单击"对象捕捉"工具箱中的"对象捕捉设置"命令按钮 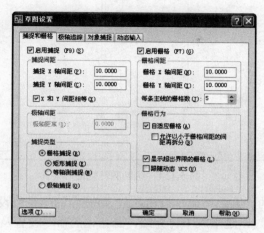，选择"捕捉和栅格"选项卡，选择"启用捕捉"和"启用栅格"选项，开启捕捉和栅格功能，设置捕捉 X 轴和 Y 轴的间距为 10，设置栅格 X 轴和 Y 轴的间距为 10，选择"栅格捕捉"和"矩形捕捉"选项。设置如图 5-132 所示。

图 5-132　草图设置

（4）单击工具箱中的"直线"命令按钮 ，用"line"命令绘制一条直线。线的两端坐标为（130，0）、（@0，500），此直线作为辅助线，用做酒杯的中轴线，命令设置及效果如图 5-133 所示。

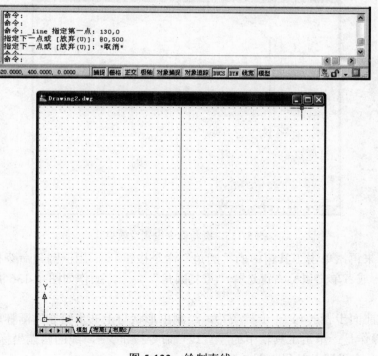

图 5-133　绘制直线

（5）单击工具箱中的"多段线"命令按钮 ，用多段线做一个闭合的折线，即酒杯的一半的外型曲线。由于开启了栅格功能，所以可以很方便地捕捉相应的位置，大小可以自己适度把握，绘制的效果如图 5-134 所示。

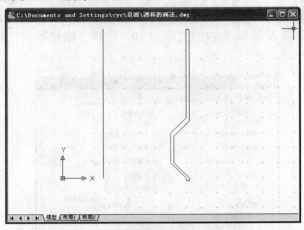

图 5-134　绘制酒杯侧面

（6）单击工具箱中的"圆角"命令按钮，将圆角的半径值设为 20mm，倒圆角的方法在前面的实例已经介绍过，这里就不再介绍，圆角化的命令设置及效果如图 5-135 所示。

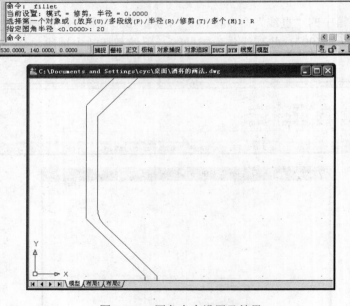

图 5-135　圆角命令设置及效果

（7）接下来再次单击工具箱中的"圆角"命令按钮，用倒圆角命令把酒杯内侧所有的角倒成圆角，或者单击鼠标右键选择"重复圆角"命令，操作如图 5-136 所示，效果如图 5-137 所示。

（8）重复前面步骤（4）～步骤（7），绘制出形状与上一步绘制的酒杯内侧的效果相同的单线。具体操作是：单击工具箱中的"直线"命令按钮，线的两端坐标为（-250，0）、（@0，500），命令设置及效果如图 5-138 所示。

（9）再次单击工具箱中的"多段线"命令按钮，用多段线绘制一条类似于右侧酒杯的单线。大小可以自己适度把握，绘制的效果如图 5-139 所示。

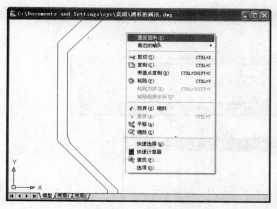
图 5-136　重复圆角命令

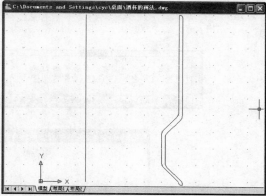
图 5-137　整体圆角效果

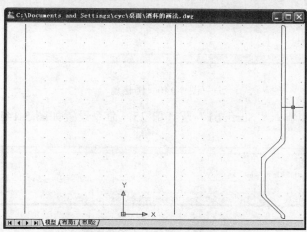
图 5-138　绘制直线

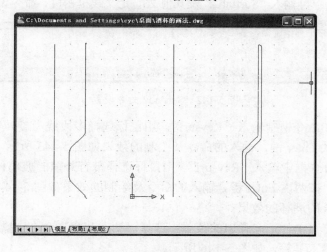
图 5-139　绘制多段线效果

（10）接下来单击工具箱中的"圆角"命令按钮圆化角，命令设置及效果如图 5-140 所示。

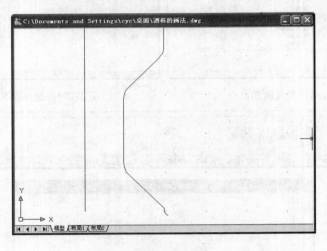

图 5-140　圆化角

（11）在命令框中输入"Surftab1"及其值 25，命令设置如图 5-141 所示。

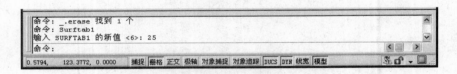

图 5-141　Surftab1 命令设置

（12）在命令框中再输入"Surftab2"及其值 25，定义线框密度，命令设置如图 5-142 所示。

图 5-142　Surftab2 命令设置

（13）接下来在命令框中输入"Revsurf"，用鼠标选择多段线为旋转物体，再单击直线，以直线为轴，按两次 Enter 键，输入的命令及绘制的效果如图 5-143 所示。

（14）再次在命令框中输入"Revsurf"，用鼠标选择带有外壁的玻璃体作为旋转物体，单击直线以直线为轴，按两次 Enter 键，输入的命令及绘制的效果如图 5-144 所示。可以对比面组合的酒杯与体组合的酒杯的效果。

（15）右键单击菜单栏，在弹出的菜单中选择"动态观察"命令，操作如图 5-145 所示。打开三维动态观察器工具箱，如图 5-146 所示。

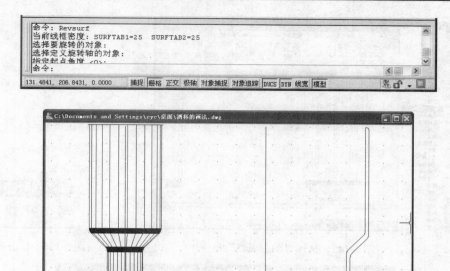

图 5-143　旋转出来的第一个酒杯效果

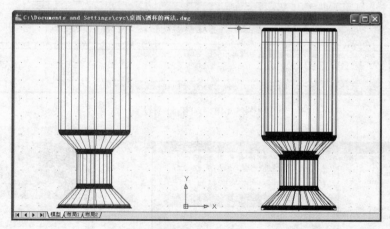

图 5-144　把第 2 个酒杯也进行旋转复制

（16）单击"动态观察"对话框中的"自由动态观察"命令按钮，用 3D 动态观察器看两个酒杯的差别，效果如图 5-147 所示。

（17）输入"渲染"命令"RENDER"，命令设置如图 5-148 所示。直接按 Enter 键开始执行真实渲染，给带边框体着色，然后对比两个酒杯。

（18）最后执行菜单栏"视图"｜"视觉样式"｜"视觉样式管理器"命令，操作如图 5-149 所示，然后单击"创建新的视觉样式"按钮，如图 5-150 所示。

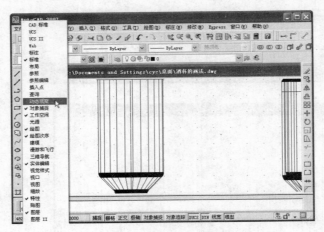

图 5-145　执行"动态观察"命令

图 5-146　动态观察

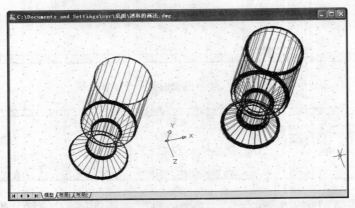

图 5-147　从三维动态观察器观察两个酒杯的效果

图 5-148　渲染命令设置

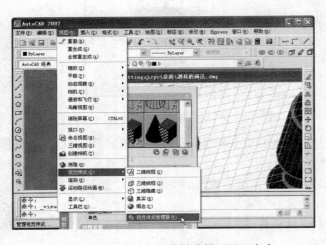

图 5-149　执行"视觉样式管理器"命令

图 5-150　创建新的视觉样式

（19）接下来进行新的视觉样式的设置，设置"面样式"为"古氏"，"材质显示"为"材质和纹理"，"背景"为"关"，设置如图 5-151 所示。

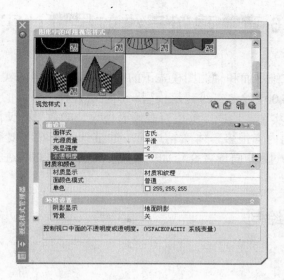

图 5-151　设置新的视觉样式

（20）设置后即可完成酒杯的渲染效果。

【举一反三】

在本实例通过 AutoCAD 2007 中的"直线"、"多段线"、"圆角"以及"Limits"命令、"Revsurf"命令，制作出立体感十足的酒杯。在实际制作中，重点掌握"Revsurf"命令的使用，同时掌握体着色及面着色的操作方法，可制作出更具有三维立体效果的酒杯、碗、壶等。

第 6 章　建筑三维效果设计实例

第 5 章介绍了在二维平面和轴测图模式下的三维家具及家电的实例效果，本章将重点介绍如何使用 AutoCAD 2007 绘制三维建筑模型。在建筑设计中最后的一个关键环节就是将设计的建筑对象变为三维实体，这样能够更直观地表现设计的效果。使用 AutoCAD 2007 绘制的建筑三维效果包括的内容很多，本章精讲简单的链条、花盆和复杂的旋转楼梯等实物实例制作及表面建模设计过程，向读者介绍如何使用 AutoCAD 2007 进行建筑三维效果创作与设计。

第 36 例　链条的绘制

【实例说明】

本实例制作一条链条，读者应重点掌握坐标系的改变及三维剖切命令的使用。整体效果如图 6-1 所示。

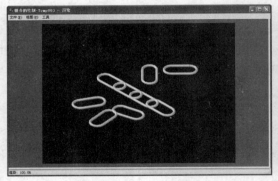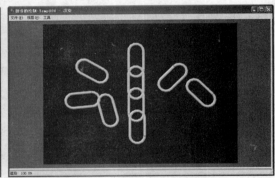

图 6-1　链条的"俯视"和"西南等轴测"角度的效果图

【技术要点】

（1）用"UCS"命令 改变坐标系。
（2）用"剖切"命令按钮 切割圆环。

【制作步骤】

（1）启动 AutoCAD 2007，在创建新图形的对话框中选择"无样板打开—英制"项，单击"确定"按钮新建一个文件。

（2）执行菜单栏"视图" | "三维视图" | "西南等轴测"命令，操作如图 6-2 所示。单击视图工具箱中的"西南等轴测"命令按钮 ，图形编辑的 3D 视点窗口立即转换为西南方向，如图 6-3 所示。换到"西南等轴测"角度来绘制效果，这样看立体效果更加直接一些。

图 6-2　"视图"操作

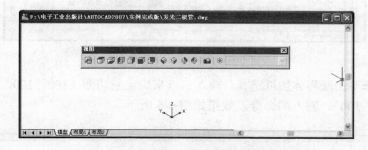

图 6-3　界面处于西南等轴侧位置

（3）单击"建模"工具栏中的"圆环体"命令按钮，输入圆环体的中心（100，100，0），圆环体的半径为 50mm，截面半径为 10mm，命令设置及绘制效果如图 6-4 所示。

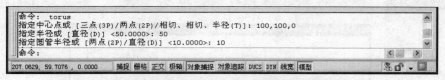

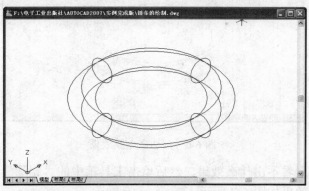

图 6-4　绘制圆环体命令及效果

（4）执行菜单栏上的"修改"｜"三维操作"｜"剖切"命令按钮 ，操作如图 6-5 所示。

图 6-5　执行"剖切"命令

（5）接下来单击圆环体加以选择，输入三点来确定剖切面（100，100，0）、（100，200，0）、（100，200，100），输入的命令及效果如图 6-6 所示。

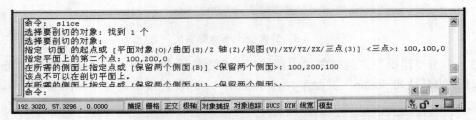

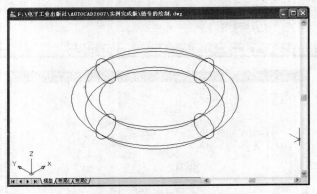

图 6-6　剖切命令及效果

（6）这时表面上看不出什么效果，然后单击工具箱中的"删除"命令按钮 ，选择右半部分保留，这时的效果如图 6-7 所示。

（7）单击"视图"工具箱的"左视"命令按钮 ，能看到如图 6-8 所示的切面效果。

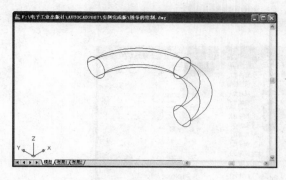

图 6-7　保留右半部分

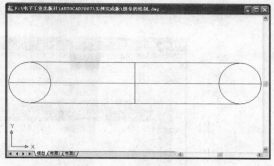

图 6-8　剖面左视图效果

（8）单击"建模"工具栏中的"圆柱体"命令按钮，输入圆柱体底面中心的坐标（-50，0，-100），底面半径为 10mm，圆柱体的高为 130mm，命令设置及绘制效果如图 6-9 所示。

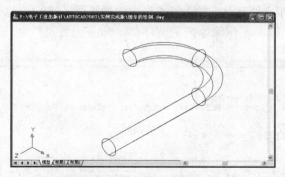

图 6-9　绘制圆柱体

（9）然后单击"视图"工具箱的"俯视"命令按钮　，此时的效果如图 6-10 所示。

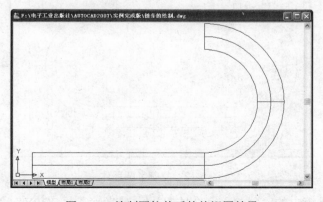

图 6-10　绘制圆柱体后的俯视图效果

（10）使用镜像绘制另半个圆环体。具体操作是执行菜单栏"修改"｜"三维操作"｜

"三维镜像"命令，操作如图 6-11 所示。

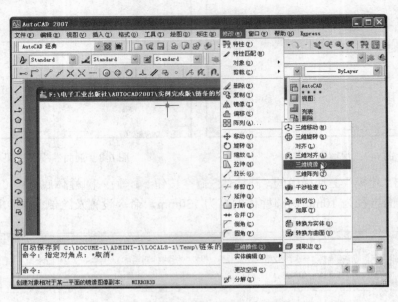

图 6-11　执行"三维镜像"命令

（11）选择其中的半个圆环体，输入三点确定镜像平面（-50，0，-35）、（0，0，-35）、（0，100，-35），后按 Enter 键，不删除原来的圆环体，命令设置及绘制效果如图 6-12 所示。

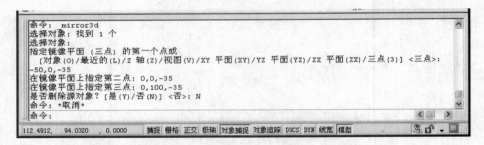

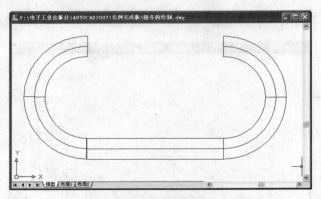

图 6-12　复制半圆环体

（12）单击工具箱中的"复制"命令按钮，或者输入"COPY"命令，向 *Y* 轴正方向 100mm 处复制圆柱体。一个完整的链环就完成了，这时的效果如图 6-13 所示。

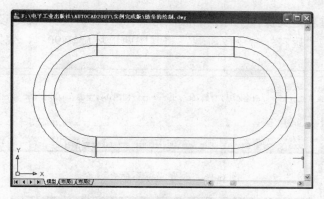

图 6-13　完成的链环平面效果

（13）再次单击工具箱中的"复制"命令按钮，复制出三个链环，效果如图 6-14 所示。

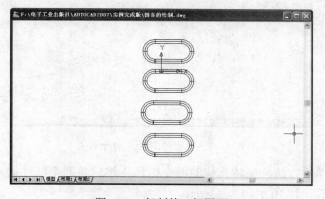

图 6-14　复制的一组圆环

（14）改变坐标系。单击工具箱"UCS"命令，具体操作是在菜单栏空白处单击鼠标右键，选择"UCS"命令，操作如图 6-15 所示。

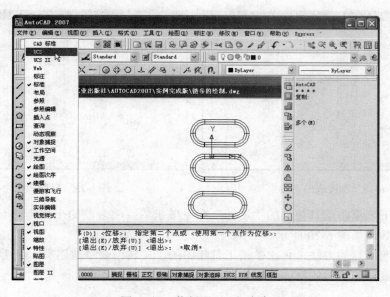

图 6-15　执行"UCS"命令

（15）接下来重新定义操作坐标系的原点为（100，100，0），命令设置如图 6-16 所示。然后单击工具箱中的"旋转"命令按钮，将其中两链环旋转 90°，效果如图 6-17 所示。

图 6-16　改变坐标系命令设置

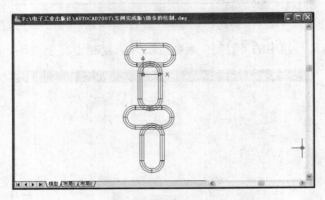

图 6-17　执行"旋转"命令效果

（16）按照同样的方法，旋转其他的两个链环，然后将四个链环接连起来，形成环环相扣的效果，效果如图 6-18 所示。

（17）当然还可以再绘制一些链环，使它们自然地分布在界面上，具体操作是单击工具箱中的"复制"命令按钮，选择其中一个个体，将其复制到其他位置，设置效果如图 6-19 所示。

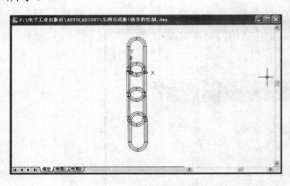

图 6-18　连接成的环效果

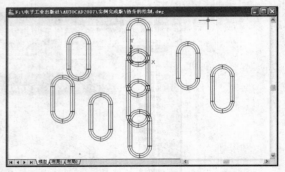

图 6-19　复制多个个体

（18）接下来单击工具箱中的"旋转"命令按钮，将复制的个体旋转不同的角度，命令设置及旋转效果如图 6-20 所示。

（19）按照同样的方法，再次单击工具箱中的"旋转"命令按钮，将复制的其他个体旋转不同的角度，旋转后的整体效果如图 6-21 所示。

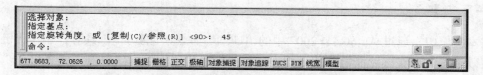

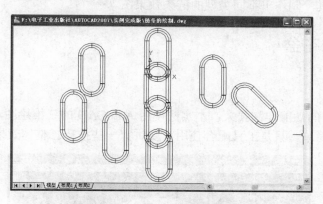

图 6-20 旋转命令设置及效果

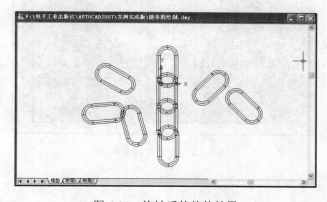

图 6-21 旋转后的整体效果

（20）接下来单击"视图"工具箱的"西南等轴测"命令按钮，这时的效果如图 6-22 所示。最后在命令框里输入"Render"渲染立体图。"俯视"和"西南等轴测"角度整体渲染效果如图 6-1 所示。

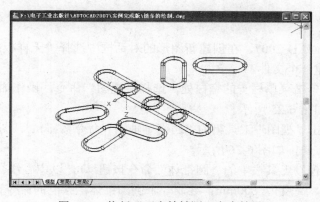

图 6-22 执行"西南等轴测"命令效果

【举一反三】

在本实例中，通过 AutoCAD 2007 中的"UCS"命令、"剖切"工具等，制作出链条的不同角度效果图。在实际绘制链条的过程中，可灵活应用"旋转"、"复制"命令以及"视图"工具箱中的其他工具，制作出不同类型的链条效果图。

第 37 例　圆锥花盆

【实例说明】

AutoCAD 2007 的功能非常强大，本实例使用 AutoCAD 的三维绘图功能绘制一个圆锥花盆。操作工具比较简单，只是工具配合使用上要讲究一些技巧。整体效果如图 6-23 所示。

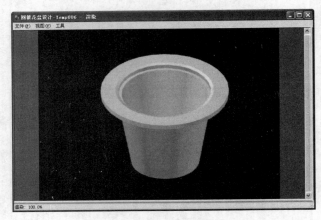

图 6-23　圆锥花盆效果图

【技术要点】

（1）"圆锥体"命令按钮 的使用。

（2）"剖切"命令按钮 的使用。

（3）"抽壳"命令按钮 的使用。

（4）"并集"命令按钮 的使用。

【制作步骤】

（1）启动 AutoCAD 2007，在创建新图形的对话框中选择"无样板打开—英制"项，单击"确定"按钮新建一个文件。

（2）鼠标右键单击菜单栏上的空白处，选择"视图"命令，操作如图 6-24 所示。打开"视图"工具栏，如图 6-25 所示。

（3）接下来单击"视图"工具箱的"西南等轴测"命令按钮 ，图形编辑的 3D 视点窗口立即转换为西南方向，如图 6-26 所示。

（4）单击"建模"工具栏中的"圆锥体"命令按钮 ，以中心线交点（0，0，0）为圆心，半径为 100mm，高度为-600mm，绘制一个倒圆锥体，绘制的命令设置及效果如图 6-27 所示。

图 6-24　执行"视图"命令

图 6-25　"视图"工具栏

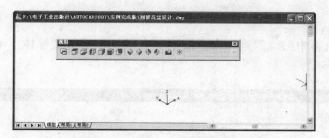

图 6-26　界面处于西南等轴测位置

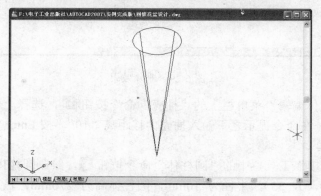

图 6-27　绘制圆锥体

（5）接下来执行菜单栏上的"修改"｜"三维操作"｜"剖切"命令，选择圆锥体，输入"XY"表示与 XY 平面平行的平面实体，输入点（0，0，-200），按 Enter 键确定，圆锥体将自动切割成如图 6-28 所示的半圆锥体。

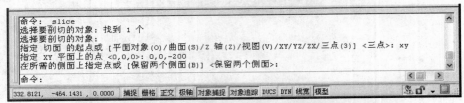

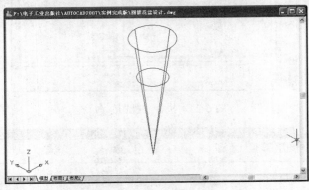

图 6-28　执行"剖切"命令

（6）单击工具箱中的"删除"命令按钮![删除]，将切割后的圆锥体下半部分删除，删除后的效果如图 6-29 所示。

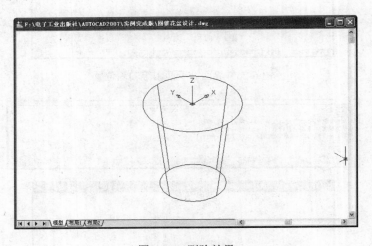

图 6-29　删除效果

（7）执行"实体编辑"菜单栏上的"抽壳"命令按钮![抽壳]，选择上一步绘制的圆锥体，单击鼠标右键确认，在命令提示之下输入抽壳偏移距离"10"，按 Enter 键确认，绘制命令及效果如图 6-30 所示。

（8）单击"建模"工具栏中的"圆柱体"命令按钮![圆柱体]，绘制圆柱体 R10×270，设置圆柱体底面圆心为（0，0，35），半径为 10mm，圆柱体高为-270mm，输入的命令及效果如图 6-31 所示。

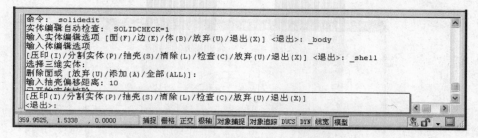

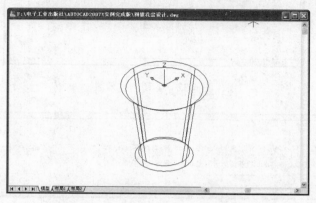

图 6-30　"抽壳"命令设置及效果

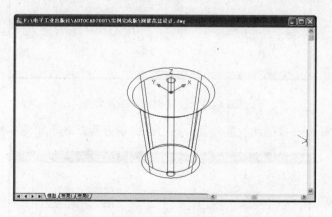

图 6-31　绘制圆柱体

（9）单击"实体编辑"工具栏中的"差集"命令按钮 ，选择被剪切的实体空心圆台体，按 Enter 键后再选择剪切的实体圆柱体 R10×270。差集剪切后，上下两端各剩下高为 35mm 的圆柱体，效果如图 6-32 所示。

（10）再次执行菜单栏上的"修改"｜"三维操作"｜"剖切"命令按钮 ，选择空心圆台体，输入 xy，输入圆台空腔内壁下表面圆心（0，0，-35），再输入全保留命令 B，命令设置及效果如图 6-33 所示。

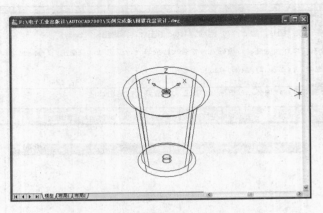

图 6-32　剪切圆柱效果

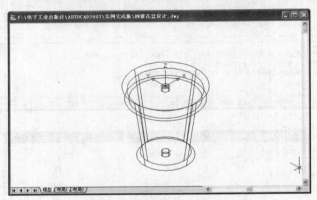

图 6-33　设置剖切命令及效果

（11）然后选择上部分剖切的圆台体，按 Delete 键删除，剩下如图 6-34 所示的样式。

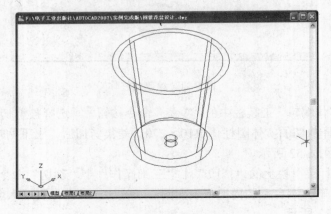

图 6-34　删除后效果

（12）单击"建模"工具栏中的"圆柱体"命令按钮，绘制圆柱体 R90×10，圆柱体的中心以圆台的上表面圆心（0，0，−35）为中心，命令设置及绘制效果如图 6-35 所示。

图 6-35　绘制圆柱 R90×10

（13）按照同样的方法，再次单击"建模"工具栏中的"圆柱体"命令按钮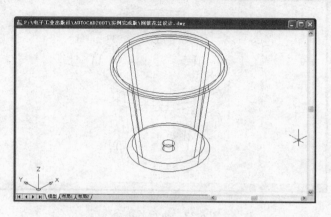，绘制圆柱体 R125×10，圆柱的中心仍以圆台的上表面圆心（0，0，−35）为中心，命令设置及绘制效果如图 6-36 所示。

图 6-36　绘制圆柱 R125×10

（14）单击"实体编辑"工具栏中的"差集"命令按钮，首先选择圆柱体 R90×10，按 Enter 键，再选择圆柱体 R125×10，按 Enter 键，效果如图 6-37 所示。

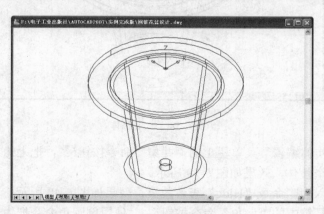

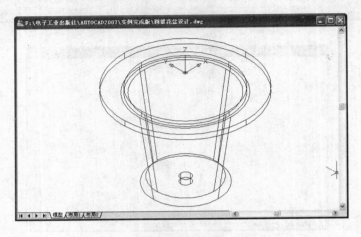

图 6-37　执行差集命令

（15）这时表面上看不出效果，为了使其看起来更明显，鼠标单击表面，这时就会看见圆柱体 R90×10 与圆柱体 R125×10 变成一个整体，效果如图 6-38 所示。

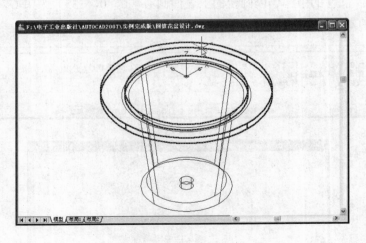

图 6-38　一个整体

（16）执行"实体编辑"菜单栏上的"并集"命令按钮◉，把上缘与花盆基体合并，此时上缘与花盆是一个整体，效果如图 6-39 所示。

（17）此时输入消隐命令"Hide"查看效果，效果如图 6-40 所示。

（18）单击工具箱中的"倒角"命令按钮▱，使用倒圆角命令把锐边倒圆角，命令设置及绘制效果如图 6-41 所示。

（19）最后输入"Render"渲染命令，完成花盆的设计制作，整体效果如图 6-23 所示。

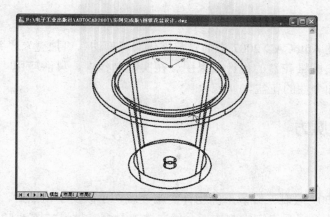

图 6-39　并集后的效果

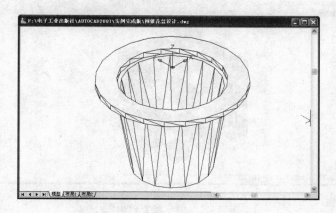

图 6-40　消隐后的效果图

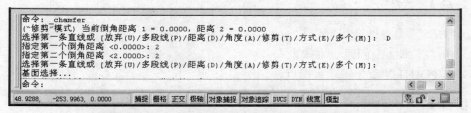

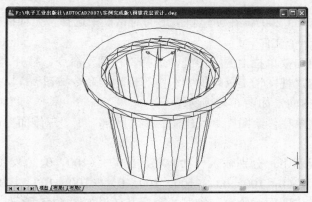

图 6-41　倒角命令设置及效果

【举一反三】

在本实例中通过 AutoCAD 2007 中的"圆锥体"、"剖切"、"抽壳"、"并集"以及"差集"命令的使用，制作出圆锥花盆的设计效果图。在实际制作中，灵活应用"Hide"、"Render"命令，可制作出更加个性的花盆。

第 38 例　黑白魔方

【实例说明】

用 AutoCAD 2007 绘制三维效果的物体的难处就在于改变了视点后，各分散图形的组合效果处理。本实例从不同视点完成制作一个黑白魔方，魔方效果如图 6-42 所示。

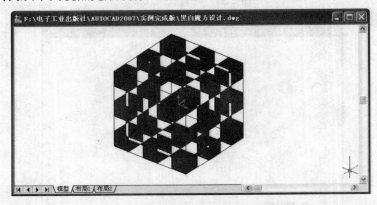

图 6-42　黑白魔方效果图

【技术要点】

（1）"UCS"命令改变坐标。

（2）由"三维面"创建三维效果。

（3）"VPOINT"命令建立新视点。

【制作步骤】

（1）启动 AutoCAD 2007，在创建新图形的对话框中选择"无样板打开—英制"项，单击"确定"按钮新建一个文件。

（2）鼠标右键单击菜单栏上的空白处，选择"视图"命令，打开"视图"工具栏。

（3）接下来单击"视图"工具箱的"东南等轴测"命令按钮 ◈ ，图形编辑的 3D 视点窗口立即转换为东南方向，如图 6-43 所示。

（4）然后执行菜单栏"绘图"｜"建模"｜"网格"｜"三维面"命令，操作如图 6-44所示。

（5）在系统的提示下，分别输入（100，0，100）、（100，0，0）、（0，0，0）、（0，0，100）、（0，100，100）、（0，100，0）、（100，100，0）、（100，100，100）、（100，0，100）、（100，0，0）从而完成四面的绘制，绘制的命令及效果如图 6-45 所示。

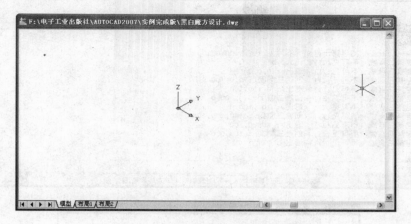

图 6-43　界面处于东南等轴测位置

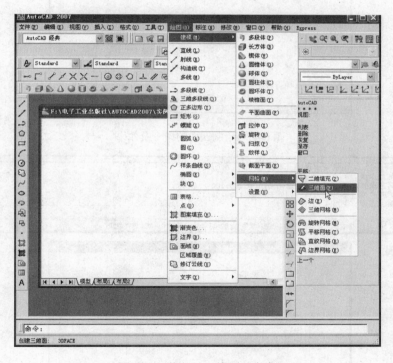

图 6-44　执行"三维面"命令

（6）这时完成第五个面，即顶面的创建。重新执行菜单栏"绘图"｜"建模"｜"网格"｜"三维面"命令，根据提示输入（0，0，100）、（100，0，100）、（100，100，100）、（0，100，100），命令设置及绘制效果如图 6-46 所示。

（7）按照同样的方法，再次执行菜单栏"绘图"｜"建模"｜"网格"｜"三维面"命令创建底面，输入（0，0，0）、（100，0，0）、（100，100，0）、（0，100，0），命令设置及绘制效果如图 6-47 所示。

（8）此时输入消隐命令"Hide"查看绘制的效果，效果如图 6-48 所示。

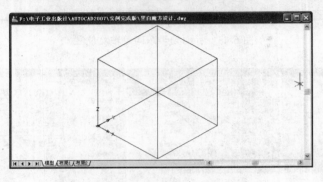

图 6-45　绘制四面的命令及效果

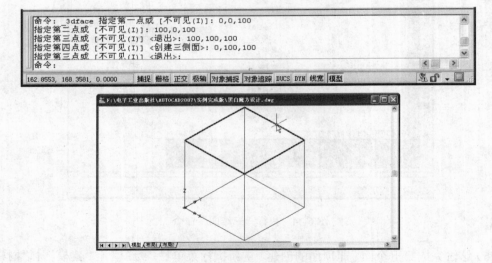

图 6-46　绘制的第五个面

（9）输入命令"UCS"，根据提示输入"N"，表示新建 UCS，再输入"Object"，此时用鼠标选取最右侧边的下端点，命令的设置如图 6-49 所示。

（10）单击菜单栏上的"图层特性管理器"命令按钮 或者输入命令"Layer"，按 Enter 键屏幕出现"图层特性管理器"对话框。

（11）新建一个图层，操作如图 6-50 所示，将其命名为"RESEAU"，并将"RESEAU"图层设置为当前图层，如图 6-51 所示。

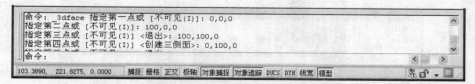

图 6-47 绘制底面

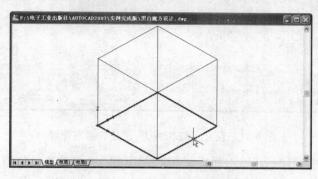

图 6-48 底面消隐的效果

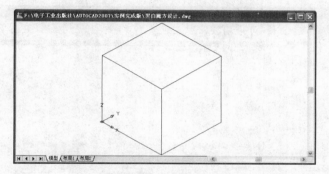

图 6-49 改变坐标命令

图 6-50 新建一个图层

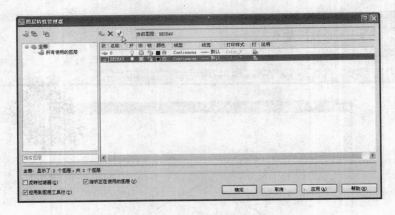

图 6-51　设置 "RESEAU" 图层为当前图层

（12）设置好当前图层后，单击面板上 "0" 层上的 "小灯泡" 关闭图层命令按钮，将 "0" 层隐藏，如图 6-52 所示，然后单击 "应用" 按钮和 "确定" 按钮退出。

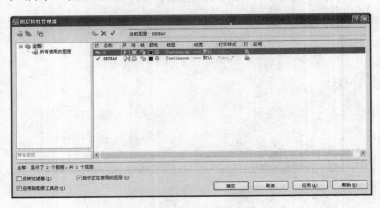

图 6-52　"图层特性管理器" 对话框

（13）单击工具箱中的 "多段线" 命令按钮 ，在新操作坐标系上绘制一条辅助线，命令设置及效果如图 6-53 所示。

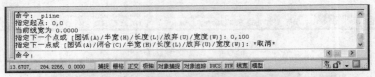

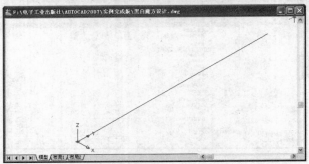

图 6-53　绘制辅助线

（14）按照同样的方法，绘制一条与上线相垂直的辅助线。命令设置及绘制效果如图 6-54 所示。

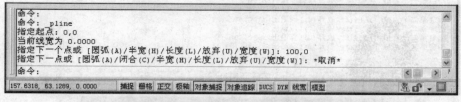

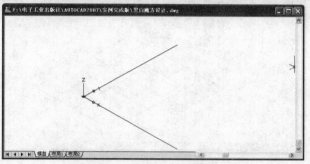

图 6-54　绘制的两条相互垂直的线

（15）单击工具箱中的"复制"命令按钮，选择绘制的第一条直线，根据提示输入命令，命令设置及复制效果如图 6-55 所示。

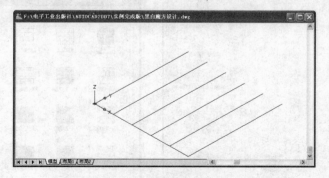

图 6-55　命令设置及复制效果

（16）按照同样的方法，再次单击工具箱中的"复制"命令按钮，选择绘制的第二条直线，根据提示输入命令，命令设置及复制效果如图 6-56 所示。

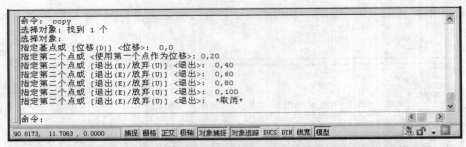

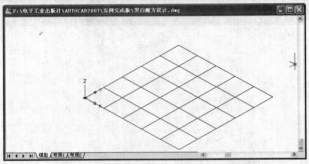

图 6-56　绘制成的网格

（17）接下来进行黑白填充，单击工具箱中的"图案填充"命令按钮或者输入"HATCH"命令进行填充，如图 6-57 所示。

图 6-57　图案填充命令设置

（18）然后进行填充，填充设置如图 6-58 所示，效果如图 6-59 所示。

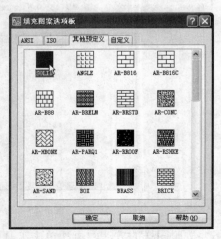

图 6-58　填充设置

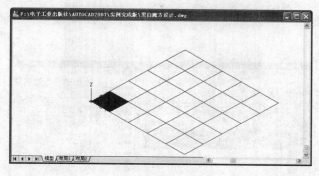

图 6-59　填充效果

（19）填充一个单元格后，可以单击工具箱中的"复制"命令按钮 进行平行复制，其实如果操作熟练的话，直接在上一步填充设置中选择全部的交叉面填充即可，填充后的一面如图 6-60 所示。

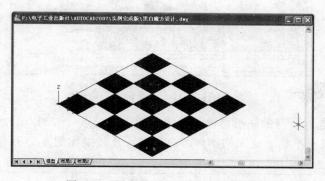

图 6-60　图案填充及复制一面的效果

（20）创建新的坐标。输入"UCS"命令，根据提示分别输入"N"，（0，0，−50），此时将新坐标系创建在当前坐标系 Z 轴的正后方 50mm 处，坐标方向不变，命令设置及效果如图 6-61 所示。

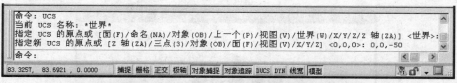

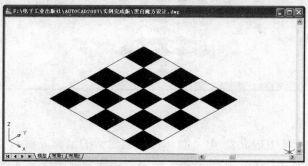

图 6-61　改变坐标的命令设置及效果

（21）执行菜单栏"修改"|"三维操作"|"三维镜像"命令，操作如图 6-62 所示。

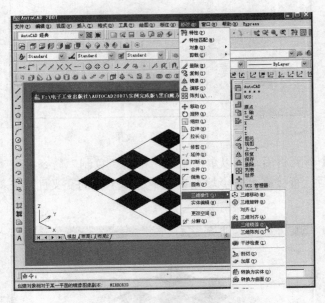

图 6-62　执行"三维镜像"命令

（22）用鼠标选取所有的图形，输入镜像平面上的三点（0，0，0），（1，0，0），（0，1，0），再输入"N"表示不删除原来的物体，命令设置及效果如图 6-63 所示。

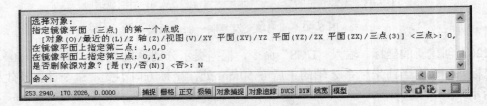

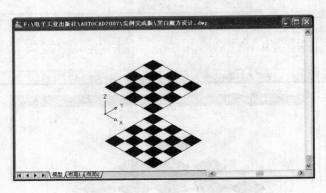

图 6-63　通过三维镜像复制

（23）通过三维旋转生成其他 4 个面。首先创建新的坐标。输入"UCS"命令，根据提示分别输入"N"，（50，0，0），此时将新坐标系创建在当前坐标系 X 轴的正方向，坐标方向不变，命令设置及效果如图 6-64 所示。

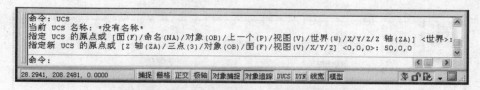

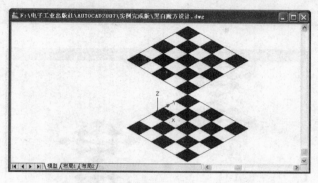

图 6-64　改变坐标 X 轴方向

（24）按照同样的方法，再次输入"UCS"命令，根据提示分别输入"N"，（0，50，0），此时将新坐标系创建在当前坐标系 Y 轴的正方向，坐标方向不变，命令设置及效果如图 6-63 所示。

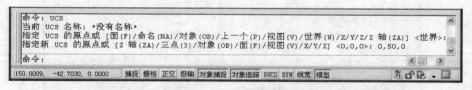

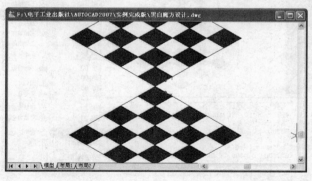

图 6-65　改变坐标 Y 轴方向

（25）接下来单击工具箱中的"复制"命令按钮 ，将已有的图形全部选定，通过"COPY"命令将其复制到 Y 轴正方向 300mm 处，命令设置及绘制效果如图 6-66 所示。

（26）执行菜单栏上的"修改"｜"三维操作"｜"三维旋转"命令，操作如图 6-67 所示。选择非复制图形，再输入"X"，表示以 X 轴作为旋转轴，使用默认坐标（0，0，0），根据提示输入"90"，表示绕 X 轴旋转 90°，命令设置及旋转后的效果如图 6-68 所示。

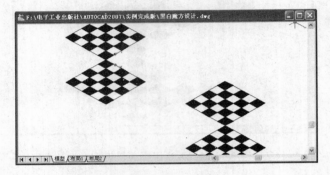

图 6-66　复制图形

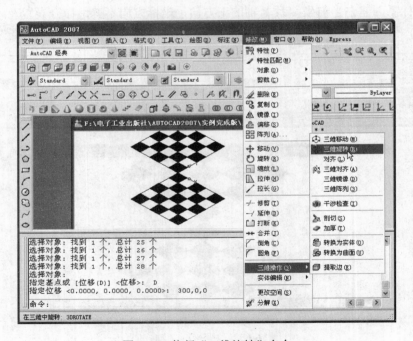

图 6-67　执行"三维旋转"命令

（27）将旋转后的图形选中，改变其图层至"0"层，暂时将其隐藏，操作如图 6-69 所示。

（28）单击工具箱中的"复制"命令按钮 ，再用复制命令把上次复制的图形全部复制回原位置，命令设置及效果如图 6-70 所示。

（29）再执行"三维旋转"命令，操作如图 6-71 所示。此时将 Y 轴定为旋转轴，根据提示旋转 90°，命令设置及效果如图 6-72 所示。

图 6-68　三维旋转命令设置及效果

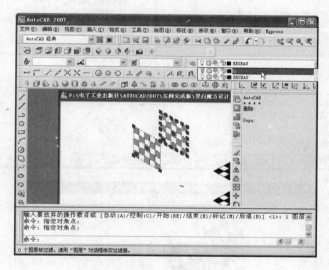

图 6-69　隐藏图层

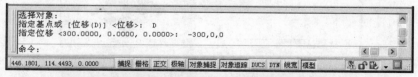

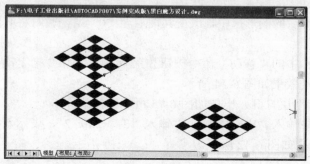

图 6-70　复制图形

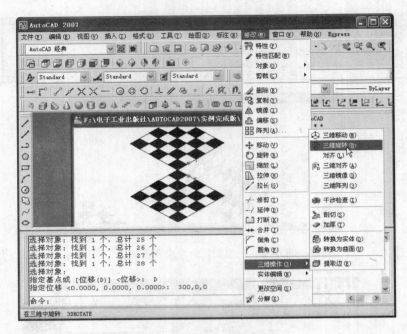

图 6-71　执行"三维旋转"命令

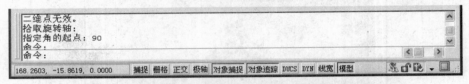

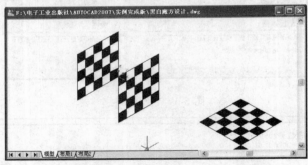

图 6-72　三维旋转

（30）再次将旋转后的图形选中，改变其图层至"0"层，暂时将其隐藏，操作如图 6-73所示。

（31）单击工具箱中的"移动"命令按钮 ✛，再用移动命令把上次复制的图形全部复制回原位置，命令设置及效果如图 6-74 所示。

（32）此时将"0"层打开，出现如图 6-75 所示的样式。

（33）在命令框中输入"VPOINT"，再输入"2，-2.5，2"，表示新的视点，命令设置如图 6-74 所示，整体效果如图 6-42 所示。

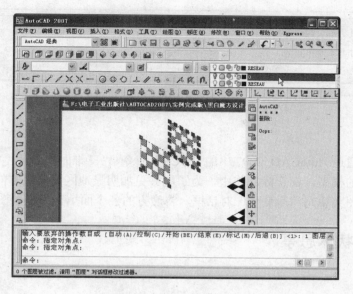

图 6-73　隐藏至 "0" 图层

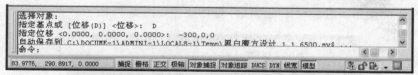

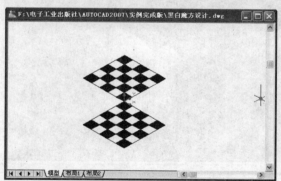

图 6-74　移动图像

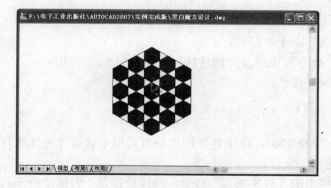

图 6-75　此时的效果

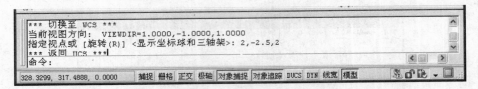

图 6-76　命令设置

【举一反三】

在本实例中通过 AutoCAD 2007 中的 "UCS" 命令、"三维面" 以及 "VPOINT" 命令，制作出黑白魔方的模型。在实际制作中，为了能够更加明显地区分出魔方的各个面，可以单击菜单栏上的 "图案填充和渐变色" 对话框，将魔方的各个面填充为不同图案。

第 39 例　伞状休息亭

【实例说明】

在建筑景观设计中经常会在花园里设置一些休息亭。本实例绘制一个伞状的形体，读者主要应掌握在不同视角下进行设计的方法，整体效果如图 6-77 所示。

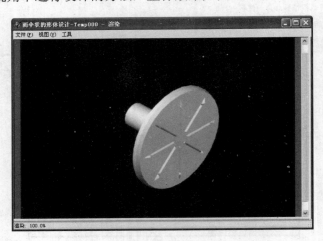

图 6-77　伞状休息亭效果图

【技术要点】

（1）"ISOLINES" 命令的使用。

（2）"多段线" 命令按钮 及 "圆柱体" 命令按钮 的使用。

（3）三维面的拉伸操作。

【制作步骤】

（1）启动 AutoCAD 2007，在创建新图形的对话框中选择 "无样板打开—英制" 项，单击 "确定" 按钮新建一个文件。

（2）执行菜单栏上的 "对象捕捉" 命令，具体操作是：右键单击工具箱空白处，在弹出的菜单中选择 "ACAD" | "对象捕捉" 命令，操作如图 6-78 所示。打开 "对象捕捉" 工具

箱，如图 6-79 所示。

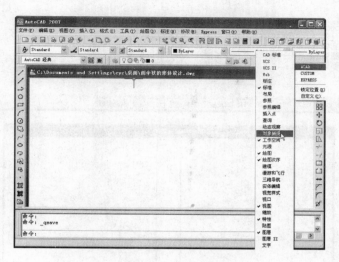

图 6-78　执行"对象捕捉"命令

图 6-79　"对象捕捉"工具箱

（3）单击"对象捕捉"工具箱中的"对象捕捉设置"命令按钮，进行草图设置，具体操作是选择"启用捕捉"、"启用栅格"复选框，命令设置如图 6-80 所示，此时的效果如图 6-81 所示。

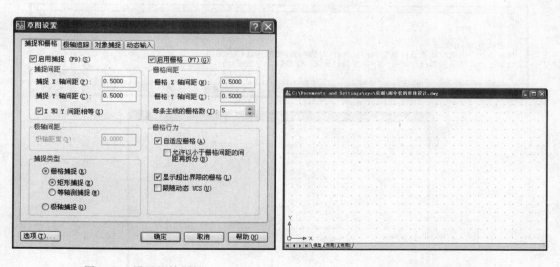

图 6-80　设置网格属性　　　　　　　　　　　图 6-81　网格效果

（4）单击工具箱中的"多段线"命令按钮，用多段线生成零件剖面图。首先绘制一个矩形，命令设置及效果如图 6-82 所示。

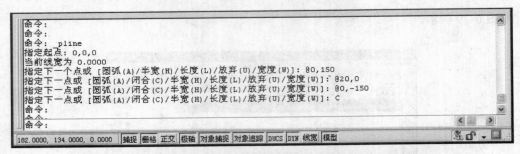

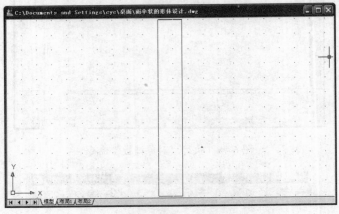

图 6-82　绘制矩形

（5）接下来绘制伞架，其最外端距离中心 100mm。单击工具箱中的"多段线"命令按钮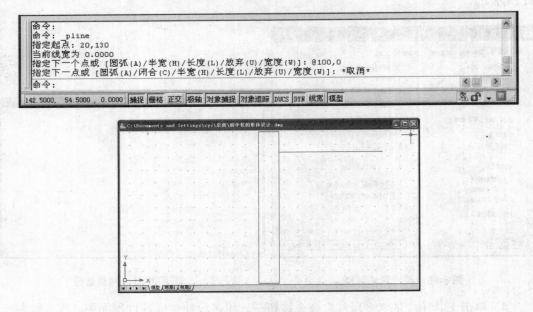，绘制一条直线，命令设置及效果如图 6-83 所示。

图 6-83　绘制直线

（6）单击"建模"工具栏中的"多段体"命令按钮 ，绘制出如图 6-84 所示的图形，然后单击工具箱中的"删除"命令按钮 ，删除绘制的第一条直线，效果如图 6-85 所示。

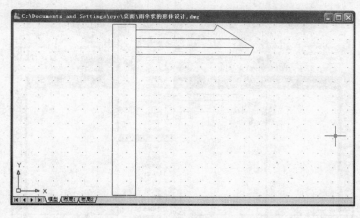

图 6-84　绘制多段线

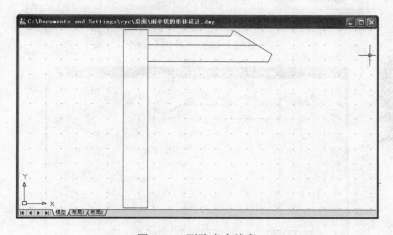

图 6-85　删除多余线条

（7）在命令框中输入"ISOLINES"，然后根据提示输入其新值"16"，命令设置如图 6-86 所示。

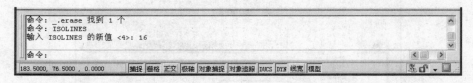

图 6-86　命令设置

（8）接下来执行菜单栏"修改"｜"拉伸"命令，操作如图 6-87 所示，或者直接单击工具箱中的"拉伸"命令按钮，然后输入拉伸高度"8"，拉伸效果如图 6-88 所示。

（9）接下来执行菜单栏"视图"｜"三维视图"｜"西南等轴测"命令，操作如图 6-89 所示，或者直接单击"视图"工具箱的"西南等轴测"命令按钮，从西南视角观察效果如图 6-90 所示。

（10）执行"视图"｜"三维视图"｜"东北等轴测"命令，操作如图 6-91 所示，或者直接单击"视图"工具箱中的"东北等轴测"命令按钮，从东北视角观察效果如图 6-92 所示。

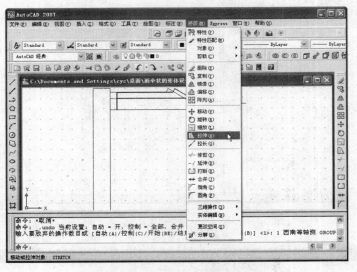

图 6-87 执行"拉伸"命令

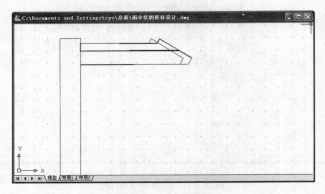

图 6-88 拉伸效果

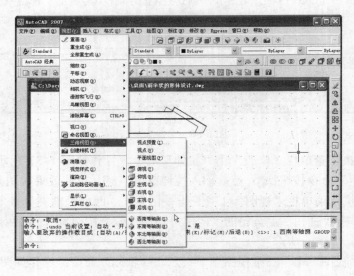

图 6-89 执行"西南等轴测"命令

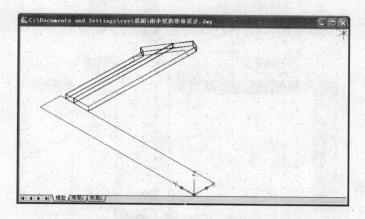

图 6-90 界面处于西南视角

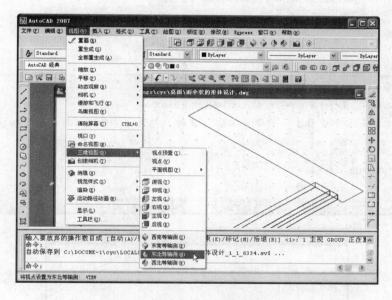

图 6-91 执行"东北等轴测"命令

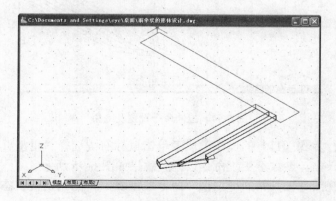

图 6-92 界面处于东北视角

（11）执行菜单栏"修改" | "实体编辑" | "拉伸面"命令，操作如图 6-93 所示。选择伞架立体部分上的一个面，指定拉伸的高度为"5"，倾斜 20°，命令设置及效果如图 6-94 所示。

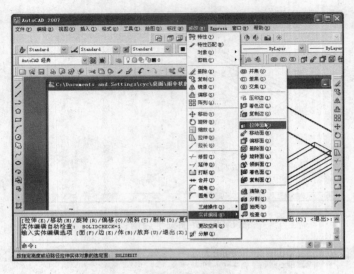

图 6-93　执行"拉伸面"命令

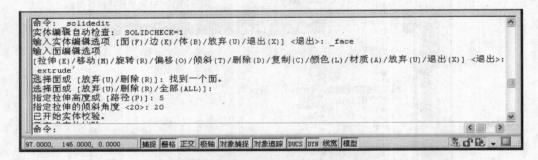

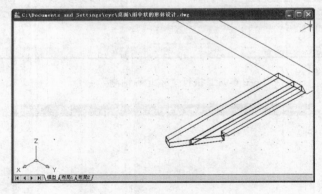

图 6-94　拉伸命令设置及效果

（12）再次进行步骤（11）的操作，或者单击鼠标右键选择"重复"命令，同样在另一个倾斜面执行拉伸操作，参数不变，命令设置及效果如图 6-95 所示。

（13）单击"视图"工具箱的"主视"命令按钮 ，回到主视状态。此时窗口界面如图 6-96 所示。

（14）执行菜单栏"修改"｜"三维操作"｜"三维阵列"命令，操作如图 6-97 所示。

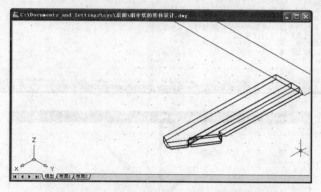

图 6-95　从东北角度观察拉伸两面的效果

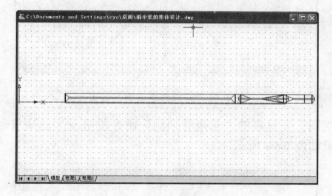

图 6-96　主视界面

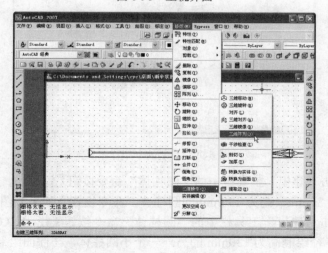

图 6-97　执行"三维阵列"命令

（15）然后选择突出的图形。输入阵列中的项目数目"8"，指定要填充的角度为 360°，按 Enter 键确认进行操作，输入坐标轴坐标（0，0，0）与（0，0，1）。命令设置及效果如图 6-98 所示。

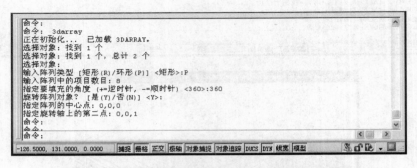

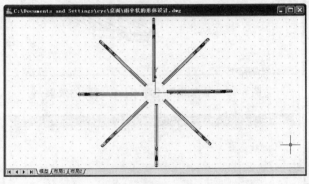

图 6-98　阵列命令设置及效果

（16）单击"视图"工具箱的"东南等轴测"命令按钮 ，从东南视角可以看到伞架外形基本形成，效果如图 6-99 所示。

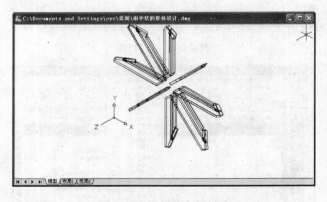

图 6-99　绘制的伞架样式

（17）然后单击"建模"工具栏中的"圆柱体"命令按钮 ，绘制一个底面中心为（0，0，0），底面半径为 30mm，高为 130mm 的圆柱体，命令设置及效果如图 6-100 所示。

（18）再次单击"建模"工具栏中的"圆柱体"命令按钮 ，以（0，0，0）为底面中心，15mm 为底面半径绘制高为 130mm 的另外一个小圆柱体，与前面绘制的圆柱体进行差集操作，作为伞状亭的亭柱，命令设置及绘制效果如图 6-101 所示。

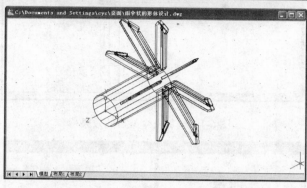

图 6-100　绘制圆柱体

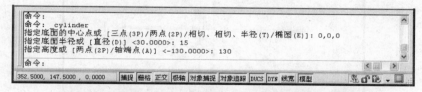

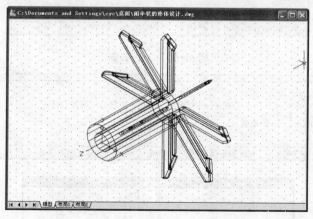

图 6-101　绘制小圆柱体

（19）单击"视图"工具箱的"右视"命令按钮，从右视图可以看出伞的形状。观察其效果如图 6-102 所示。

（20）单击"视图"工具箱的"主视"命令按钮，回到主视界面，效果如图 6-103 所示。单击"建模"工具栏中的"圆柱体"命令按钮，以（0，0，0）为底面中心，130mm 为底面半径绘制一个高为 10mm 的圆柱体，命令设置及绘制效果如图 6-104 所示。

（21）执行菜单栏"修改"｜"实体编辑"｜"拉伸面"命令，把绘制的三面拉伸 10mm，倾斜角度为 20°，从东南视角观察绘制的效果如图 6-105 所示。

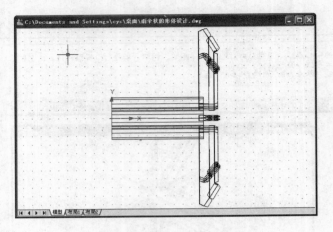

图 6-102　加上伞架后的效果

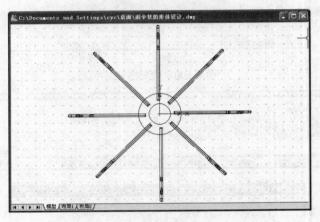

图 6-103　主视界面

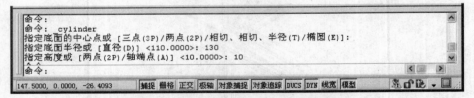

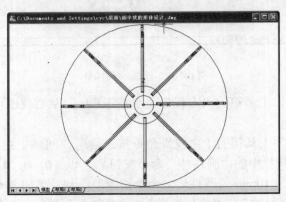

图 6-104　绘制圆柱体

```
命令:
命令:  solidedit
实体编辑自动检查:  SOLIDCHECK=1
输入实体编辑选项 [面(F)/边(E)/体(B)/放弃(U)/退出(X)] <退出>: _face
输入面编辑选项
[拉伸(E)/移动(M)/旋转(R)/偏移(O)/倾斜(T)/删除(D)/复制(C)/颜色(L)/材质(A)/放弃(U)/退出(X
  _extrude
选择面或 [放弃(U)/删除(R)]: 找到 2 个面。
选择面或 [放弃(U)/删除(R)/全部(ALL)]:
指定拉伸高度或 [路径(P)]: 10
指定拉伸的倾斜角度 <30>: 20
不能拉伸非平面, 操作将被忽略。
已开始实体校验。
命令:
```

```
-27.0000, 0.0000, -111.2750    捕捉 栅格 正交 极轴 对象捕捉 对象追踪 DUCS DYN 线宽 模型
```

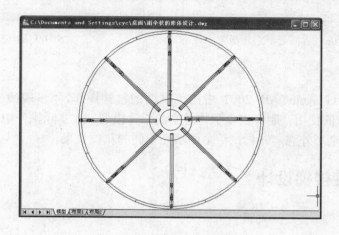

图 6-105　拉伸效果

（22）单击"视图"工具箱的"东南等轴测"命令按钮，此时界面如图 6-104 所示。接下来单击工具箱中的"移动"命令按钮，将伞面移动至伞架上，效果如图 6-105 所示。

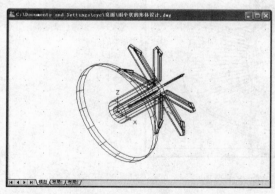

图 6-106　界面处于东南视角　　　　　　　图 6-107　移动后的效果

（23）单击"视图"工具箱的"东北等轴测"命令按钮，此时的界面如图 6-108 所示。

（24）然后在命令框中输入消隐命令"Hide"，效果如图 6-109 所示。

（25）最后在命令框中输入渲染命令"Render"，整体效果如图 6-77 所示。

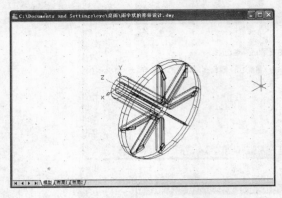
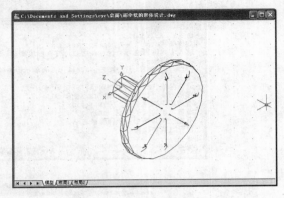

图 6-108　界面处于东北视角　　　　　　　图 6-109　消隐效果

【举一反三】

在本实例中通过 AutoCAD 2007 中的三维面的拉伸操作，"多段线"、"圆柱体"以及"ISOLINES"命令的使用，制作出伞状休息亭的设计模型。在实际操作中，可以根据设计的需要，构造不同的伞形外观，并尝试给伞面填充不同的花纹效果。

第 40 例　螺旋楼梯设计

【实例说明】

螺旋楼梯在建筑设计中也是经常能接触到的。本实例设计一个螺旋楼梯，效果如图 6-110 所示。

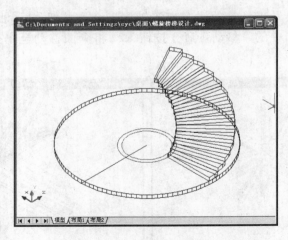

图 6-110　螺旋楼梯设计效果

【技术要点】

（1）"三维面"命令的使用。

（2）三维"镜像"命令的使用。

（3）"SHADE"阴影命令的使用。

（4）"块"命令的定义。

（5）三维"阵列"命令的使用。

【制作步骤】

（1）启动 AutoCAD 2007，在创建新图形的对话框中选择"无样板打开—英制"项，单击"确定"按钮新建一个文件。

（2）单击菜单栏上的"图层特性管理器"命令按钮 ，或者直接在命令框中输入"LAYER"，打开"图层特性管理器"对话框，新建图层，操作如图 6-111 所示。

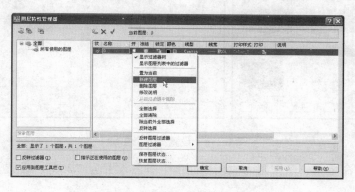

图 6-111　新建图层

（3）新建 6 个图层，如图 6-112 所示。接下来进行图层的设置：命名第一个图层为"楼梯外缘"，颜色设置为"34"，其他保持默认值，设置如图 6-113 所示。

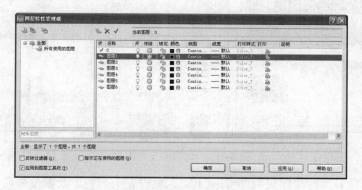

图 6-112　新建 6 个图层

图 6-113　第一个图层的设置

（4）命名第二个图层为"楼梯内壁"，也将其颜色设置为"34"，设置及命名如图 6-114 所示。

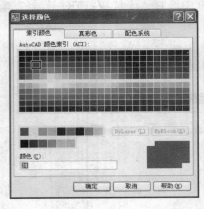

图 6-114　设置第二个图层

（5）接下来命名第三个图层为"楼梯面"，颜色设置为"250"，设置及命名如图 6-115 所示。

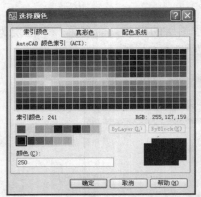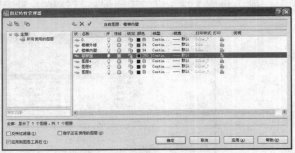

图 6-115　设置第三个图层

（6）接下来命名第四个图层为"楼梯门"，颜色设置为白色，设置及命名如图 6-116 所示。

图 6-116　设置第四个图层

（7）按照同样的方法，命名第五个图层为"楼梯"，颜色设置为蓝色，设置及命名如图 6-117 所示。

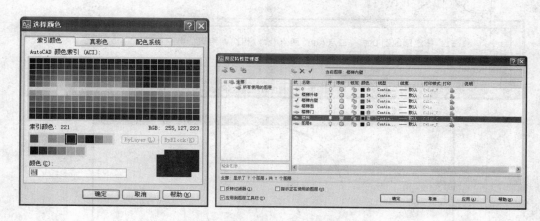

图 6-117　设置第五个图层

（8）命名最后一个图层为"楼梯隔板"，颜色设置为白色，设置及命名如图 6-118 所示。

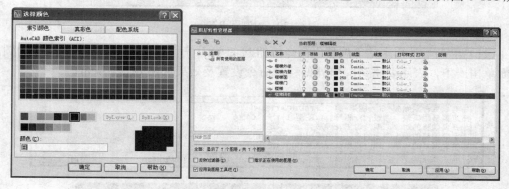

图 6-118　设置第六个图层

（9）设置当前图层，将图层切换到"楼梯外缘"图层，操作如图 6-119 所示，或者直接单击菜单栏上的"应用的过滤器"命令按钮 Center，效果是相同的。设置好以后，单击"应用"和"确定"按钮退出。

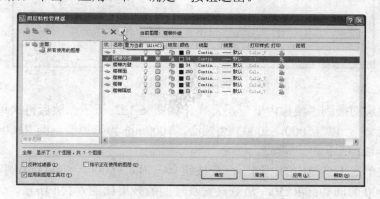

图 6-119　设置当前图层为"楼梯外缘"图层

（10）单击工具箱中的"圆"命令按钮 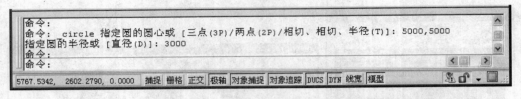，以（5000，5000）为圆心，3000mm 为半径绘制圆 R3000，命令设置及绘制效果如图 6-120 所示。

图 6-120　绘制圆 R3000

（11）单击工具箱中的"偏移"命令按钮 ，输入偏移量"150"，选择刚绘制的圆，在圆外面单击一下，表示要将该圆向外偏移，命令设置及效果如图 6-121 所示。

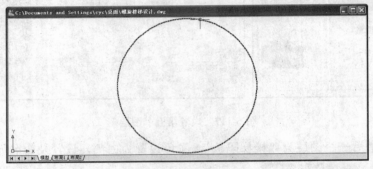

图 6-121　偏移圆的命令设置及效果

（12）将图层切换到"楼梯内壁"层，操作如图 6-122 所示。然后再次单击工具箱中的"圆"命令按钮 ，以（5000，5000）为圆心，1000mm 为半径绘制圆 R1000，命令设置及绘制效果如图 6-123 所示。

（13）再次单击工具箱中的"圆"命令按钮 ，以（5000，5000）为圆心，850mm 为半径绘制圆 R1000 的同心圆 R850。命令设置及绘制的效果如图 6-124 所示。

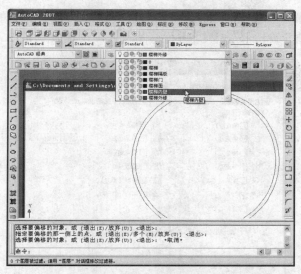

图 6-122　设置当前图层为"楼梯内壁"图层

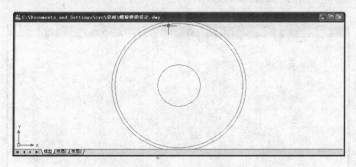

图 6-123　绘制圆 R1000

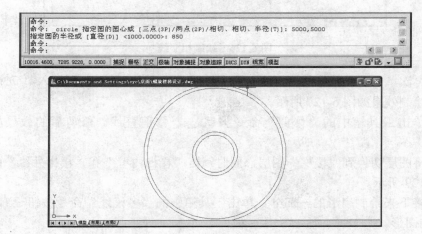

图 6-124　绘制圆 R850

（14）首先绘制第一级楼梯的边界。将图层切换到"0"层，然后单击"对象捕捉"工具箱中的"对象捕捉设置"命令按钮 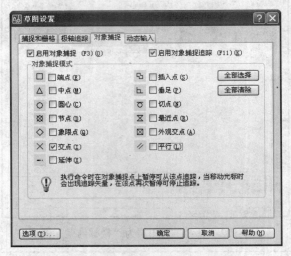，进行草图设置，设置如图 6-125 所示。

图 6-125   草图设置

（15）单击工具箱中的"直线"命令按钮 ，从圆心绘制相互垂直的两条直线，直线与所有的圆都相交，绘制的效果如图 6-126 所示。

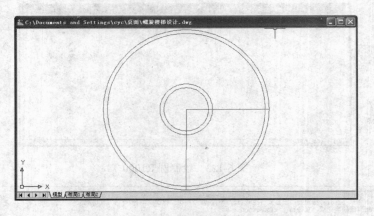

图 6-126   绘制相交线

（16）再次单击工具箱中的"直线"命令按钮 ，单击圆心，再输入"@3000<8.57"，命令设置及绘制效果如图 6-127 所示。

（17）单击工具箱中的"修剪"命令按钮 ，修剪直线。修剪后的效果如图 6-128 所示。

（18）将图层切换到"楼梯"图层，同时锁定"楼梯内壁"和"楼梯外缘"两个图层，操作如图 6-129 所示。

（19）接下来绘制扇形的一部分。单击工具箱中的"多段线"命令按钮 ，绘制如图 6-130 所示的图形。

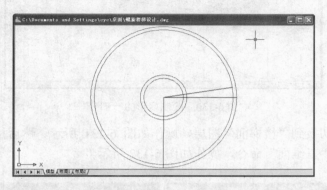

图 6-127　绘制直线

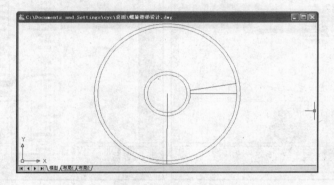

图 6-128　修剪效果

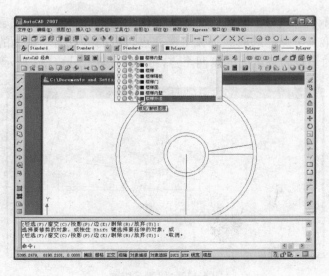

图 6-129　锁定图层

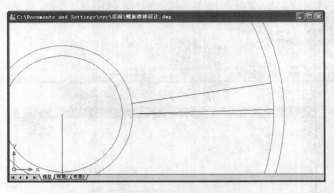

图 6-130　绘制扇形的一部分

（20）将图层切换到"楼梯面"图层，操作如图 6-131 所示。然后执行"绘图"｜"建模"｜"网格"｜"三维面"命令，操作如图 6-132 所示。

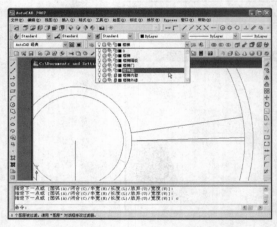

图 6-131　设置当前图层为"楼梯面"图层　　　　图 6-132　执行"三维面"命令

（21）选取扇环水平线与小圆弧的交点为三维面的第一个点，选取扇环水平线与大圆弧的交点为三维面的第二个点，选取大圆弧上离交点较近的一点为三维面的第三个点，选取小圆弧上离交点较近的一点为三维面的第四个点，绘制效果如图 6-133 所示。

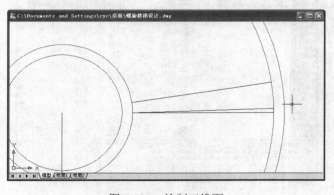

图 6-133　绘制三维面

（22）重复上述操作，绘制完其他部分，直到把扇形填充满，这时的效果如图 6-134 所示。

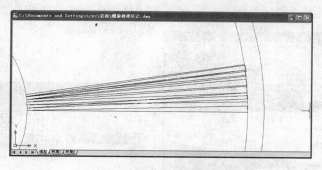

图 6-134　重复三维面绘制

（23）然后执行"SHADE"命令。命令设置及绘制的效果如图 6-135 所示。

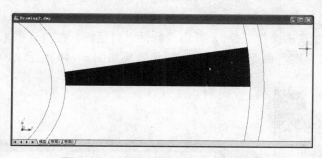

图 6-135　绘制三维面并增加阴影效果

（24）执行菜单栏"绘图"｜"建模"｜"网格"｜"边"命令，操作如图 6-136 所示，然后逐一选取三维面的边界，按 Enter 键即可消去其边界，效果如图 6-137 所示。

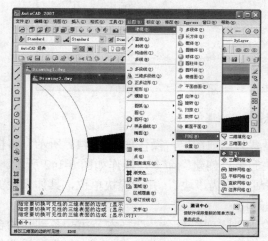

图 6-136　执行"边"命令

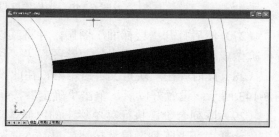

图 6-137　删除边界后的效果

（25）执行菜单栏上的"视图"｜"视觉样式"｜"三维线框"命令，操作如图 6-138 所示。并将图层切换到"楼梯"图层，同时关闭"楼梯面"图层，操作如图 6-139 所示。

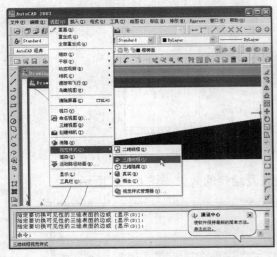

图 6-138　执行"三维线框"命令

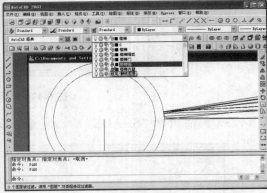

图 6-139　切换图层

（26）接下来延伸楼梯底形成台阶。选中楼梯扇环底面，单击菜单栏上的"对象特性"命令按钮 ![icon]（也可以双击操作对象），弹出"特性"对话框，在对话框里设定厚度为"150"，这样就设置了楼梯的厚度，命令设置及东南视角效果如图 6-140 所示。

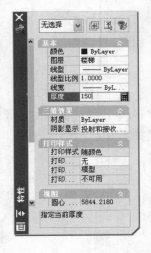

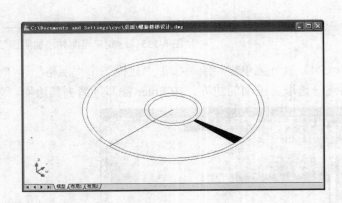

图 6-140　楼梯厚度设置及东南视角效果

（27）然后打开"楼梯面"图层，并将其设置为当前图层，操作如图 6-141 所示。将楼梯台阶做成块，执行菜单栏上的"绘图"｜"块"｜"创建"命令，操作如图 6-142 所示。

（28）此时弹出"块定义"对话框，在此设置名称为"块"，并设置块单位，具体设置如图 6-143 所示。设置好以后，单击"确定"按钮退出。

（29）阵列台阶。执行菜单栏上的"修改"｜"阵列"命令，选择本节第一条创建的台阶块，选择"环形阵列"单选按钮，再输入阵列的项目总数 14，填充角度为 111°，设置如图 6-144 所示，这时从俯视视角可以看到台阶阵列成如图 6-145 所示的样式。

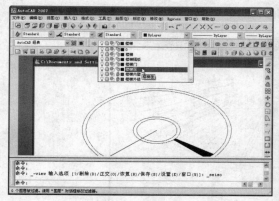

图 6-141 设置当前图层为"楼梯面"图层

图 6-142 执行"创建"命令

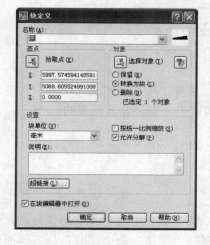

图 6-143 定义块设置

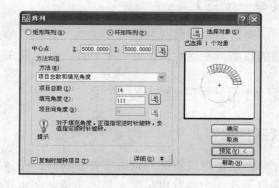

图 6-144 设置阵列参数

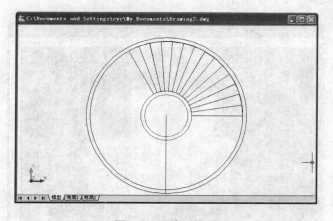

图 6-145 阵列效果

（30）选取扇环的圆心作为旋转轴的第一个点，打开"正交"命令，将鼠标指针向上移动一定的距离，单击表示选取扇环圆心正上方（Y 轴）一点作为旋转轴上的另一点，然后单击工具箱中的"移动"命令按钮 ✛，执行移动命令，移动各台阶使之连接在一起，组成螺旋楼梯，如图 6-146 所示。

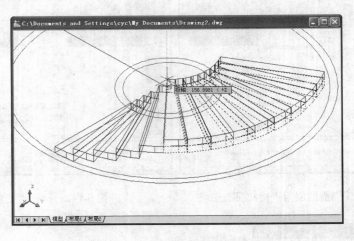

图 6-146　移动过程及最后的效果

【举一反三】

通过本实例掌握三维"镜像"、"阵列"等命令，重点掌握如何在三维立体空间中实现对象的移动。在建筑设计过程中掌握三维对象在立体空间的编辑功能是非常重要的。

第 41 例　三维沙发效果

【实例说明】

沙发是建筑装饰配景中必备的物体，在 AutoCAD 2007 的素材中有自备的制作方法，但亲自设计一个沙发也是很容易的事情。在本实例中重点掌握"圆角"命令，圆角化三维面的操作，沙发整体效果如图 6-147 所示。

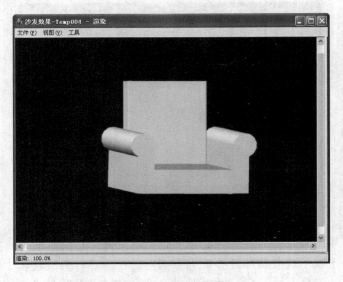

图 6-147　三维沙发效果

【技术要点】

（1）"拉伸"命令按钮 的使用。

（2）"圆角"命令按钮 的使用。

（3）"动态观察"命令的使用。

【制作步骤】

（1）启动 AutoCAD 2007，在创建新图形的对话框中选择"无样板打开—英制"项，单击"确定"按钮新建一个文件。

（2）单击工具箱中的"圆"命令按钮 ，在绘图窗口的合适位置以（50，60）为圆的坐标，绘制一个半径为 15mm 的圆 R15，命令设置及绘制效果如图 6-148 所示。

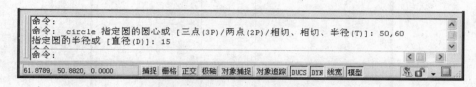

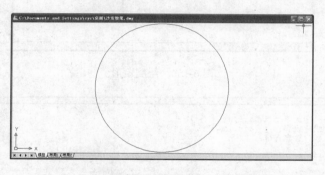

图 6-148　绘制圆 R15

（3）单击工具箱中的"矩形"命令按钮 ，或输入命令"Rectangle"绘制矩形，命令设置如图 6-149 所示。命令设置说明：选择矩形对角线上第一点或［倒角/标高/圆角/厚度/宽度］，在命令框里输入（45，60）；选择对角线的另一点或［尺寸］，输入"D"，表示采用尺寸绘制法；设置矩形长度为 20mm，宽度为 40mm。绘制的时候让矩形长边右侧的角点与圆形右切点相接，命令设置及绘制效果如图 6-150 所示。

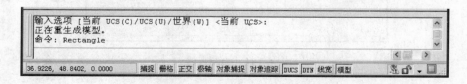

图 6-149　命令设置

（4）单击工具箱中的"直线"命令按钮 ，在距离矩形右边 50mm 的地方绘制一条垂直线作为参考线，直线的两端点坐标可设为（115，0）、（115，100），命令设置及绘制效果如图 6-151 所示。

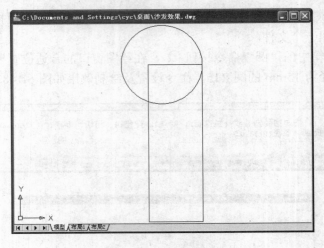

图 6-150　绘制矩形

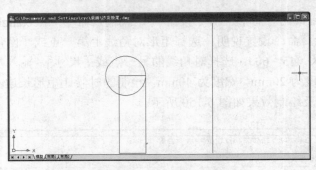

图 6-151　绘制直线

（5）单击工具箱中的"镜像"命令按钮 ⚌，选择圆和矩形作为镜像对象，在绘图区中选择垂直直线作为对称轴，不删除原来的实体进行镜像，复制后的效果如图 6-152 所示。

（6）再次单击工具箱中的"矩形"命令按钮 ▭，在两个扶手间绘制一个长矩形作为沙发的主体。矩形的长度为 100mm，高为 30mm，命令设置及绘制效果如图 6-153 所示。

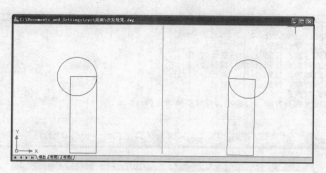

图 6-152　镜像绘制两个扶手

```
命令: _rectang
指定第一个角点或 [倒角(C)/标高(E)/圆角(F)/厚度(T)/宽度(W)]: 65,30
指定另一个角点或 [面积(A)/尺寸(D)/旋转(R)]: D
指定矩形的长度 <20.0000>: 100
指定矩形的宽度 <60.0000>: 30
指定另一个角点或 [面积(A)/尺寸(D)/旋转(R)]:
命令:
```

125.8592, 5.2390 , 0.0000　　捕捉 栅格 正交 极轴 对象捕捉 对象追踪 DUCS DYN 线宽 模型

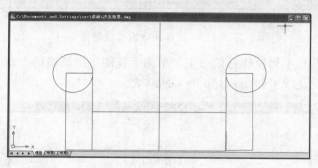

图 6-153　绘制连接的矩形

（7）单击工具箱中的"删除"命令按钮 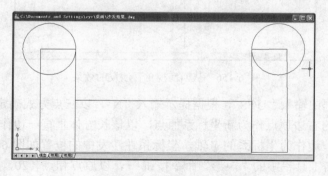，把辅助线删除，效果如图 6-154 所示。

图 6-154　删除辅助线

（8）再单击"建模"工具栏中的"拉伸"命令按钮 ⬚，选择所有的圆和矩形作为拉伸对象。设置拉伸高度为"120"，角度保持默认值"0"，按 Enter 键完成拉伸，命令设置及拉伸效果如图 6-155 所示。

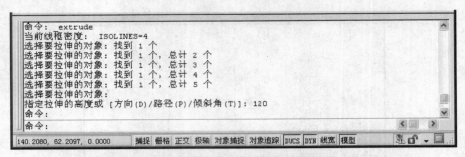

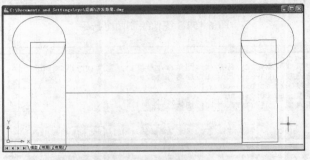

图 6-155　拉伸命令设置及效果

（9）在俯视图里看不到拉伸后的效果。单击"视图"工具箱的"西南等轴测"命令按钮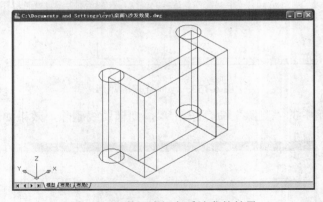，就可以看到沙发变成了如图 6-156 所示的样式。

图 6-156　从西南视角看沙发的效果

（10）在命令框中输入"UCS"，根据提示输入"N"，以三点方式确定坐标系，捕捉沙发主长方体左侧扶手的右边顶点作为新坐标系原点，以该长方体垂直一边作为坐标系的 X 轴，以该长方体水平的一边作为坐标系的 Y 轴，坐标系在沙发中的位置如图 6-157 所示。

（11）再次单击工具箱中的"矩形"命令按钮 🔲，以原点和点（20，130）为对角线顶点绘制矩形，命令设置及绘制效果如图 6-158 所示。

（12）单击"建模"工具栏中的"拉伸"命令按钮 🗗，执行拉伸命令，对上步绘制的矩形进行拉伸，拉伸高度由两个扶手之间的距离决定，这里输入拉伸值为"100"，命令设置及拉伸的效果如图 6-159 所示。

（13）单击"视图"工具箱的"仰视"命令按钮 🖼️，此时界面的效果如图 6-160 所示。

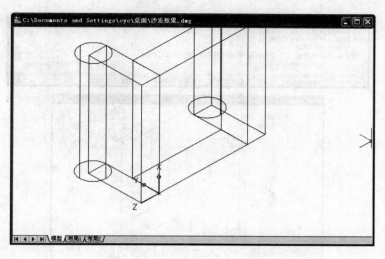

图 6-157　坐标系在沙发中的位置

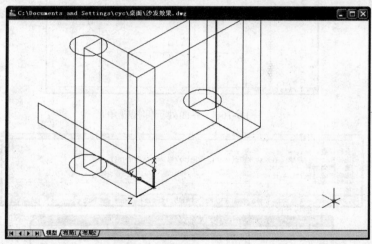

图 6-158　绘制矩形

（14）单击工具箱中的"圆角"命令按钮，将沙发背（即上一步所拉伸出的长方体）倒圆角化，圆角为 R2，命令设置及绘制效果如图 6-161 所示。

（15）单击"视图"工具箱的"西南等轴测"命令按钮，倒角命令执行后的西南视角效果如图 6-162 所示。

（16）执行"实体编辑"菜单栏上的"并集"命令按钮，选择构成一边扶手的圆柱体和长方体，将它们合成一个实体，具体操作是：首先单击圆柱体，然后单击长方体，按 Enter键即合为一体。效果如图 6-163 所示。

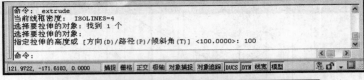

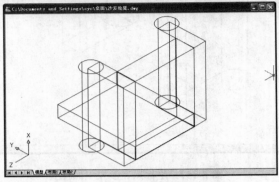

图 6-159　拉伸矩形

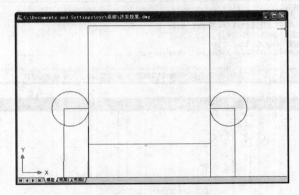

图 6-160　界面处于仰视视角

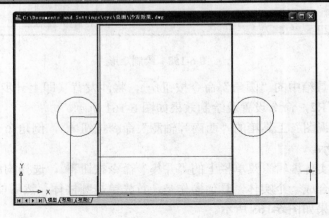

图 6-161　圆角化效果

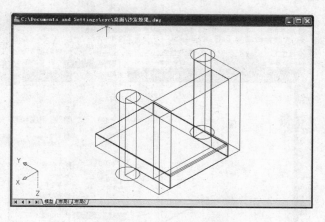

图 6-162　西南视角效果图

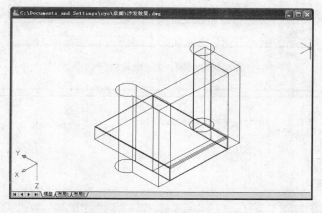

图 6-163　执行并集命令

（17）按照同样的方法，对另一边的扶手进行同样的操作，交集操作后圆柱体与长方体就连接在一起，效果如图 6-164 所示。

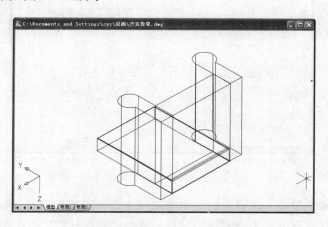

图 6-164　再次执行并集命令

（18）执行菜单栏"修改"｜"三维操作"｜"三维旋转"命令，操作如图 6-165 所示。选择沙发背，以 Z 轴为旋转轴，选择 Z 轴上一点按 Enter 键，确定好旋转方向，输入角的起点为"5"。命令设置及操作效果如图 6-166 所示。

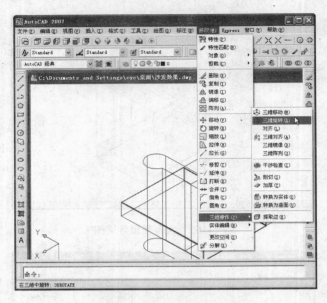

图 6-165　执行"三维旋转"命令

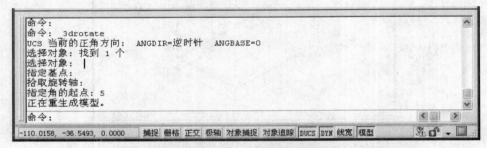

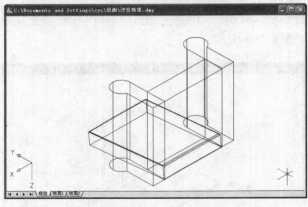

图 6-166　沙发背旋转操作效果

（19）右键单击菜单栏，在弹出的菜单中选择"动态观察"命令，操作如图 6-167 所示。

（20）接下来打开三维动态观察器工具箱，单击"动态观察"面板中的"自由动态观察"命令按钮，单击后会发现整个沙发的外边缘出现了一个带四个小圆环的大圆。用鼠标拉动小圆环，就可以进行动态观察，将沙发调整到合适的视角，如图 6-168 所示。

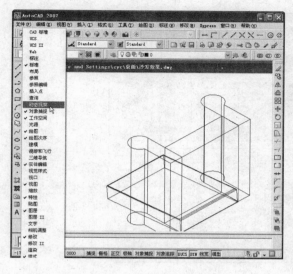

图 6-167　执行"动态观察"命令

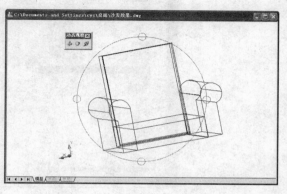

图 6-168　沙发动态观察调节

（21）接下来执行"视图"｜"渲染"｜"高级渲染设置"命令，操作如图 6-169 所示，然后进行如图 6-170 所示的设置。

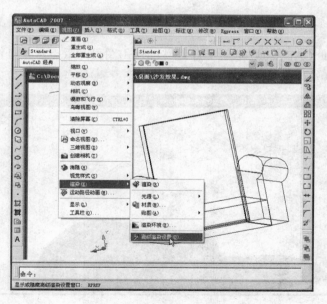

图 6-169　高级渲染设置

（22）在命令框中输入渲染命令"RENDER"，沙发整体效果如图 6-147 所示。

【举一反三】

在本实例通过 AutoCAD 2007 中的"拉伸"、"圆角"、"动态观察"以及"高级渲染设置"命令的使用，制作出立体沙发效果。在实际操作中，应灵活应用 AutoCAD 2007 中的各项工具，准确规划数据，从而制作出不同的三维立体效果。

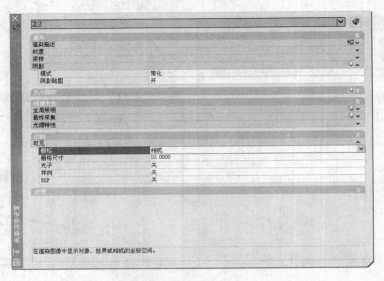

图 6-170　设置命令

第 42 例　表面建模设计

【实例说明】

本实例使用 AutoCAD 2007 设计一座起伏的远山图景，重点掌握"直纹网络"命令的使用，整体效果如图 6-171 所示。

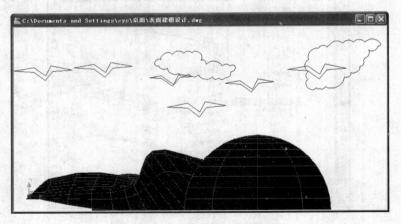

图 6-171　表面建模设计效果图

【技术要点】

（1）用顶点法绘制三维网格。

（2）"多段线"命令按钮 ⬚ 的使用。

（3）"直线"命令按钮 ⬚ 的使用。

（4）用"直纹网络"命令绘制直纹效果。

（5）用"ai_dome"命令绘制太阳。

【制作步骤】

（1）启动 AutoCAD 2007，在创建新图形的对话框中选择"无样板打开—英制"项，单击"确定"按钮新建一个文件。

（2）用顶点法确定多边形网格。执行菜单栏"绘图"｜"建模"｜"网格"｜"三维网格"命令，操作如图 6-172 所示。在命令框中输入 M、N 方向网格面顶点数各为 6，操作如图 6-173 所示。

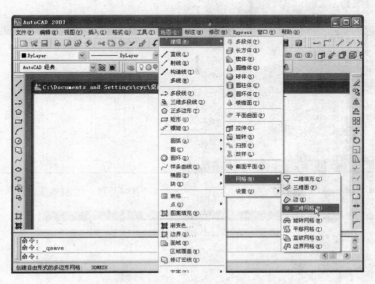

图 6-172　执行"三维网格"命令

图 6-173　命令设置

（3）接下来根据提示在命令框中输入以下坐标：

（1，0，0）；（4，0，1）；（9，1，2）；（13，1，1）；（18，1，1）；（22，0，1）；
（1，4，0）；（4，5，1）；（9，5，3）；（13，5，6）；（18，4，2）；（21，4，1）；
（0，9，0）；（4，10，3）；（9，10，3）；（13，10，2）；（18，9，1）；（21，9，1）；
（0，13，0）；（4，13，1）；（9，13，1）；（14，13，2）；（18，14，1）；（22，13，0）；
（1，18，0）；（5，18，2）；（10，18，2）；（14，17，5）；（19，17，2）；（21，18，1）；
（1，22，1）；（4，22，1）；（9，21，2）；（13，21，3）；（18，22，2）；（21，23，1）。

绘制的命令设置如图 6-174 所示，效果如图 6-175 所示。

（4）单击"视图"工具箱的"西南等轴测"命令按钮，从西南视角观察结果如图 6-176 所示。

（5）执行菜单栏上的"修改"｜"对象"｜"多段线"命令，执行修改（1，3）的坐标为（@12，2，3）。具体操作是：先修改顶点（0，0）为（1，3），然后在原基础上修改坐标为（@12，2，3），操作命令设置及此时的效果如图 6-177 所示。

图 6-174　坐标命令设置

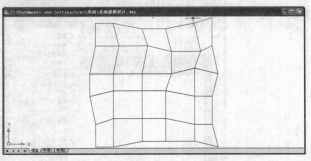

图 6-175　绘制效果

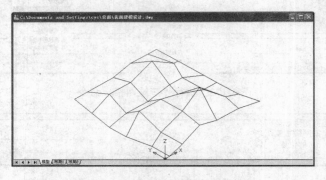

图 6-176　西南视角所观察到的效果

（6）按照同样的方法，再次执行菜单栏上的"修改"|"对象"|"多段线"命令，或者单击鼠标右键选择"重复"命令，将坐标（2，1）的坐标修改为（@2，9，8）。命令操作及此时的效果如图 6-178 所示。

（7）然后制作地面。执行菜单栏"视图"|"三维视图"|"俯视"命令，操作如图 6-179 所示，或者单击"视图"工具箱的"俯视"命令按钮，效果是一样的，转换为俯视视角，效果如图 6-180 所示。

（8）单击工具箱中的"直线"命令按钮，执行"LINE"命令，根据提示依次输入点（-4,-4）、（24，-4）、（24，24）、（-4，24），输入闭合命令"C"，命令设置及效果如图 6-181 所示。

（9）执行菜单栏"视图"|"三维视图"|"西南等轴测"命令，操作如图 6-182 所示。或者单击"视图"工具箱的"西南等轴测"命令按钮，换西南视角，此时的界面效果如图 6-183 所示。

（10）执行"绘图"|"三维多段线"命令，操作如图 6-184 所示，然后沿着每一边绘制三维网格的多段线，一共绘制 4 段（一边一段），效果如图 6-185 所示。

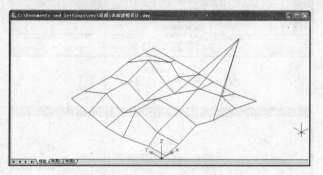

图 6-177　执行修改坐标的命令

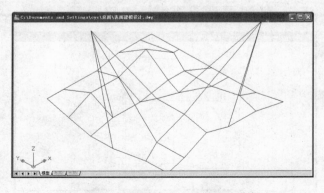

图 6-178　修改其中多段线的角点坐标

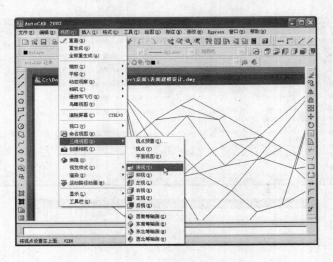

图 6-179　执行"俯视"命令

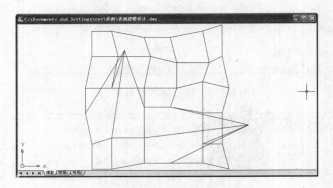

图 6-180　俯视效果

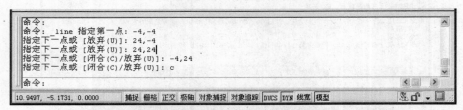

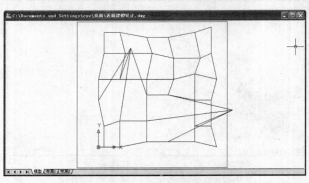

图 6-181　绘制外框线的命令设置及效果

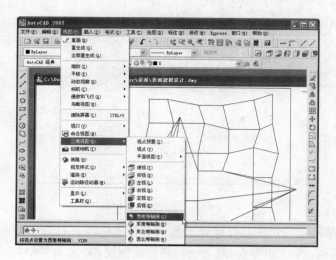

图 6-182　执行"西南等轴测"命令

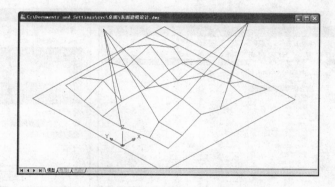

图 6-183　处于西南视角

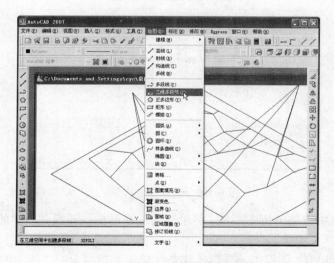

图 6-184　执行"三维多段线"命令

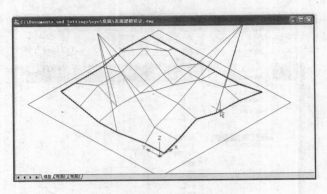

图 6-185　绘制三维多段线

（11）单击菜单栏上的"图层特性管理器"命令按钮，打开"图层特性管理器"对话框，然后新建一个图层，操作如图 6-186 所示。将新建图层：命名为"网格"，颜色设置为"102"，同时把"网格"层锁上，操作如图 6-187 所示。

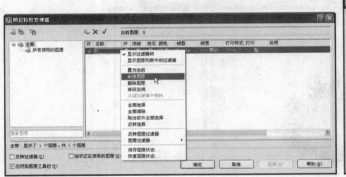

图 6-186　新建一个图层

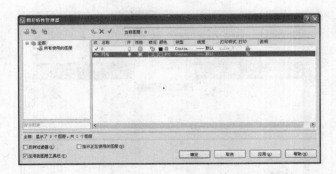

图 6-187　设置新建的图层

（12）接下来选中网格外围多段线，将绘好的三维网格面转换到新建的"网格"层中，操作如图 6-188 所示。

（13）然后回到"0"图层中，具体操作是：单击菜单栏上的"应用的过滤器"命令按钮

💡☀️◎🔒■ Center ▼，设置当前图层为"0"图层，如图 6-189 所示。

（14）执行菜单栏"绘图" | "建模" | "网格" | "直纹网格"命令，选择地面的任意一条单线，再选择与其相对的多段线，应用效果如图 6-190 所示。

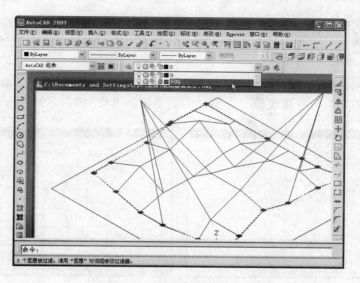

图 6-188　绘制外围的多段线

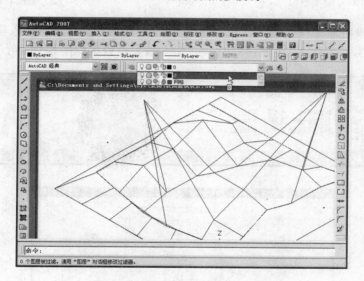

图 6-189　设置当前图层为"0"图层

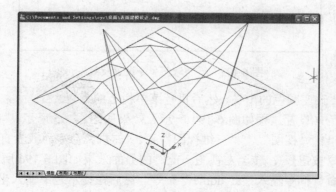

图 6-190　应用直纹网格后的效果图

（15）接下来执行菜单栏"绘图"｜"建模"｜"网格"｜"直纹网格"命令，或者单击鼠标右键选择"重复直纹网格"命令，完成其他三对直纹的绘制，绘制的效果如图 6-191 所示。

（16）接下来执行菜单栏"视图"｜"三维视图"｜"俯视"命令，或者直接单击"视图"工具箱的"俯视"命令按钮，转换为俯视图，效果如图 6-192 所示。

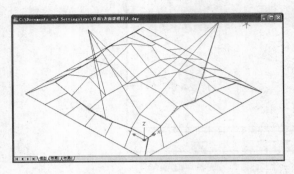 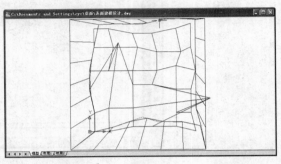

图 6-191　绘制直纹线　　　　　　　　　图 6-192　俯视效果图

（17）接下来在命令框中输入"ai_dome"命令，然后在提示之下输入坐标（30，15），设置球面半径为 3，经线、纬线数目各为 10，命令设置及效果如图 6-193 所示。

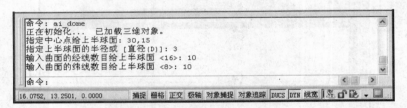

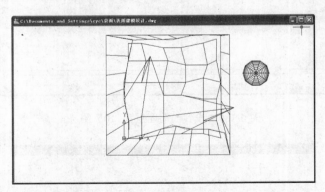

图 6-193　绘制球面命令设置及效果

（18）选中需要改变颜色的个体，然后执行菜单栏上的 ▇ ByLayer 颜色控制按钮，设置颜色为"红"色，设置过程如图 6-194 所示。效果如图 6-195 所示。

（19）执行菜单栏"视图"｜"三维视图"｜"左视"命令，或者直接单击"视图"工具箱的"左视"命令按钮，转至左视图。此时的界面效果如图 6-196 所示。

（20）再次在命令框中输入"ai_dome"命令，然后在提示之下输入坐标（-10，5），设置球面半径为 6，经线、纬线数目各为 10，命令设置及效果如图 6-197 所示。

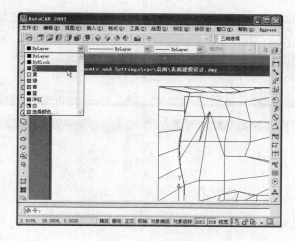

图 6-194　设置颜色

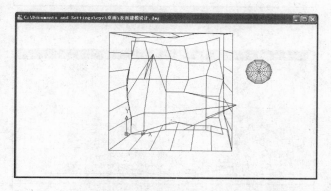

图 6-195　改变颜色后的界面

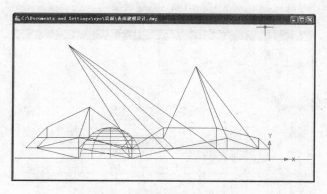

图 6-196　左视效果

（21）再次执行菜单栏"视图"｜"三维视图"｜"左视"命令，转至左视图。此时的界面效果如图 6-198 所示。

（22）单击工具箱中的"多段线"命令按钮 ，运用多段线在平面上自由发挥，绘制出几只小鸟，效果如图 6-199 所示。

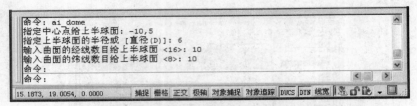

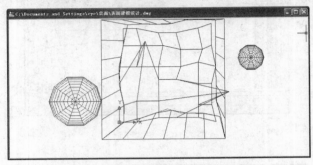

图 6-197　绘制半圆效果

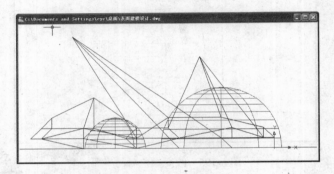

图 6-198　左视效果

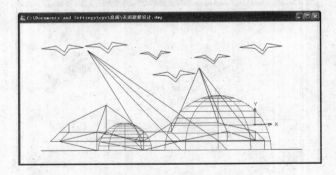

图 6-199　绘制小鸟

（23）然后单击工具箱中的"修订云线"命令按钮，绘制出几朵流云，效果如图 6-200所示。

（24）最后在命令框中输入"SURFU"，设置在 X 轴上的网格密度为 15，再输入命令"SURFV"，设置在 Y 轴上的网格密度为 15，命令设置如图 6-201 所示。

（25）执行菜单栏上的"修改"｜"对象"｜"多段线"命令，选择需要修改的图形，在命令框中输入"S"，命令设置及效果如图 6-202 所示。

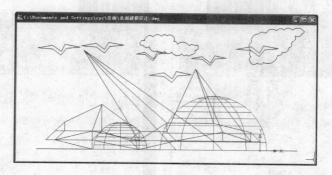

图 6-200　绘制流云

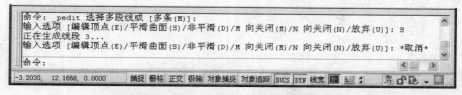

图 6-201　命令设置

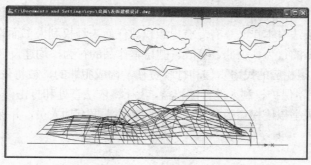

图 6-202　平滑后的效果

（26）执行菜单栏"视图"｜"视觉样式"｜"视觉样式管理器"命令，然后选择其中"真实"视觉样式，如图 6-203 所示。

（27）最后执行"将选定的样式应用到当前窗口"命令，操作如图 6-204 所示。整体效果如图 6-171 所示。

【举一反三】

在本实例通过 AutoCAD 2007 中的顶点法、"多段线"、"直线"、"上半球面"以及"直纹网络"命令的使用，制作出山峰迭起的效果。在实际制作中，灵活应用"ai_dome"命令以及"修改"｜"对象"｜"多段线"中的平滑命令，可制作出更加多样的山峰效果。

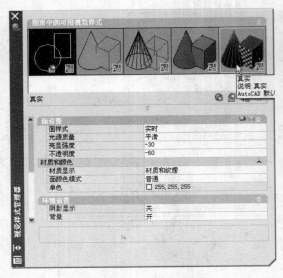

图 6-203   选择视觉样式

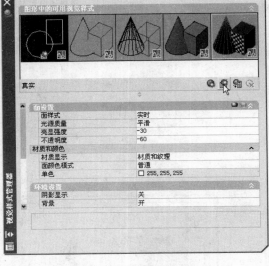

图 6-204   应用视觉样式

反侵权盗版声明

电子工业出版社依法对本作品享有专有出版权。任何未经权利人书面许可，复制、销售或通过信息网络传播本作品的行为；歪曲、篡改、剽窃本作品的行为，均违反《中华人民共和国著作权法》，其行为人应承担相应的民事责任和行政责任，构成犯罪的，被将依法追究刑事责任。

为了维护市场秩序，保护权利人的合法权益，我社将依法查处和打击侵权盗版的单位和个人。欢迎社会各界人士积极举报侵权盗版行为，本社将奖励举报有功人员，并保证举报人的信息不被泄露。

举报电话：（010）88254396；（010）88258888

传　　真：（010）88254397

E-mail: dbqq@phei.com.cn

通信地址：北京市万寿路 173 信箱

　　　　　电子工业出版社总编办公室

邮　　编：100036